"三北"工程常用植物

卢　琦　褚建民　马全林　◆　主编

中国林业出版社
China Forestry Publishing House

审图号：GS京（2025）0859号

图书在版编目(CIP)数据

"三北"工程常用植物 / 卢琦, 褚建民, 马全林主编. -- 北京：
中国林业出版社, 2025. 5. -- ISBN 978-7-5219-3257-7

Ⅰ. Q948.52

中国国家版本馆CIP数据核字第2025Q5Z068号

责任编辑：于界芬　张健

出版发行：中国林业出版社
　　　　　（100009，北京市西城区刘海胡同7号，电话010-83143542）
电子邮箱：cfphzbs@163.com
网址：www.forestry.gov.cn/lycb.html
印刷：北京博海升彩色印刷有限公司
版次：2025年5月第1版
印次：2025年5月第1次印刷
开本：787mm×1092mm　1／16
印张：26
字数：460千字
定价：186.00元

《"三北"工程常用植物》编撰委员会

主　任　崔丽娟

副主任　杨连清　王连志

主　编　卢　琦　褚建民　马全林

编　者　（以姓氏拼音为序）

曹红雨　陈　彬　陈东升　褚建民　李　帅　李　伟

李得禄　李晓霞　李新乐　林秦文　卢　琦　马庆国

马全林　齐丹卉　史胜青　孙　佳　王利兵　王迎新

王兆山　辛智鸣　徐　磊　张　琦　张金鑫　张景波

张学利　赵天田　赵欣胜

审　定　安沙舟　兰登明　宋晓东　郑勇奇

前言

　　"三北"工程作为世界上规模最大、历时最长的生态工程，取得了举世瞩目的成就，已成为中国生态文明建设的重要标志性工程，树立了生态治理的国际典范。70 年大国治沙、45 年绿色长城建设，为"三北"工程筛选出了一大批适生于不同立地条件的优良乔灌草植物材料，在祖国北疆万里风沙线上，打造出像辽宁章古台、河北塞罕坝、山西右玉、内蒙古磴口和库布齐、宁夏沙坡头、甘肃八步沙、新疆柯柯牙等区域性、规模化生态建设的典型模式和范式，构筑起一道道抵御风沙、护农促牧的绿色"烽火台"。在黄河"几字弯"和黄土高原，粗沙入黄、水土流失等生态危害得到有效遏制，植被综合覆盖度大幅度提升，生态韧性和生态力显著增强，实现了由"黄"变"绿"的历史性转变。与此同时，新时期"三北"工程植被建设仍然面临一些难题。而强有力的科技支撑是解决这些问题、全面推进"三北"工程科学绿化、实现由扩绿增量向增绿提质并重转变的关键所在。

　　2023 年 6 月 6 日，加强荒漠化综合防治和推进"三北"等重点生态工程建设座谈会指出，要科学选择植被恢复模式，合理配置林草植被类型和密度，坚持乔灌草相结合，营造防风固沙林网、林带及沙漠锁边林草带等；要因地制宜、科学推广应用行之有效的治理模式。会议指示精神，为新时期"三北"工程建设指明了前进方向。

"三北"工程科学绿化的关键在于科学选择和配置树种草种，首先解决好"种什么"的问题。在干旱缺水、风沙严重地区优先选用耐干旱、耐瘠薄、抗风沙的树种草种；在水土流失严重地区优先选用固土保水能力强的树种草种；在水热条件相对较好、土层深厚地区优先选用生长快、经济效益好、抗病虫害强的用材林树种；在居民区周边则要避免选用易致人体过敏的树种草种；在降水量400mm以下地区，要优先考虑乡土灌木树种和草种。此外，造林种草要与巩固脱贫攻坚成果、实现乡村振兴相结合，着重筛选推广一批生态效益和经济价值并重的树种草种，生态、生产、生活"三生"并举，生态、社会、经济"三效"兼顾。

鉴于此，结合"三北"地区自然地理条件、乡土树种草种分布规律，在充分研判国内外相关领域最新研究成果、全面系统梳理和分析"三北"工程建设乔灌草植物的基础上，中国林业科学研究院和三北工程研究院共同牵头，组织国内相关领域从事林草资源保护与利用的科技工作者，编制了"'三北'工程建设主要植物名录"，并在此基础上编写成《"三北"工程常用植物》一书。

"'三北'工程建设主要植物名录"共收录树种草种500种，分属73科217属。其中乔木29科58属173种，灌木38科83属178种，草本29科92属149种。名录以"三北"地区乡土植物为主体，增补了一些具有较强抗逆性和适应性，且经过长期引种实践并有利用价值的引进栽培植物，同时还收录了部分杂交选育的优良品种。

本书重点对"三北"工程建设常用 76 种乔木、58 种灌木和 46 种草本植物（共 180 种）的形态特征、生态特性、适生区域、主要用途进行了详细描述，展示了各植物种的群落、个体、不同器官和栽培模式的图片，简要概括了育苗技术、造林技术以及在生态修复中的应用模式，绘制了自然分布区和适生区分布图，以期为"三北"工程科学绿化中"种什么""在哪种""怎么种"等系列问题提供科学参考。

本书的编写和出版得到国家林业和草原局揭榜挂帅项目"'三北'工程攻坚战关键技术研发"项目课题"'三北'地区生态本底调查"（20240101）、中央级公益性科研院所基本科研业务费专项资金项目"'三北'工程区主要林草资源调查与信息共享平台构建"（CAFYBB2024MA010）和国家科技基础资源调查专项项目"中国荒漠主要植物群落特征调查"（2017FY100200）的资助。同时，也得到了"三北"工程区有关单位和广大科技人员的大力支持与协作，在此一并表示诚挚的谢意。

由于编写时间仓促，加之编者水平所限，遗漏和错误在所难免，敬请广大读者批评指正。

编　者

2025 年 5 月

目　录

灌　木

草　本

目
录

目录

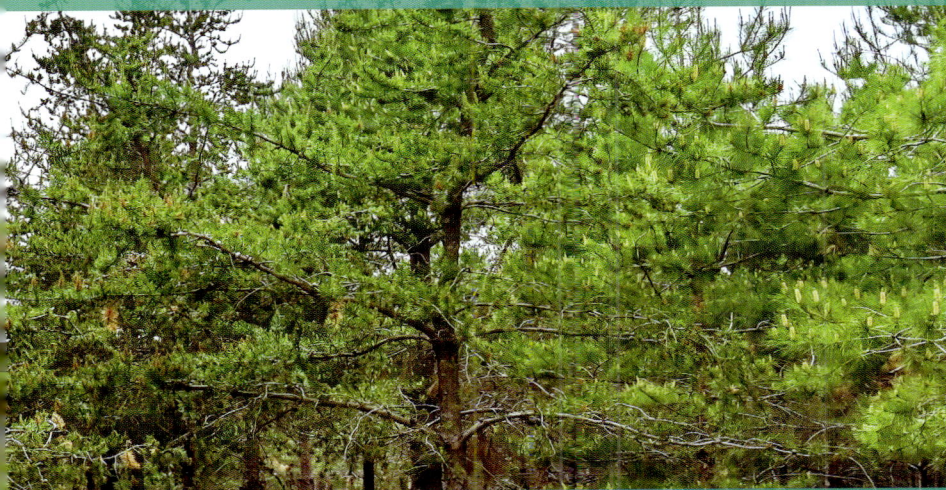

乔木

落叶松

Larix gmelinii

别名：兴安落叶松

形态特征 乔木，高达 35m。老树树皮纵裂成鳞片状剥离。叶倒披针状条形，簇生于短枝顶端，在长枝上互生。雌、雄球花均单生于短枝上。球果幼时紫红色，成熟前球果卵圆形或椭圆形，成熟后球果上端种鳞张开，球果呈杯状；种子斜卵圆形，灰白色，具淡褐色斑纹，顶端具膜质长翅。花期 5~6 月，球果 9 月成熟。

生态特性 喜光，喜冷凉气候，耐寒，耐干旱瘠薄。浅根系树种，对土壤适应性强，有一定的耐水湿能力。在湿润、土层深厚、排水良好的北向缓坡及丘陵地带生长旺盛。

适生区域 分布于大兴安岭、小兴安岭地区。黑龙江、吉林、内蒙古等"三北"工程区适宜造林。

主要用途 用材林、水源涵养林、水土保持林。

育苗技术 采用播种育苗，包括苗床

裸根苗和容器育苗。2 年生裸根苗、1 年生容器苗可上山造林。春播为主，种子耐贮藏，-18℃以下可长期保存。春播前需催芽，或前一年雪藏。

　　造林技术　采用植苗造林。培育月材为主的丰产林，应选择低山丘陵及山地的阴坡或半阴坡、坡度平缓、土层厚度在 30cm 以上、排水良好的立地作为造林地。常采用穴状或带状整地，株行距 2m×2（~3）m。可与白桦、山杨、水曲柳、栎类等混交。林下可栽植红松、云杉等耐阴树种，也可与有经济价值的灌木混交。

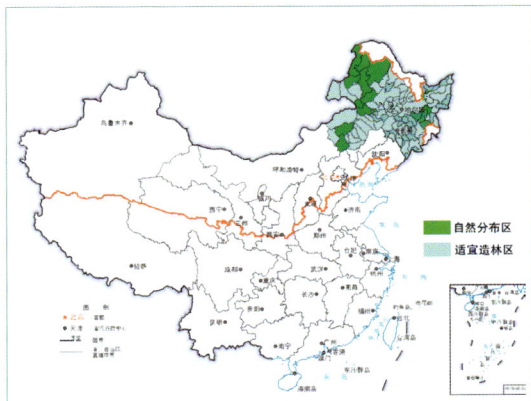

乔木

003

华北落叶松 *Larix gmelinii* var. *principis-rupprechtii*

形态特征 乔木，高达 30m。树冠圆锥形。树皮暗灰褐色，呈不规则鳞状裂开。枝平展，具不规则细齿。叶在长枝上螺旋状散生，在短枝上呈簇生状，倒披针状窄条形，扁平。球花单性，雌雄同株，均单生于短枝顶端，雄球花黄色；雌球花顶端紫色，中下部绿色，春季与叶同时开放。球果长卵形或卵圆形；苞鳞暗紫色，近带状矩圆形，种鳞 26~45 枚；种子倒卵椭圆形，有长翅。花期 4~5 月，球果 10 月成熟。

生态习性 强喜光，极耐寒，耐干旱、风沙和土壤瘠薄。寿命长，根系发达，生

长迅速。对土壤的适应性强，喜深厚湿润而排水良好的酸性或中性土壤。

适生区域 我国特产，主要分布于河北、山西，北京和内蒙古南部有少量分布。辽宁、陕西、甘肃、宁夏等"三北"工程区亦适宜造林。

主要用途 用材林、水源涵养林。

育苗技术 采用播种育苗。8月末至9月采种，春季条播，高床育苗。在播种前5~7天进行催芽，用0.3%高锰酸钾溶液浸泡消毒，置于温棚内催芽，温度保持在25~30℃，当种子有30%左右露白时即可播种，覆土1cm。播种量105~150kg/hm²。也可采用扦插或容器育苗。

造林技术 采用植苗造林。造林前一年进行穴状整地，也可随整随造。春季造林，裸根苗用2年生苗木造林，容器苗可用1年生苗木造林。造林密度根据立地条件、培育目标等进行确定，培育中小径材初植株行距1.5m×1.5（~2）m，大径材以初植株行距2m×2m或2m×3m为宜。可与白杆、青杆、桦树、山杨等针阔叶树种混交，一般采用带状混交或块状混交。

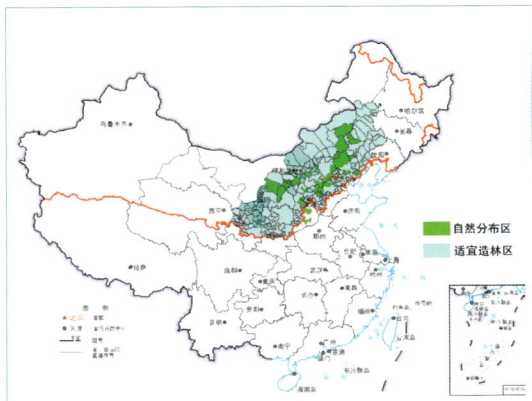

新疆落叶松　*Larix sibirica*

别名：西伯利亚落叶松

形态特征　乔木，高达 40m，胸径 80cm。树冠尖塔形。树皮暗灰色、灰褐色或深褐色，纵裂粗糙。大枝平展，1 年生枝条密生微小腺头短毛。叶倒披针状条形。雄球花近圆形，雄蕊黄色。球果卵圆形或长卵圆形；种子灰白色，具不规则的褐色斑纹，斜倒卵圆形，种翅中下部较宽，上部三角形。花期 5 月，球果 9~10 月成熟。

生态特性　喜光，不耐阴，抗寒、耐旱、耐瘠薄，不耐盐碱，喜通气良好的微酸性土壤。生于较湿润的亚高山带和中山带的阴坡、半阴坡及山谷、河谷地带。

适生区域　产新疆阿尔泰山及天山东部。上述区域周边适宜造林。

主要用途　用材林、水源涵养林、四旁绿化。

育苗技术　采用播种育苗。选择深厚肥沃的沙壤土或轻壤土作育苗地。播种前种子进行雪藏法催芽，雪藏用 0.3% 硫酸铜溶液或 0.5% 高锰酸钾溶液浸泡 1~3 小时后用清水洗净。条播，行距 10~15cm，播

幅 3~5cm，覆土 0.3~0.5cm。

造林技术 采用植苗造林。秋季可用穴状或鱼鳞坑整地，穴规格长、宽、深 50cm×50cm×30cm；鱼鳞坑长 80cm、宽 50cm、深 30cm。春季"顶浆"造林。培育小径材，株行距 1.5m×2m；中径材 2m×2m；大径材 2m×2.5m。可与樟子松、云杉、欧洲山杨、桦树等混交。

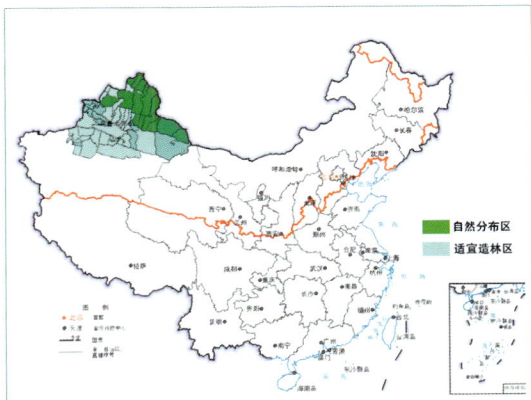

云杉 *Picea asperata*

别名：粗枝云杉

形态特征　常绿乔木，高达45m，胸径达1m。树皮淡灰褐色或淡褐灰色，裂成不规则鳞片或稍厚的块片脱落。枝条轮生。主枝叶辐射伸展，四棱状条形。雌雄同株。球果圆柱状矩圆形或圆柱形，长5~16cm，径2.5~3.5cm，种鳞具纵纹；种子倒卵圆形，种翅淡褐色，倒卵状矩圆形。花期4~5月，球果9~10月成熟。

生态特性　浅根性树种，稍耐阴，能耐干燥及寒冷的环境条件，在气候凉润、土层深厚、排水良好的微酸性棕色森林土地带生长迅速，发育良好。适宜在年均气温6~9℃、年降水量600~1000mm、相对湿度70%以上的高山峡谷区生长。

适生区域　我国特有树种，分布于青海东部、陕西西南部（凤县）、甘肃东部（两当）及白龙江流域、洮河流域等地。宁夏、河北、内蒙古、北京、天津、山西等"三北"

工程区亦适宜造林。

主要用途 用材林、水源涵养林、四旁绿化。

育苗技术 采用播种育苗。球果变为黄褐色时采种，用0.1%的高锰酸钾进行种子消毒杀菌，用清水冲洗种子2~3次后与沙混拌播种。3月中下旬至4月底前播种，条播。播种量300~375kg/hm²。

造林技术 采用植苗造林。土层深厚、养分充足的阴坡或半阴坡是造林的最佳区域。造林前穴状整地，长、宽、深 50cm×50cm×30cm 或 40cm×40cm×30cm。株行距 2m×3m。高原丘陵等霜害严重地区，宜采用多株丛植的方法。在有冻害的东北地区要适当深植，但不宜超过苗木的第一轮枝叶。干旱严重地区或温差较大的阳坡斜植，即苗木与地面呈20°~30°，根系呈扇形与土壤贴紧。常与紫果云杉、岷江冷杉、紫果冷杉营造混交林。

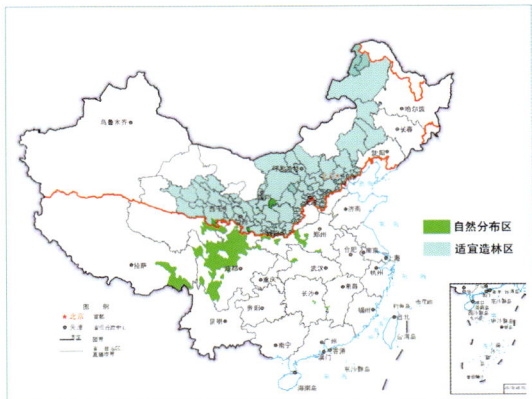

自然分布区
适宜造林区

009

青海云杉　　*Picea crassifolia*

形态特征　常绿乔木，高达 23m，胸径 30~60cm。1 年生嫩枝淡绿黄色。冬芽圆锥形。叶较粗，四棱状条形，近辐射伸展，横切面四棱形。球果圆柱形或矩圆状圆柱形，刚成熟前种鳞背部露出部分绿色，上部边缘紫红色；种子斜倒卵圆形，种翅倒卵状，淡褐色。花期 4~5 月，球果 9~10 月成熟。

生态特性　浅根系树种，耐寒、耐旱、耐贫瘠。生于山谷与阴坡，适应微酸性、中性、微碱性等土壤。常生于海拔 1600~3800m 的地带。

适生区域　产青海、甘肃、宁夏、内蒙古等地。陕西等"三北"工程区亦适宜造林。

主要用途　用材林、水源涵养林、四旁绿化。

育苗技术　采用播种、扦插育苗。播种育苗：球果变成黄色时采种，播种前进

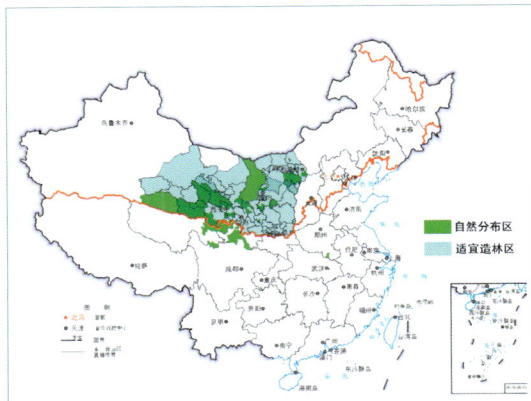

行催芽处理，宽幅条播，播幅 5~15cm，沟深 1~1.5cm，行距 10~20cm。播种量 225~450kg/hm²。3~4 年生苗木高达 8~10cm 时换床移植，7~8 年生苗木按 1m×1m 株行距换床定植。嫩枝扦插：于 6 月中旬至 7 月进行，插穗长 8~12cm，扦插株行距 3cm×3cm 至 5cm×5cm，扦插苗比实生苗提早 3~4 年出圃。

造林技术 采用植苗造林。造林前一年夏季或秋季整地，整地方式多采用鱼鳞坑和反坡梯田。以春季造林为主，选用 2~3 年生或 5~8 年生苗，多为片状造林和带状造林，株行距 2m×3m 或 3m×4m。多与白桦、红桦、沙棘等营造混交林。干旱区造林时可采用保水剂或覆膜等方法提高成活率。

白 杆

Picea meyeri

别名：沙地云杉、白扦

形态特征　常绿乔木，高达 30m。树冠尖塔形。浅根性，侧根发达。树皮灰褐色，不规则薄块片脱落。大枝近平展；1 年生枝黄褐色，2~3 年生枝淡黄褐色、淡褐色或褐色。条形叶互生，四棱状，微弯曲，横切面四棱形。球花单性，雌雄同株。球果成熟前绿色，熟时褐黄色，矩圆状圆柱形，下垂；种子倒卵圆形，种翅淡褐色。花期 4 月，球果 9~10 月成熟。

生态特性　耐阴、耐旱、耐寒，适生于沙地，海拔 1600~2700m，土壤为灰色棕色森林土或棕色土。

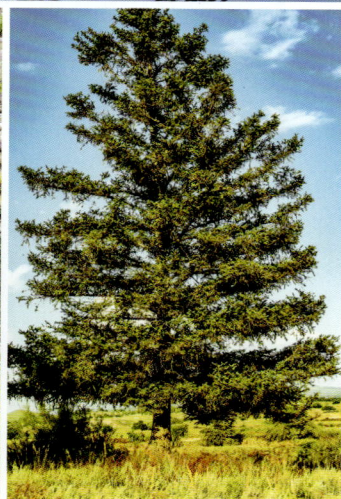

适生区域 产山西、河北、内蒙古。北京、辽宁、陕西、甘肃、宁夏等"三北"工程区亦适宜造林。

主要用途 用材林、水土保持林、水源涵养林、四旁绿化。

育苗技术 采用播种、扦插育苗。播种育苗：选择土层深厚、地势平坦的中性或微酸性土壤作为圃地。播种育苗：9月球果成熟时采种。播种前对种子进行雪藏催芽或变温层积催芽处理。春季撒播，覆土喷水。播种量150~300kg/hm^2。为培育壮苗和大苗，一般在培育3年时进行换床移苗。扦插育苗：嫩枝扦插在5~6月进行，选取半木质化枝条，长12~15cm，扦插后及时灌水。

造林技术 采用植苗造林。以春季和雨季造林为好，春季移植多在4月中旬至5月底前；秋季一般从10月下旬开始。穴状整地，规格40cm×40cm×30cm。造林时做到随起苗、随蘸浆、随栽植，注意保护苗木根系完整、湿润。株行距一般2m×3m。沙地造林时采用覆膜或容器苗雨季造林。

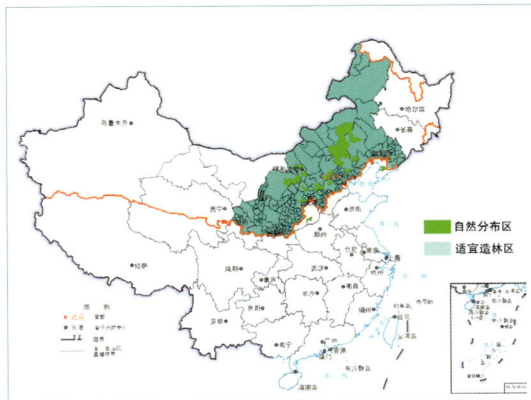

华山松

Pinus armandi

别名：白松、五针松

形态特征 常绿乔木，高达 35m，胸径 1m。幼树树皮平滑，老则裂成方形厚块片。枝条平展，形成圆锥形或柱状塔形树冠；1 年生枝绿色或灰绿色，干后褐色，无毛，微被白粉。针叶 5 针一束，叶鞘早落。雄球花黄色，卵状圆柱形，基部围有近 10 枚卵状匙形的鳞片，多数集生于新枝下部呈穗状。球果圆锥状长卵圆形，种鳞张开，种子脱落；种子倒卵圆形。花期 4~5 月，球果翌年 9~10 月成熟。

生态特性 喜光，喜温和、凉爽、湿润气候，忌水湿，不耐盐碱。根系较浅，主根不明显，侧根、须根发达。对土壤水分要求较严格，适宜生长在酸性黄壤、黄褐壤土或钙质土上，能生于石灰岩石缝间。常生于海拔 1000~3300m 地带。

适生区域 产山西、陕西、甘肃、宁夏、青海等地。北京、河北、天津等"三北"工程区亦适宜造林。

主要用途 用材林、水源涵养林、四旁

绿化。

育苗技术 采用播种育苗。播种前进行沙藏层积催芽或用50~60℃温水浸种催芽。春季播种，条播、撒播、点播均可。以条播为主。条播行距20cm，播幅10~15cm，覆土2~3cm。播种量1500kg/hm²。

造林技术 采用植苗造林。一般在阴坡或半阴坡造林。宜在春季造林，多采用2年生苗木，穴状整地，穴长宽30~40cm、深15~20cm。栽植深度高于根颈原土印2~3cm，株行距2m×3m。栽植后及时除草松土，合理灌溉。可与栎类、桦树等混交。也可采用直播造林。

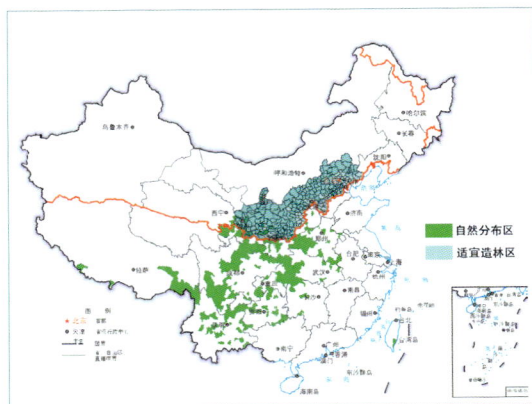

乔木

015

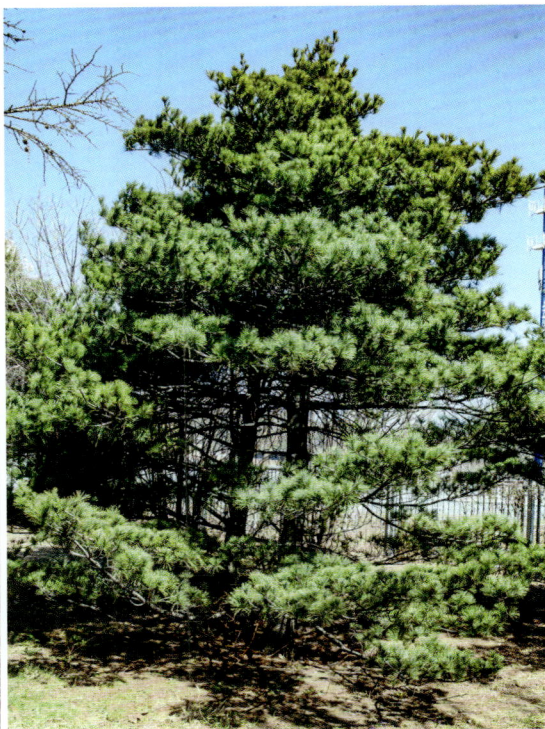

北美短叶松 *Pinus banksiana*

别名：班克松

形态特征　乔木，在原产地高达 25m，胸径 60~80cm。树冠塔形。树皮暗褐色，裂成不规则的鳞状薄片脱落。枝近平展，小枝淡紫褐色或棕褐色。针叶 2 针一束，粗短，通常扭曲，先端钝尖、两面有气孔线、边缘全缘。球果直立或向下弯垂，近无梗，窄圆锥状椭圆形，成熟时淡绿黄色或淡褐黄色，宿存树上多年；种子有长翅。花期 4~5 月，球果翌年 10 月成熟。

生态特性　温带树种，喜光，抗寒抗旱能力强，可耐 -56℃ 极端低温，适生区年均气温 -5~4℃。在年均气温 5℃、年降水量 350~500mm 地区生长良好。适应多种土壤，沙地、丘陵和石质山地均可生长。

适生区域　原产北美东北部，我国黑龙江、辽宁、北京等地有引种。吉林、陕西、甘肃、河北、天津、山西、宁夏等"三北"工程区亦适宜造林。

主要用途　防护林、用材林、四旁绿化。

育苗技术　采用播种育苗。10 月果实成

熟，采摘后干藏法贮藏。播种前用0.5%~1%硫酸亚铁或0.3%~0.5%高锰酸钾浸种5~10分钟，捞出后冲洗干净，采用低温层积催芽处理。春季播种，播深0.6cm。播种量50~70kg/hm^2。

造林技术 采用植苗造林。造林时间一般在4月下旬至5月上旬。在较平整的土地采用水平沟整地造林，起伏地决采用反坡梯田或穴状整地造林。造林株行距2m×3m。适合与阔叶树混交，与杨树、刺槐等速生高大乔木混交时应加大树种间距离至5m以上，与其他树种混交3m以上。

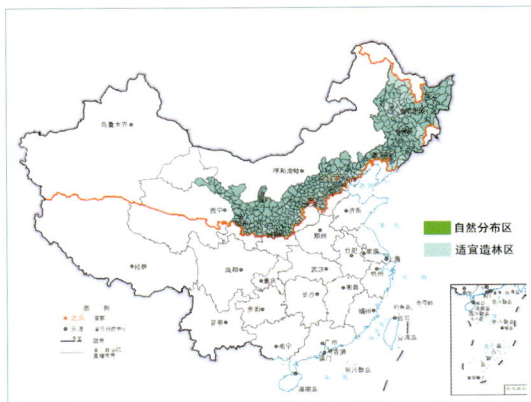

白皮松

Pinus bungeana

别名：三针松

形态特征 常绿乔木，高达 30m，胸径可达 3m。深根性树种，主根明显，根系庞大。幼树树皮光滑，灰绿色，老树树皮不规则鳞片状脱落后露出粉白色内皮。枝较细长，斜展，形成宽塔形至伞形树冠。针叶 3 针一束，粗硬。雄球花卵圆形或椭圆形，多数聚生于新枝基部呈穗状。球果单生；种子灰褐色，近倒卵圆形。花期 4~5 月，球果翌年 10~11 月成熟。

生态特性 喜光，耐旱、耐寒、耐瘠薄，可耐极端低温 −30℃，幼时耐阴。生于海拔 500~1800m 地带，低山阳坡薄土型立地也能生长，以深厚肥沃土壤为宜。

适生区域 产甘肃、陕西、山西等地。北京、天津、辽宁、河北、宁夏等"三北"工程区亦适宜造林。

018

主要用途　用材林、水源涵养林、四旁绿化。

育苗技术　采用播种育苗。育苗地选择排水良好、土层深厚的沙壤土或壤土。常用低温层积催芽法，春季播种。种子用0.2%赤霉素浸泡48小时，再在常温水下浸泡48小时后即可播种。做床或开沟条播，播种量600~750kg/hm²。

造林技术　采用植苗造林。一般在春季或雨季造林。采用鱼鳞坑整地或穴状整地，在平缓的黄土地区可采用窄梯田整地、水平沟整地或反坡梯田整地，整地规格依苗木类型和规格而定。起苗时保留主、侧根长35~40cm，春季带土球栽植，株行距

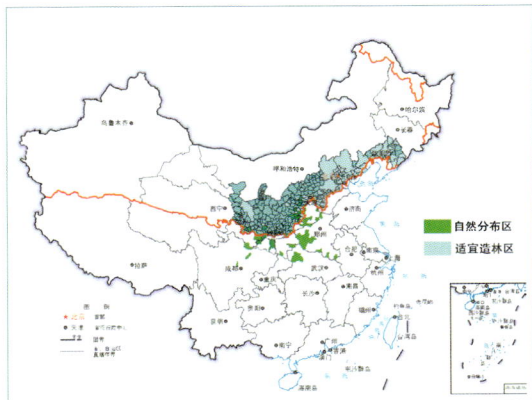

自然分布区
适宜造林区

2（~3）m×3（~4）m。山地造林后连续抚育至少3年。可与油松、紫穗槐和栎类混交，也可营造小片纯林。

乔木

019

赤 松

Pinus densiflora

别名：日本赤松、崂山松

形态特征 乔木，高达 30m，胸径达 1.5m。树皮橘红色，裂成不规则的鳞片状块片脱落。枝平展形成伞状树冠。针叶 2 针一束。雄球花淡红黄色，圆筒形，聚生于新枝下部呈短穗状；雌球花淡红紫色，单生或 2~3 个聚生。球果卵圆形或卵状圆锥形；鳞面平坦，稀有横脊微隆起；种子倒卵状椭圆形或卵圆形。花期 4 月，球果翌年 9 月下旬至 10 月成熟。

生态特性 喜光，抗风力强，不耐盐碱。耐贫瘠土壤，在通气不良的重黏壤土上生长不良，能生于花岗岩、片麻岩及砂岩风

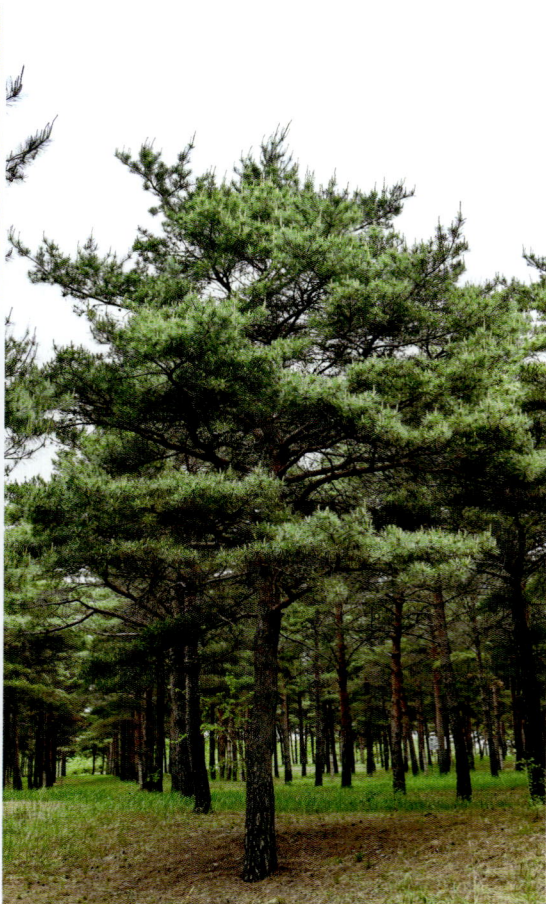

化的中性土或酸质土山地。

适生区域 产黑龙江东部、吉林长白山区、辽宁中部至辽东半岛等地。内蒙古等"三北"工程区亦适宜造林。

主要用途 用材林、水源涵养林、水土保持林、四旁绿化。

育苗技术 采用播种育苗。9~10月采种，播种前催芽处理，催芽前用0.5%高锰酸钾水溶液消毒2小时，将种子捞出并用水冲洗干净，均匀平铺于纱网内，厚度10~15cm，置于室内，待有1/3种子开裂即可播种。春季播种，条播，播种量150kg/hm²。

造林技术 采用植苗造林。春季造林，穴状整地，造林密度根据造林目的和实际情况而定，营造农田防护林，要求林带结构疏松，可控制相对较小的密度，株行距

3m×3m。营造防风固沙林，要求提高地面覆盖度，造林的密度需适当提高。一般可与油松、刺槐、榆树等混交，以带状混交为主。立地条件差的地块，混交树种以沙棘、柠条锦鸡儿等灌木为主，以行间混交为主。

乔木

021

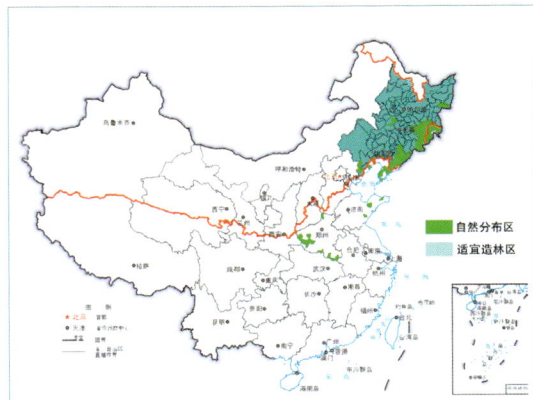

红 松

022

形态特征 常绿乔木，高达50m。大树树皮纵裂成不规则的长方鳞状块片。1年生枝密被黄褐色或红褐色柔毛。针叶5针一束。雄球花椭圆状圆柱形，红黄色，多数密集生于新枝下部呈穗状；雌球花绿褐色，直立。球果成熟后种鳞不张开，或稍微张开而露出种子，但种子不脱落。花期6月，球果翌年9~10月成熟。

生态特性 浅根性树种，幼龄时具有一定耐阴性。在半阴半阳坡、湿润、通透性好、土层深厚且腐殖质层厚度大、微酸性的暗棕壤上生长最佳。

适生区域 产吉林长白山区、黑龙江小兴安岭。辽宁"三北"工程区亦适宜造林。

主要用途 用材林、水源涵养林、经济林。

育苗技术 采用播种、容器育苗、嫁接育苗。播种育苗:选排水良好、质地疏松、微酸性壤土或沙壤土育苗。以露天越冬埋藏等方法进行种子催芽。采用高床育苗,4月末至5月中旬播种,播种量3000kg/hm²。容器育苗:选用轻质基质,气温控制在20~30℃、相对湿度控制在60%~70%,3个月后移入圃地炼苗,1.5~2年出圃。嫁接育苗:本砧嫁接选取当年高生长量7~10cm的红松苗木为砧木,异砧嫁接选择更大苗龄的樟子松或油松苗为砧木。

造林技术 采用植苗造林。选择土壤深厚肥沃、排水良好、山坡中下部或坡度平缓的立地造林。用材林或果材兼用林初植株行距 1(~1.5)m×1.5(~2)m;用实生苗营造坚果林初植株行距 2m×2m;用嫁接苗营造坚果林初植株行距 2m×3m。适宜混交的树种有水曲柳、黄檗、核桃楸、紫椴、蒙古栎等,混交方式为带状群团状。也可在天然次生林、人工林中进行林下更新造林。

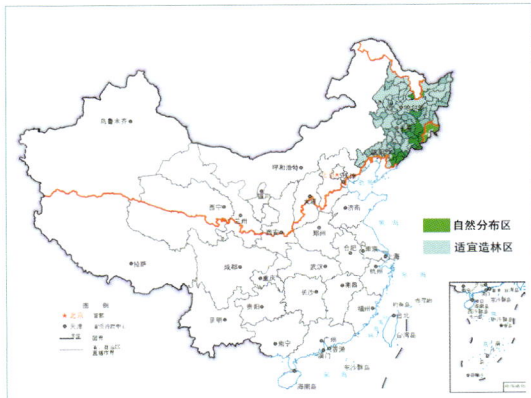

自然分布区
适宜造林区

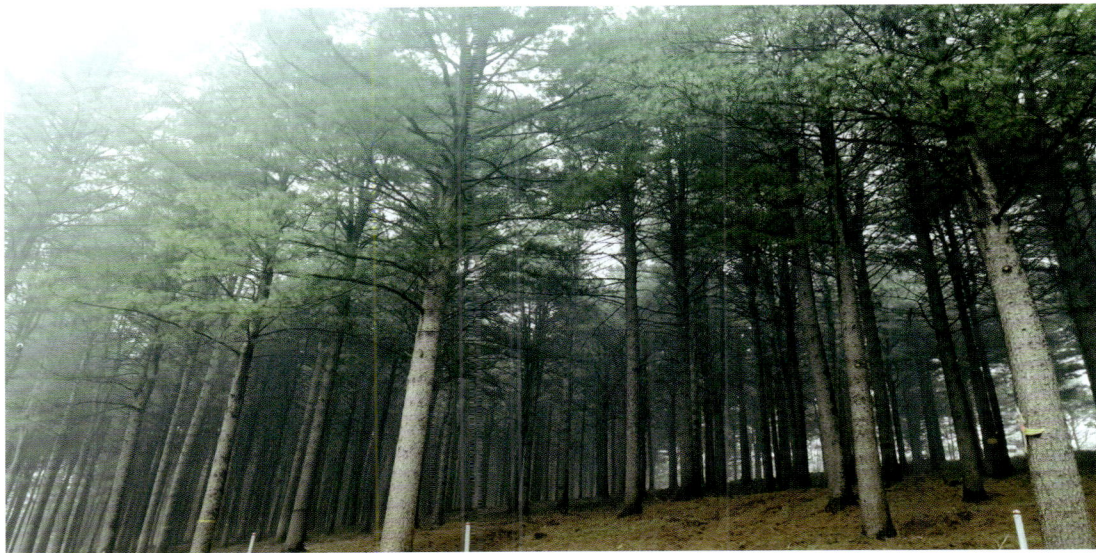

樟子松

Pinus sylvestris var. *mongholica*

别名：海拉尔松、蒙古赤松

形态特征　常绿乔木，高达 25m。树冠椭圆形或尖塔形。树皮黄色至褐黄色，裂成薄片脱落。针叶扭曲，2 针一束。雌雄同株；雄球花圆柱状卵圆形，聚生新枝下部；雌球花紫褐色，下垂。球果卵圆形或长卵圆形；种子黑褐色，长卵圆形或倒卵圆形。花期 5~6 月，球果翌年 9~10 月成熟。

生态特性　喜光，耐寒性、抗旱性较强，耐盐能力弱，有很强的抗沙埋能力。生于山地、沙地。

适生区域　分布于大兴安岭山地、呼伦贝尔沙地的海拉尔西山及红花尔基一带的沙丘上。20 世纪 50 年代，辽宁章古台开始引种试验；60~70 年代，河北塞罕坝、内蒙古赤峰、陕西榆林、宁夏沙坡头等开始引种试验。"三北"工程区适宜造林。

主要用途　用材林、防风固沙林、水源涵养林、四旁绿化。

育苗技术　采用播种育苗。育苗地一般选沙质壤土或沙土，黄土高原区可选壤土或黄壤土。9~10 月适时采种，春季播种。播种地施入 70~100t/hm² 腐熟的农家肥。播种前种子用混雪埋藏等方法催芽，土壤用 0.5%~1.0% 硫酸亚铁消毒。条播，覆土约 0.5cm，播种量 75kg/hm²。

造林技术　采用植苗造林。除水湿地、排水不良的洼地和积水地，土壤可溶性盐含量 0.12% 以上的立地外，其他立地均可栽植。于 3 月下旬至 4 月中旬带土球栽植，

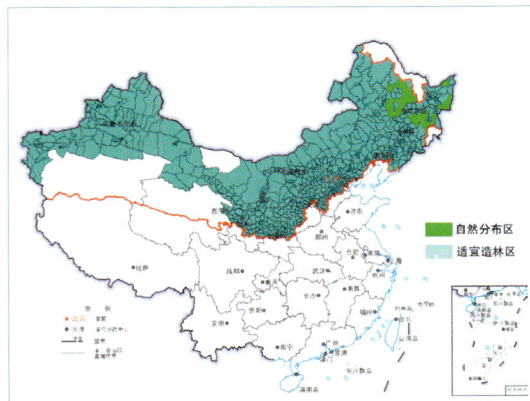

用材林造林株行距 2m×2m，生态林造林株行距 2m×3（~4）m，农田防护林一般两行一带。有霜的高寒区，前 1~2 年反扣草皮越冬。造林密度依据具体造林地条件确定，干旱区建议稀植。沙地造林可与榆树、锦鸡儿等混交，山地造林可与落叶松、水曲柳、沙棘、紫穗槐等混交。

长白松

Pinus sylvestris var. *sylvestriformis*

别名：美人松、长白赤松

形态特征 常绿乔木，高 20~30m，胸径达 25~40cm。树干通直平滑。1 年生枝淡褐色或淡黄褐色。针叶 2 针一束。小球果近球形，弯曲下垂，种鳞具直伸的短刺；成熟球果卵状圆锥形；种子长卵圆形或三角状卵圆形，种翅淡褐色。花期 5~6 月，球果翌年 9~10 月成熟。

生态特性 喜光，深根性树种，能适应土壤水分较少的山脊、向阳山坡以及较干旱的沙地及石砾沙土地区。

适生区域 产吉林长白山。黑龙江、辽宁等"三北"工程区亦适宜造林。

主要用途 防风固沙林、水源涵养林、绿化观赏。

育苗技术 采用播种育苗。9 月采收种子，球果须经过干燥，使种鳞张开。种子调制可采用自然晾晒法。选择地势平坦、排水良好、土壤质地疏松、中性或微酸性

沙壤土和壤土。播种量 105~120kg/hm²。2 年生需要换床移植，双株栽植，株行距 4cm×12cm。嫁接苗可选择 3~4 年生的樟子松、长白松壮苗作为砧木，采用芽接。

造林技术　采用植苗造林。适宜在地势平坦、土层较厚的立地条件下造林。采用反坡整地或鱼鳞坑整地。造林株行距 2m×3m。立地条件好的地块适宜与红松、红皮云杉、鱼鳞云杉、黄花落叶松等营造混交林，沙地可与柠条锦鸡儿、沙棘等灌木混交。

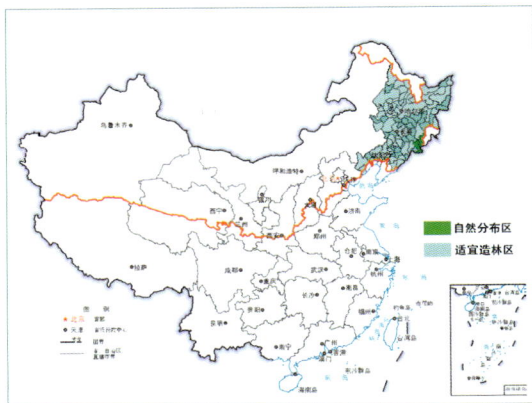

乔木

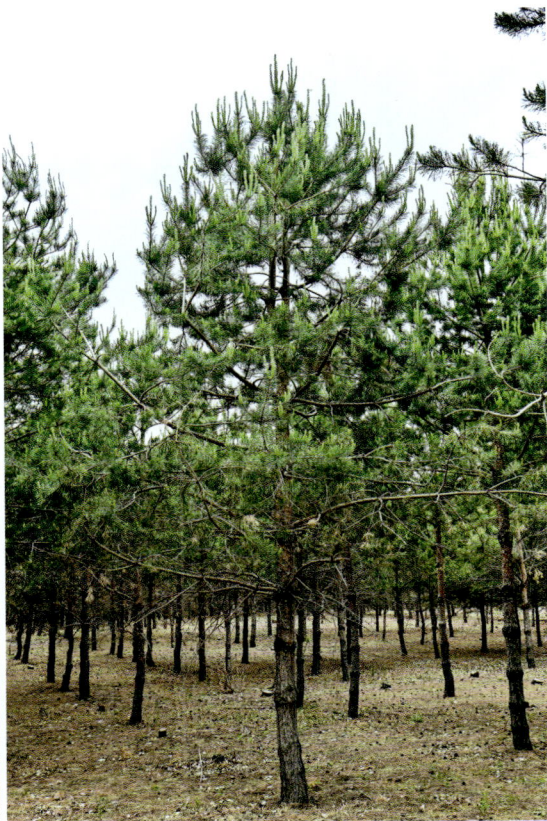

油 松　　*Pinus tabuliformis*

形态特征　常绿乔木，高达 25m。树皮灰褐色，裂成鳞片状，裂缝及上部树皮红褐色。下部大枝平展，枝皮鳞片状。针叶 2 针一束，两面具气孔线。雄球花圆柱形，在新枝下部聚生呈穗状。球果卵形；种子卵圆形，有斑纹。花期 4~5 月，球果翌年 10 月成熟。

生态特性　喜光，深根性树种，耐瘠薄、抗风，在年降水量仅有 300mm 左右的地方能正常生长。适于干冷气候，在土层深厚、排水良好的酸性、中性或钙质黄土上均能生长。

适生区域　产内蒙古、吉林、辽宁、北京、天津、河北、山西、陕西、宁夏、甘肃、青海等地。黑龙江等"三北"工程区亦适宜造林。

主要用途　用材林、水源涵养林、水土保持林、四旁绿化。

乔木

029

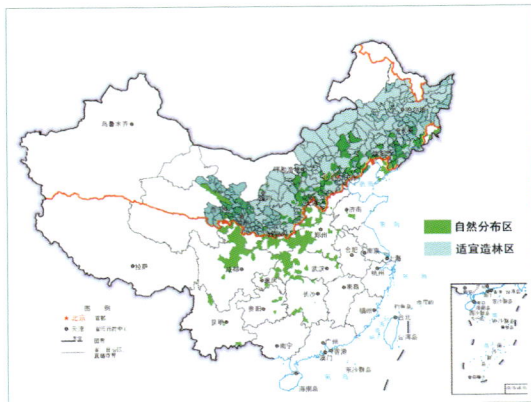

育苗技术　采用播种育苗。育苗地宜选择地势平坦、土壤肥沃、土层深厚、灌溉方便、pH 值 7.5 以下、排水良好的沙壤或壤土。10 月采种，4 月中下旬开沟播种，覆土 2~3cm，入冬前用湿土壅埋全苗，春季 3 月中旬除去。播种量 150~225kg/hm²。

造林技术　采用植苗造林。石质山地多采用水平阶和鱼鳞坑整地，黄土高原多采用水平沟和反坡梯田整地。多在春季造林，容器苗也可雨季造林。造林株行距 2m×3m 或 3m×4m。适宜与侧柏、落叶松、元宝槭、椴树、刺槐、花曲柳、山杏以及栎类等乔木带状混交；适宜与紫穗槐、胡枝子、沙棘、柠条锦鸡儿等灌木混交。

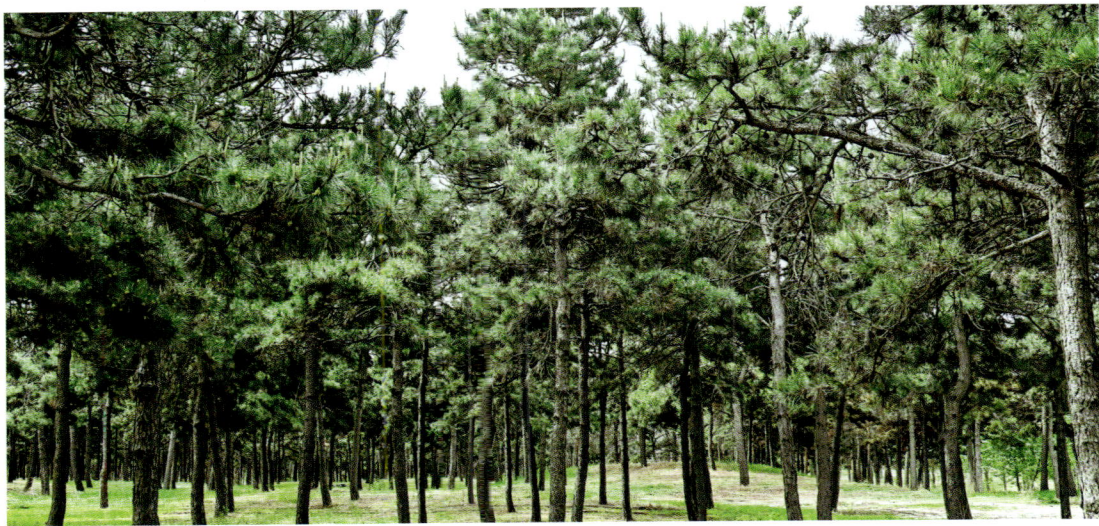

圆 柏

Juniperus chinensis

别名：柏木、桧柏

形态特征 常绿乔木，高达 20m，胸径达 3.5m。树皮深灰色，纵裂。叶二型，刺叶生于幼树之上，老龄树全为鳞叶，壮龄树二者兼有；鳞叶 3 叶轮生；刺叶 3 叶交互轮生，上面微凹，有 2 条白粉带。雌雄异株；雄球花黄色，雄蕊 5~7 对，常有 3~4 枚花药。球果近圆球形，2 年成熟，熟时暗褐色，有 1~4 粒种子；种子卵圆形。花期 4 月，球果翌年 10~11 月成熟。

生态特性 喜光，耐干旱、潮湿，适应性强。深根性，侧根发达。对土壤要求不严，能生于酸性、中性及石灰质土壤上。

适生区域 产内蒙古乌拉山、河北、山西、陕西南部、甘肃南部等地。北京、天津、辽宁、新疆、青海、宁夏等"三北"工程区亦适宜造林。

主要用途 水土保持林、水源涵养林、四旁绿化。

育苗技术 采用播种、扦插育苗。播种育苗：春播或秋播均可，播前种子沙藏催芽，作床后条播或撒播方法，条播沟深 4~5cm，播幅 4~5cm，播后覆土 2~3cm。播种量 225~300kg/hm^2。扦插育苗：选取 4~6 年生母树枝条，截成 15~

20cm 长的插穗，扦插深度约为枝条 1/3，2~3 年后需移植和换床。也可采用嫁接或分株育苗。

造林技术 采用植苗造林。造林地坡度控制在 30° 以内，采用反坡梯压和鱼鳞坑整地，干旱区造林需保证每个树坑有 4~6m² 的集水面积，陡峭、土壤贫瘠的山坡集水面积不低于 10m²。春季栽植，选用 2~3 年生苗木，带土球移植，土球直径 20~25cm，须深植，株行距 2m×3（~4）m，栽后立即浇水。阳坡混交灌木可选择小檗、柠条锦鸡儿等，半阳坡可选择柠条锦鸡儿或者沙棘等。

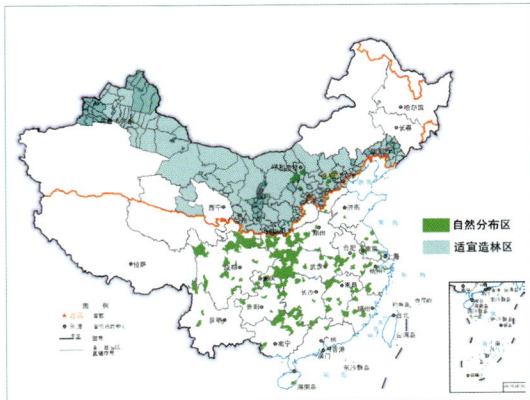

祁连圆柏　*Juniperus przewalskii*

形态特征　常绿乔木，高达 12m。树皮裂成条片脱落，枝皮裂成不规则的薄片脱落。叶有刺叶与鳞叶；鳞叶交互对生，菱状卵形刺叶 3 枚交互轮生。雌雄同株，雄球花卵圆形，雄蕊 5 对，花药 3。球果卵圆形或近圆球形，成熟前绿色，有 1 粒种子；种子扁方圆形或近圆形。花期 5~6 月，球果翌年 9 月下旬至 10 月上旬成熟。

生态特性　喜光，耐旱、耐寒、耐瘠薄。

常生于海拔 2600~4000m 地带之阳坡。

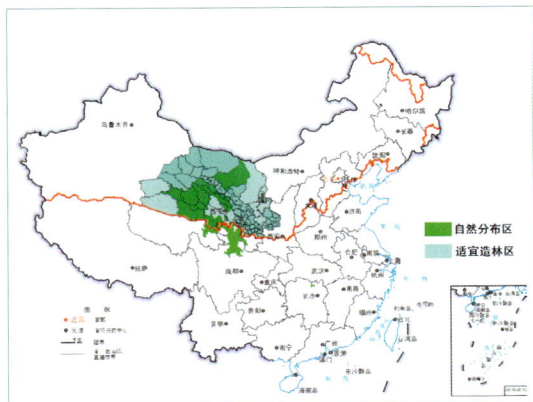

适生区域 我国特有树种，产青海、内蒙古、甘肃河西走廊及南部等地。宁夏等"三北"工程区亦适宜造林。

主要用途 水土保持林、水源涵养林、用材林、四旁绿化。

育苗技术 采用播种育苗。10 月中下旬采种，4 月中旬播种。播种前种子需进行低温层积处理，用 0.5% 高锰酸钾溶液浸泡 8 小时后温水清洗干净，晾干水分便可撒种。条播，播种量 1500kg/hm²。1 年生苗木换床移植，株行距 0.5m×0.5m，3 年生苗木按 1m×1m 的株行距换床定植。

造林技术 采用植苗造林。一般春季造林，当土壤解冻达到 30~40cm 时即可造林。造林地选择坡度较缓（25°以下）的向阳坡面。可采用反坡梯田或鱼鳞坑整地。选择 5~6 年生、苗高 30cm 以上的优质苗木带土球移栽。造林株行距 2（~3）m×3m。阳坡混交灌木可选择小檗等，半阳坡可选择银露梅、柠条锦鸡儿或者沙棘等。

乔木

033

杜 松　*Juniperus rigida*

别名：刺松

形态特征　常绿小乔木或灌木，高达10m。树冠塔形或圆柱形。侧根发达。叶轮生，条状刺形，质厚，坚硬，横切面成内凹的"V"状三角形。雌雄同株；雄球花椭圆状或近球状。球果圆球形，成熟前紫褐色，熟时淡褐黑色或蓝黑色；种子近卵圆形。花期5月，球果翌年10月成熟。

生态特性　喜光，耐旱、耐寒、耐瘠薄，抗病虫能力强。对土壤要求不严，在中性、微酸性土壤或向阳山坡、干燥沙地，甚至石灰性土壤均可生长。常生于海拔500~2200m地带。

适生区域　产黑龙江、吉林、辽宁、内蒙古、河北、山西、陕西、甘肃、宁夏等地。北京、天津等"三北"工程区亦适宜造林。

主要用途　水土保持林、用材林、四旁绿化。

育苗技术 采用播种、嫁接、压条育苗。播种育苗：冬季采种，春季播种。播种前用0.5%的高锰酸钾溶液浸泡种子2小时，用清水冲洗干净，放入沙土中进行催芽。一般采用条播法，播幅5cm、深2cm，播种前灌足底水，播后覆盖细沙或锯末。播种量480~525kg/hm²。嫁接育苗：砧木应选用沙地柏，穗条1~2年生、长10~15cm，最佳嫁接期为3月下旬至4月下旬，采用髓心形成层对接法。压条育苗：选取健壮的枝条，从顶梢以下15~30cm处把树皮剥掉一圈，然后用薄膜覆盖紧实，4~6周生根后形成新的植株。

造林技术 采用植苗造林。一般在春季造林，采用反坡梯田或鱼鳞坑整地。选用2年生苗木，带土球栽植。株行距2（~3）m×2（~3）m。

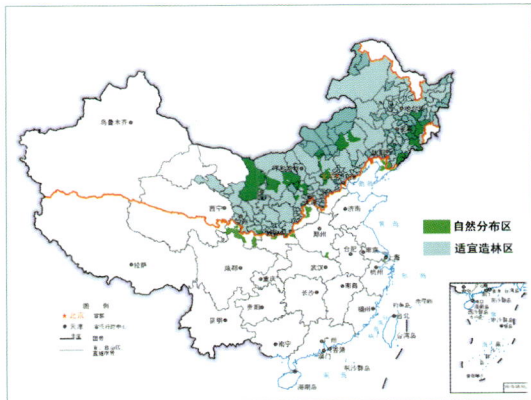

侧 柏

Platycladus orientalis

别名：扁桧、扁柏

形态特征 常绿乔木，高达 20m。树皮薄，浅灰褐色，纵裂成条片。生鳞叶的小枝细，向上直展或斜展，扁平，排成一平面。叶鳞形，先端微钝，小枝中央叶的露出部分呈倒卵状菱形或斜方形，两侧的叶船形。雄球花黄色，卵圆形；雌球花近球形，蓝绿色，被白粉。球果近卵圆形，成熟前近肉质，蓝绿色，被白粉；种子卵圆形或近椭圆形。花期 3~4 月，球果 10 月成熟。

生态习性 喜光，耐旱、耐寒、耐瘠薄、不耐水淹，抗污染能力强。主要生长在低山阳坡和半阳坡。

适生区域 产内蒙古南部、辽宁、河北、山西、陕西、甘肃、北京、天津等地。"三北"工程区适宜造林。

主要用途 水土保持林、用材林、药用、

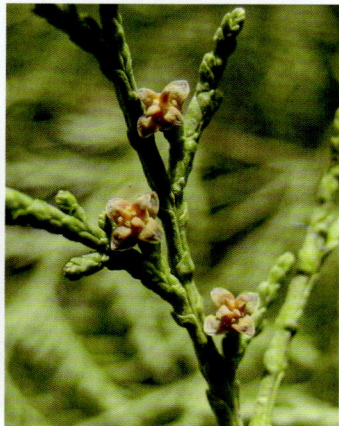

四旁绿化。

育苗技术 采用播种育苗。圈地应选择沙壤土或轻壤土，10 月采种，种子沙藏处理，春季土壤解冻后播种。播种量 195~225kg/hm²。苗木 1~2 年生，地径 0.25~0.35cm，苗高 15cm 以上出圃。培育大苗需经过 2~3 次移植，宜早春移植。

造林技术 采用植苗造林。山区和丘陵区均可造林。春、夏、秋三季均可造林，一般为春季造林，随整随造，带土球栽植，苗木以 2~4 年生为好。干旱瘠薄山坡，株行距 2m×3（~5）m；立地条件好的地方，株行距 2m×2（~3）m。可与油松、山杨、桦木、栎类等乔木营造混交林，干旱区可与沙棘、柠条锦鸡儿等灌木混交。

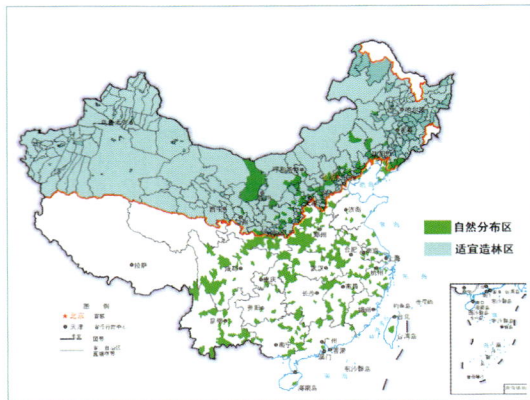

乔木

037

皂 荚 *Gleditsia sinensis*

别名：皂角

形态特征 乔木或小乔木，高达 30m。刺粗壮，圆柱形，常分枝，多呈圆锥状。一回羽状复叶；小叶纸质，卵状披针形至长圆形，边缘具细锯齿；网脉明显，在两面突起。总状花序被柔毛，花杂性，黄白色；花序腋生或顶生；萼片 4；花瓣 4，长圆形；两性花，雄蕊 8。荚果带状；种子多粒。花期 3~5 月，果期 5~12 月。

生态特性 喜光，耐寒、耐旱、抗污染、抗虫害。生于山坡林中或谷地、路旁，海拔至 2500m。

适生区域 产河北、北京、山西、陕西、甘肃等地。天津、内蒙古、青海、新疆、宁夏等"三北"工程区亦适宜造林。

主要用途 水土保持林、工业、药用、绿化观赏。

育苗技术 采用播种育苗。选择土壤肥沃、灌溉方便的土地作育苗地。10 月种子成熟时采种。春季播种，播种地施有机肥 45~75t/hm^2。春播前要进行种子催芽

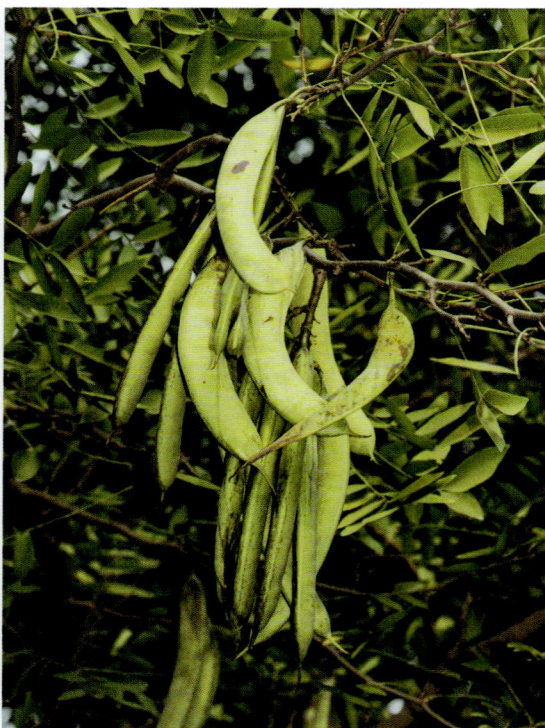

处理，催芽方法有低温层积催芽法、热水浸泡法、干藏浸水法等。开沟条播，行距 50~60cm，播后覆土 3~4cm。播种量 270~375kg/hm² 。也可采用嫁接育苗。

造林技术 采用植苗造林。春秋两季均可栽植，以春季造林为好。造林前穴状整地，规格 30cm×30cm×20cm，株行距 3m×2（~4）m。栽植时要深栽，踩实不露根，栽后及时灌水。也可采用直播造林、分殖造林。

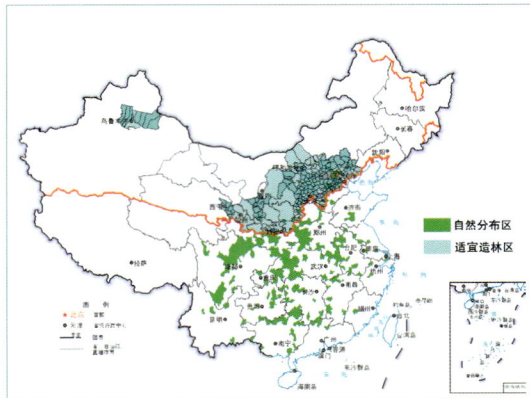

乔木

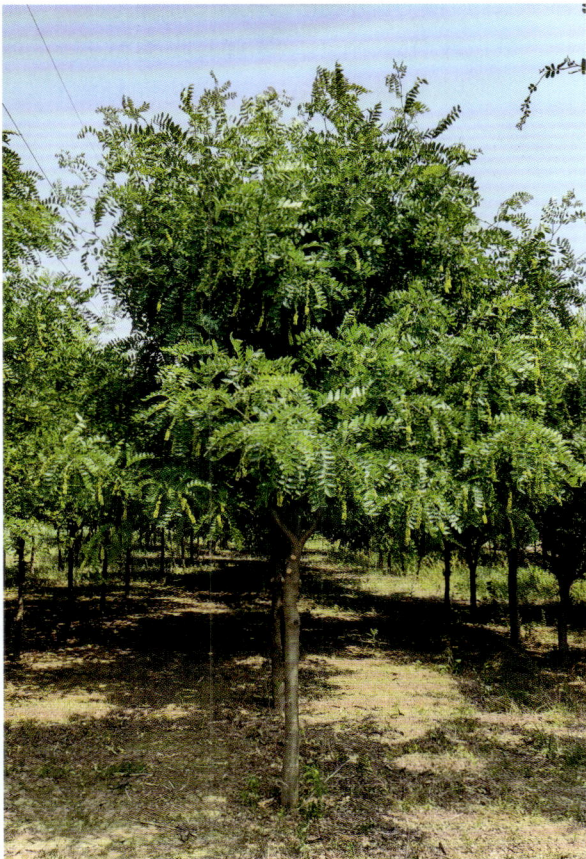

香花槐

Robinia × *ambigua* 'Idahoensis'

040

形态特征　乔木，高达 25m。干皮深纵裂。枝具托叶刺。羽状复叶，小叶互生，卵形或长圆形。花两性；总状花序腋生，下垂；萼具 5 齿，翼瓣弯曲，龙骨瓣内弯；花冠粉红色，芳香。花期 5~7 月，有二次开花现象。

生态特性　耐干旱瘠薄。对土壤要求不严，酸性土、中性土及轻碱地均能生长。

适生区域　杂交种，我国各地广泛栽培。北京、天津、河北、山西、宁夏、内蒙古、陕西、甘肃、新疆等"三北"工程区适宜造林。

主要用途　四旁绿化、防护林、药用。

育苗技术　采用埋根、扦插育苗。埋根繁殖：采取开沟埋根方式，沟深 5cm，行距 40cm，沟底保持平整。将处理好的根顺沟方向与地面平行摆放于沟底，边摆放边用土填埋，使根土密接。嫩枝扦插：用

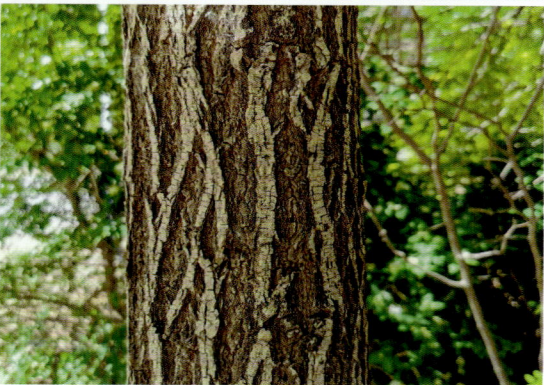

1年生半木质化枝条，剪成长 10~15cm 的插条，于 7 月进行扦插。生根适宜温度 20~23℃，空气湿度 80%~90%。扦插后扣上塑料拱棚，上面罩遮阳网，并喷雾保持湿润。

造林技术 采用植苗造林。选择 3~4 月春季萌芽前或秋季 10~11 月落叶后进行造林，以春季为主。选择主干高度 5~6 m，胸径 7~10cm 的苗木，按高度 2m 定干。造林前挖 60cm×60cm 坑穴，穴底施底肥，栽完后填埋、压实，浇足定根水，并及时覆土。株行距 2m×3m 或 3m×4m 等。

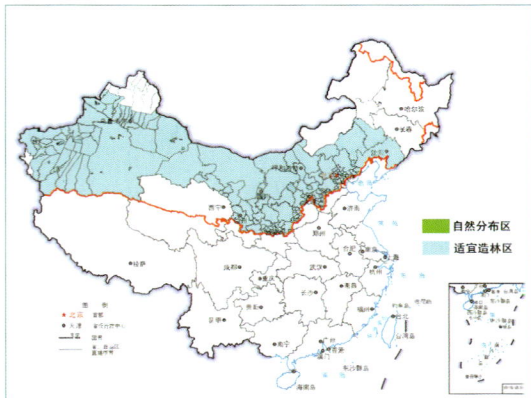

乔木

041

刺槐

Robinia pseudoacacia

别名：洋槐

形态特征 乔木，高达 25m。树冠近卵形。树皮灰褐色至黑褐色，纵裂。小枝灰褐色。总叶柄基部具有 2 托叶刺。奇数羽状复叶对生；小托叶针芒状。总状花序腋生；花萼斜钟状，萼齿 5，三角形至卵状三角形，密被柔毛；花冠白色，各瓣均具瓣柄。荚果褐色，扁平，沿腹缝线有窄翅；种子扁肾形，褐色至黑褐色。花期 4~6 月，果期 8~9 月。

生态习性 喜光，不耐阴，耐旱、不耐水涝，耐瘠薄，喜肥沃、排水良好的沙质壤土。

适生区域 原产北美，19 世纪末引入我国。"三北"工程区适宜造林。

主要用途 水土保持林、用材林、蜜源、四旁绿化。

育苗技术 采用播种、根插和嫁接育苗。播种育苗：9~10 月采种。北方以春播为主，3 月下旬至 4 月上旬。播前用 60~80℃ 热水浸种催芽，畦床条播，每畦 3 行，开沟深度 3~4cm，沟距 40cm，覆土 1cm。畦播播种量 30~45kg/hm^2，大田播种量 75~90kg/hm^2。根插育苗：将优良无性系苗粗 0.4cm 以上的根挖出，剪成 4~6cm 的根段，按粗度分级。3 月下旬至 4 月上旬埋根。按 70cm 行距开沟，沟深 5cm，灌水后按 20cm 株距插入根，根上端平于或稍高于地面。嫁接育苗：对选育出的刺

槐优良品种，采用枝接和芽接法嫁接。

造林技术 采用植苗造林。荒山造林选择 1~2 年生苗木；四旁绿化和工程造林选择胸径 2~3cm 定干大苗栽植。不宜深栽，栽植深度略深于原土印为宜，栽后浇定根水。株行距 2m×3（~5）m。气候寒冷干旱多风的北方地区采用截干造林，干旱瘠薄石质山坡、黏土地、钙质土采用容器苗造林。可与侧柏、油松、杨树、旱柳、臭椿及紫穗槐等混交。

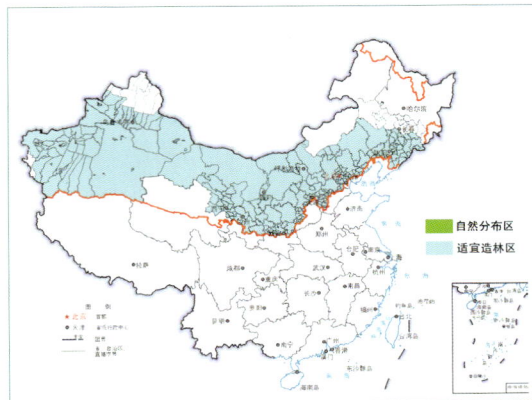

自然分布区
适宜造林区

乔木

043

槐

Styphnolobium japonicum

别名：国槐

形态特征 乔木，高达 25m。树皮灰褐色，具纵裂纹。羽状复叶；小叶对生或近互生，纸质，卵状披针形或卵状长圆形。圆锥花序顶生，常呈金字塔形；花萼浅钟状，萼齿 5；花冠白色或淡黄色。荚果串珠状，具肉质果皮，成熟后不开裂；种子卵球形。花期 7~8 月，果期 8~10 月。

生态特性 喜光，耐寒、抗旱、稍耐阴、较耐瘠薄，在低洼积水处生长不良。

适生区域 原产我国。北京、天津、河北、山西、内蒙古、辽宁、陕西、甘肃、青海、宁夏、新疆等"三北"工程区适宜造林。

主要用途 用材林、四旁绿化、防护林、药用。

育苗技术 采用播种育苗。3 月下旬至 4 月上旬播种。采用大田高垄育苗。育苗地施优质基肥 37.5t/hm^2。用 2.5% 辛硫

磷微粒剂 1.5~1.8kg/hm² 进行土壤处理。播前用 80℃ 热水浸泡种子，自然冷却后待播。顺垄开沟，条播，覆土 2~3cm。播种量 120~150kg/hm²。也可采用扦插和嫁接育苗。

造林技术 采用植苗造林。选择肥沃、排水良好的沙质壤土造林。春季、秋季均可造林。选用 2~3 年生截干苗，结合苗木根部大小挖栽植穴，穴径 40~80cm，深度 40~60cm，株行距 3m×4m。

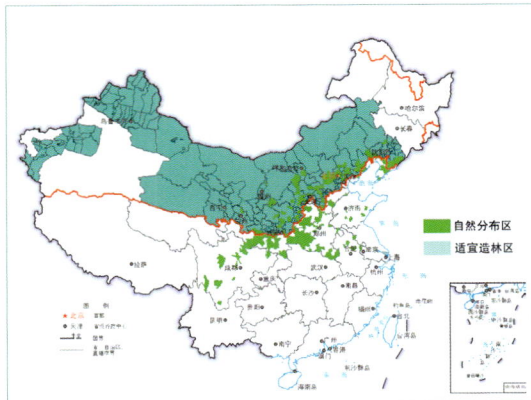

乔木

045

山 楂

Crataegus pinnatifida

别名：山里红、红果

形态特征　乔木，高达 6m。树皮粗糙，暗灰色或灰褐色。刺长 1~2cm，有时无刺。叶片宽卵形或三角状卵形，先端短渐尖，基部截形至宽楔形。伞房花序具多花；萼筒钟状，外面密被灰白色柔毛；萼片三角卵形至披针形，先端渐尖，全缘；花瓣倒卵形或近圆形，白色。果实近球形或梨形，深红色；小核 3~5。花期 5~6 月，果期 9~10 月。

生态特性　喜光，喜凉爽的环境，稍耐阴、耐寒、耐高温、耐干燥、耐贫瘠土壤。生于山坡林边或灌木丛中，海拔100~1500m。

适生区域　产黑龙江、吉林、辽宁、内蒙古、河北、北京、天津、山西、陕西等地。"三北"工程区适宜造林。

主要用途　经济林、绿化观赏。

育苗技术　采用播种和嫁接育苗。播种育苗：果实着色一半时采种，越冬种子进行沙藏处理。翌年 4~5 月播种，开沟条播。

播种量 195~225kg/hm^2。嫁接育苗：春、夏、秋均可进行，用实生苗或分株苗均可作砧木，采用芽接、枝接，以芽接为主。嫁接后 10 天左右检查成活情况，随时补接。

　　造林技术　采用植苗造林。宜选择土层深厚、肥沃、排水良好的沙壤土造林。春、秋季造林均可，春季造林宜晚，待地温开始回升后进行，秋季造林在落叶后进行。栽后苗木根茎部比地面高出 5cm，浇水后，根颈部与地面相平。株行距 2m×3m 或 3m×4m 等。

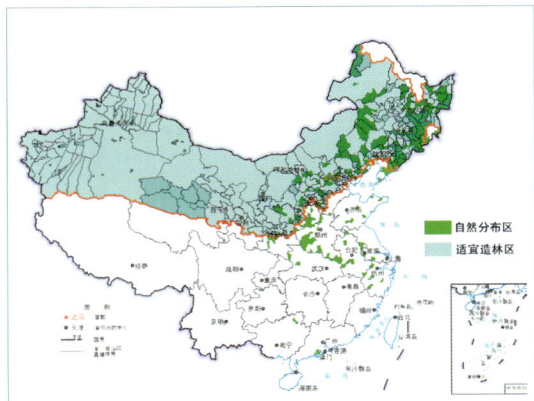

自然分布区
适宜造林区

047

山荆子

Malus baccata

别名：山丁子、山定子

形态特征 乔木，高 10~14m。树冠宽圆形，开展。树皮灰褐色。小枝红褐色。叶卵形或椭圆形，先端渐尖或锐尖，基部圆形或楔形，边缘有细锐锯齿；托叶披针形，膜质，全缘或有腺齿。伞形花序，有花 4~6 朵，无总梗；苞片线状披针形，边缘有腺齿；花瓣倒卵形，白色。果实球形，黄色或红色。花期 4~6 月，果期 9~10 月。

生态特性 喜光，耐寒，耐瘠薄。生于山坡、山谷。

适生区域 产辽宁、吉林、黑龙江、内蒙古、河北、山西、陕西、甘肃等地。"三北"工程区适宜造林。

主要用途 水土保持林、砧木、蜜源。

育苗技术 采用播种育苗。9 月下旬至 10 月上旬采种，秋播种子不用处理，在土壤封冻前播种。春播种子，需要提前在秋季上冻前用高锰酸钾溶液浸种消毒后，采用沙藏处理，在土壤解冻后，有 30% 种子裂嘴时即可播种，条播。播种量 30~45kg/hm^2。

造林技术 采用植苗造林。立地条件较好的造林地，可以边整地边栽植，立地类型较差的需要提前整地和改土。春季栽植，在 4 月中旬左右进行，穴状整地，规格一般 40cm×40cm×40cm，"品"字形排列。株行距 2m×2m 或 2m×3m。

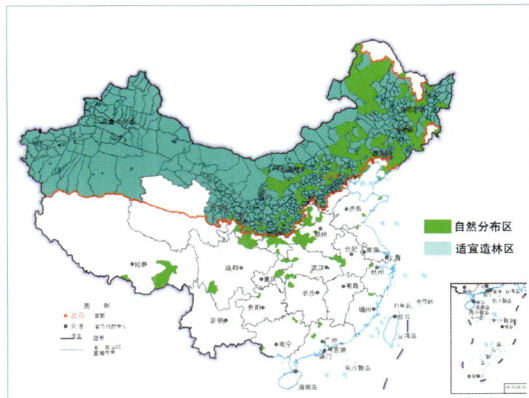

自然分布区
适宜造林区

山桃

Prunus davidiana

别名：野桃、山毛桃

形态特征 乔木，高达 10m。树冠开展。树皮暗紫色，光滑。叶片卵状披针形，先端渐尖，基部楔形，两面无毛，叶缘具细锐锯齿。花单生，先于叶开放；萼筒钟形；萼片卵形至卵状长圆形，紫色，先端圆钝；花瓣倒卵形或近圆形，粉红色。果实近球形，淡黄色，外面密被短柔毛；果肉薄而干，不可食。花期 3~4 月，果期 7~8 月。

生态特性 喜光，耐寒、耐旱、耐轻度盐碱。生于山坡、山谷沟底或荒野疏林及灌丛内，海拔 800~3200m。

适生区域 产河北、内蒙古、北京、天津、山西、陕西、甘肃等地。"三北"工程区适宜造林。

主要用途 水土保持林、四旁绿化。

育苗技术 采用播种育苗。7~8 月上旬采种，不可过早采收种子，以免影响种子发芽率，桃核晒干收藏于干燥通风处。播种前深翻土地 30cm，每亩施 2000kg 农家肥作为底肥，整地作床。育苗多在 10 月下旬至 11 月上旬进行，春季育苗在 3

月中下旬至 4 月上旬进行。春季播种，种子要提前沙藏层积处理，开沟条播。播种量 1875~2250kg/hm²，产苗量 30 万 ~ 45 万株 /hm²。

造林技术　采用植苗造林。造林在 3 月中下旬树液流动前进行，不宜太晚。株行距 2m×3m，从苗木基部起将树干保留 50cm 高度进行定干。秋季造林在树叶落后至土壤封冻前进行，株行距 2m× 3m 或 2m×4m，定植深度超过原土印 2cm。秋冬季造林后，需埋土防寒，春季 3~4 月挖开埋土。可与柠条锦鸡儿、沙棘、紫穗槐等行间混交或块状混交。也可采用直播造林。

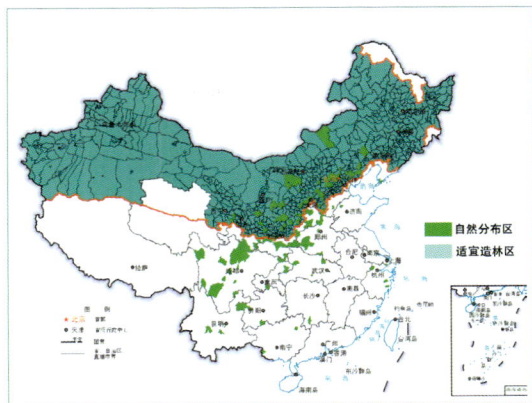

乔木

051

扁 桃　　*Prunus dulcis*

别名：巴旦杏、巴旦木

形态特征　中型乔木或灌木，高 3~8m。1 年生枝上的叶互生，叶片披针形或椭圆状披针形，先端急尖至短渐尖，基部宽楔形至圆形，叶缘具浅钝锯齿。花单生，先于叶开放；萼片宽长圆形至宽披针形，先端圆钝，边缘具柔毛；花瓣长圆形，先端圆钝或微凹，基部渐狭成爪。果实斜卵形或长圆卵形，扁平；果肉薄，成熟时开裂。花期 3~4 月，果期 7~8 月。

生态习性　喜光，抗旱。常见于多石砾的干旱坡地，适宜生长于温暖干旱地区。

适生区域　原产亚洲中西部。新疆"三北"工程区适宜造林。

主要用途　经济林（食用、药用）。

育苗技术　采用播种和嫁接育苗。春播在 4 月上旬完成，秋播在 11 月封冻前完成，

采用条播法。播种量 750kg/hm²。嫁接采用带木质部芽接，若在秋冬季嫁接，用塑料带全封闭，翌年春解除塑料带。

造林技术　采用植苗造林。定植分春植和秋植，春植在土壤解冻后植株萌动前，秋植在落叶后土壤封冻前，株行距 2m×3m 或 3m×4m。

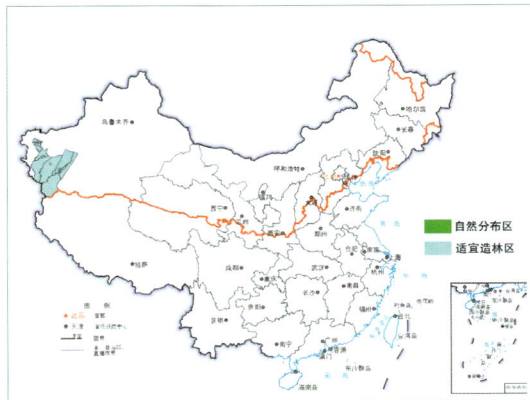

自然分布区
适宜造林区

乔木

053

稠李

Prunus padus

别名：臭李子

形态特征 乔木，高达 15m。幼枝被茸毛，后脱落无毛。叶椭圆形、长圆形或长圆状倒卵形，先端尾尖，基部圆形或宽楔形，有不规则锯齿，两面无毛。总状花序，基部有 2~3 叶；花序梗和花梗无毛；萼筒钟状；萼片三角状卵形，带有纤细锯齿；花瓣白色，长圆形；雄蕊多数。核果卵圆形，果柄无毛。花期 4~5 月，果期 5~10 月。

生态特性 喜光，耐阴、耐严寒。生于山坡、山谷或灌丛中，海拔 880~2500m。

适生区域 产辽宁、河北、山西、陕西、内蒙古、甘肃、吉林、黑龙江、新疆等地。北京、天津、青海、宁夏等"三北"工程区亦适宜造林。

主要用途 药用、蜜源、用材林、四旁绿化。

育苗技术 采用播种育苗。10月采种，秋播种子不用处理。春播种子入冬前沙藏催芽，在翌年4月下旬至5月上旬播种。整地作床，床高10~12cm，宽1m，条播或撒播，覆土1cm，稍镇压，浇透水。播种量40~60kg/hm²。

造林技术 采用植苗造林。选择避风向阳、土壤肥沃的山麓、沟谷地带栽植。穴坑整地，规格50cm×40cm×30cm，由于稠李春季萌动较早，春季造林宜早（2月底至3月初），株行距2m×2（~4）m。也可秋季直播造林，播种前用0.3%~0.5%的高锰酸钾溶液浸种0.5小时消毒。

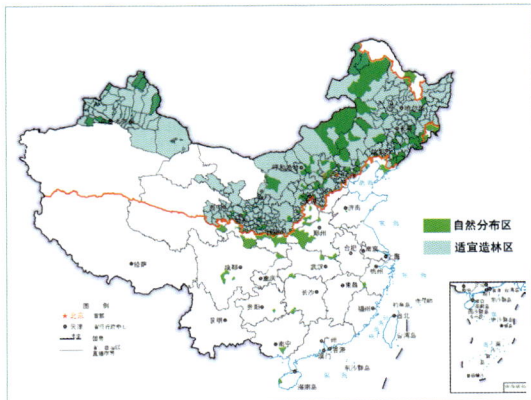

乔木

杜梨 *Pyrus betulifolia*

别名：土梨、棠梨、野梨子

形态特征 乔木，高达 10m。树冠开展。枝常具刺。叶片菱状卵形至长圆卵形，先端渐尖，基部宽楔形，边缘有粗锐锯齿；托叶膜质，线状披针形。伞形总状花序，有花 10~15 朵；萼片三角卵形，先端急尖，全缘，花瓣宽卵形，先端圆钝，基部具有短爪，白色；雄蕊 20，花药紫色。果实近球形，2~3 室，褐色，有淡色斑点。花期 4~5 月，果期 8~9 月。

生态特性 喜光，稍耐阴，耐寒、耐旱、耐涝、耐瘠薄。生于平原或山坡阳处，海拔 50~1800m。深根性树种，在中性土及盐碱土中均能正常生长。

适生区域 产辽宁、河北、山西、陕西、甘肃、宁夏、北京、天津等地。新疆、内蒙古、青海等"三北"工程区亦适宜造林。

主要用途 水土保持林、四旁绿化、药用、用材林。

育苗技术 采用播种育苗。9 月采种，采回果实沤烂，淘出种子，放置于通风干燥处晾干，切忌暴晒。春播秋播均可，春季在 4 月上中旬播种。种子催芽处理，按

行距 30cm 开沟条播，播幅 5~8cm，覆土约 1.5cm。播种量 22~30kg/hm²。秋播一般在 11 月中上旬，不必处理种子。

造林技术　采用植苗造林。选择山地阳坡、半阳坡及峁顶处造林。春、秋季造林均可，一般在 3 月下旬至 4 月中旬，选用 1~2 年生苗木，株行距 2m×3m 或 3m×4m。可以与油松等行间带状混交，也可进行林粮间作。

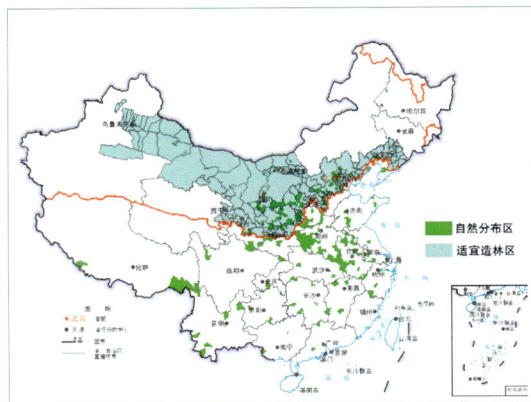

057

沙 枣

Elaeagnus angustifolia

形态特征 乔木，高 5~10m。浅根性，水平根发达，具根瘤菌。全株密被银白色鳞片，老枝鳞片脱落。单叶互生，薄纸质，矩圆状披针形至线状披针形。花银白色，芳香，1~3 朵簇生叶腋；萼筒钟形；花柱直立。核果椭圆形，粉红色；果肉乳白色，粉质。花期 5~6 月，果期 9~10 月。

生态特性 喜光，耐旱、耐盐碱、耐寒。生于荒漠地区山地、平原、沙地等。

适生区域 产陕西、甘肃、内蒙古、宁夏、新疆、辽宁、河北、山西、青海等地。

北京、天津等"三北"工程区亦适宜造林。

主要用途 防风固沙林、经济林（食用、药用、蜜源）、用材林。

育苗技术 采用播种育苗。育苗地一般选择沙壤土和壤土。秋季施入有机肥 30~45t/hm^2，并施入 50% 辛硫磷乳油制成毒土。春播或秋播均可，以春播为好。秋播可直播，10 月下旬进行；春播 3 月下旬至 4 月中旬，种子需催芽处理，播前用清水浸种 3~5 天，每天换水 2~3 次，种子吸胀后盖上麻袋催芽，温度保持在 20℃左

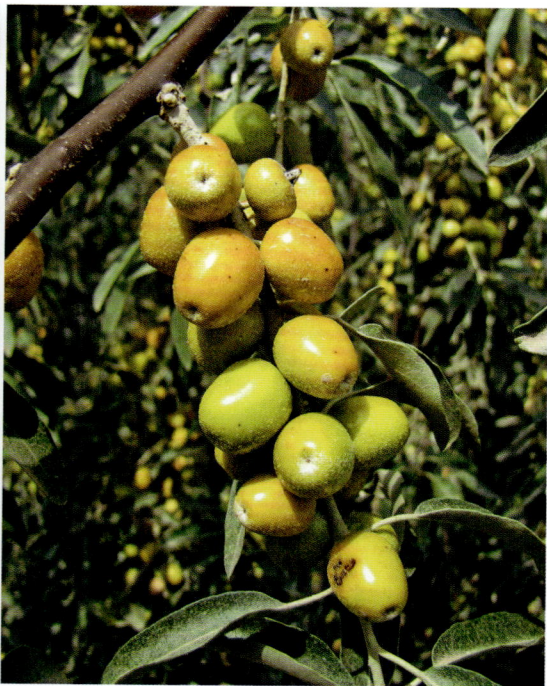

右。床面条播，行距 20~30cm，播后覆土 2~3cm。播种量 450~750kg/hm²。

造林技术　采用植苗造林。在沙壤土或沙质壤土地上，可不翻耕整地直接开荒造林；在盐渍土和厚层覆沙地上，可直接开沟造林。造林地深翻 25~30cm。造林密度根据造林目的和立地条件而定，株行距 2（~3）m×4m。

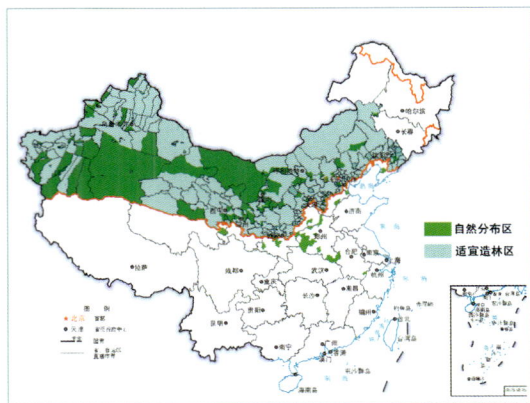

自然分布区
适宜造林区

059

翅果油树　*Elaeagnus mollis*

别名：柴禾

形态特征　乔木或灌木，高 2~10m。幼枝灰绿色，密被灰绿色星状茸毛和鳞片，老枝栗褐色。单叶互生，卵形或卵状椭圆形，叶膜质，全缘，顶端钝尖，基部钝形或圆形，叶背具灰白色茸毛。花两性，灰绿色，味芳香，常 3~7 朵簇生幼枝叶腋；萼筒钟状。果实矩圆形，果肉棉质；种子纺锤形，栗褐色，内面具丝状绵毛。花期 4~5 月，果期 8~9 月。

生态特性　耐寒、抗旱、耐瘠薄。生于阳坡和半阴坡的山沟谷地和潮湿地区，海拔 700~1300m。

适生区域　国家二级保护野生植物。主要分布于山西和陕西，以山西吕梁山南端和中条山西段分布较为集中，陕西分布于西安市鄠邑区。河北、北京、天津、宁夏、甘肃等"三北"工程区亦适宜造林。

主要用途　水土保持林、经济林（食用、药用）。

育苗技术　一般采用播种育苗。9 月

采种，果实采收后需要摊晒、碾压、去杂、干藏。秋季施入腐熟厩肥 22.5~37.5t/hm²，耙平。在土壤干旱缺乏灌溉区域，于晚秋进行条播，种子不需处理；春季播种，需提前在冬季将种子进行沙藏处理。播种量 225kg/hm²。

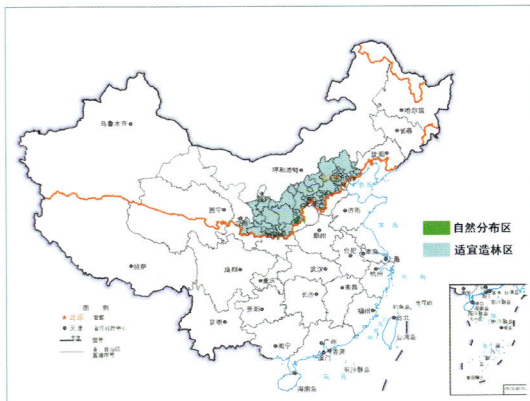

造林技术 采用植苗造林。春秋季均可，选择排灌便利，土壤肥沃，阴坡、半阴坡的山地，或地势较为平坦的地块，采用鱼鳞坑或反坡梯田整地，用 1~2 年生苗木造林，栽植前将树根用生根粉溶液浸泡，株行距 4m×4m 或 4m×5m。

乔木

061

枣

Ziziphus jujuba

别名：红枣、中国枣、大枣

形态特征　小乔木，稀灌木，高 6~12m。树皮褐色或灰褐色。叶纸质，卵形，顶端钝或圆形，基部稍不对称，近圆形，边缘具圆齿状锯齿。聚伞花序，花小，黄绿色，两性；萼片卵状三角形；花瓣倒卵圆形。核果矩圆形或长卵圆形，成熟时红色，后变红紫色，中果皮肉质，味甜；种子扁椭圆形。花期 5~7 月，果期 6~10 月。

生态特性　喜光，喜干燥冷凉气候，耐寒、耐旱、耐盐碱。主要分布在海拔1700m 以下的向阳山坡、丘陵、滩地和沙漠绿洲等。

适生区域　产吉林、辽宁、河北、山西、陕西、甘肃、新疆、内蒙古、北京、天津等地。"三北"工程区适宜造林。

主要用途　经济林（食用、药用、蜜源）、防护林。

育苗技术　采用分株和嫁接育苗。分株育苗：早春在枣树行间，开沟断根，促进根蘖苗萌发，培育时将根蘖苗刨出，按

大小分别栽植，抚育 1 年后出圃定植。嫁接育苗：嫁接用的砧木有本砧和酸枣砧两种。本砧嫁接，将根蘖苗归圃培育，第 2 年嫁接；酸枣砧嫁接，采集酸枣种子，播种前进行催芽处理，播种采取宽窄行，宽行 60cm，窄行 40cm，开沟穴播。播种量 90kg/hm² 左右。嫁接方法一般采用枝接，接穗多采用 1~2 年生枣头。

造林技术　采用植苗造林。春季栽植时，穴施腐熟农家肥 5kg，苗木蘸泥浆。枣园株行距 2m×3m 或 3m×4m 不等；枣粮间作株距 3~4m、行距 10~20m；山地枣园沿等高线开水平沟，沟间距 5m，沟深、宽各为 1m，株距 3m。

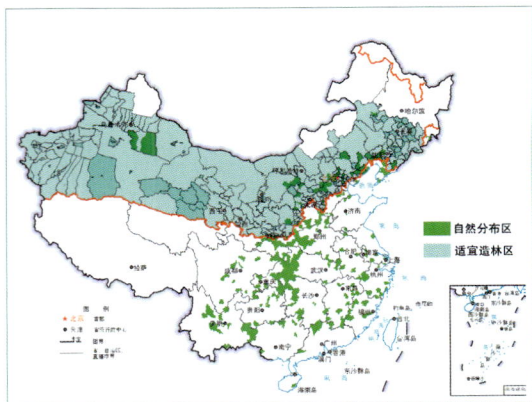

■ 自然分布区
■ 适宜造林区

063

欧洲白榆 *Ulmus laevis*

别名：大叶榆、新疆大叶榆

形态特征 乔木，高达 30m。树皮淡褐灰色，幼时平滑，后成鳞状，老时则不规则纵裂。叶倒卵状宽椭圆形或椭圆形，中上部较宽，先端凸尖，基部明显地偏斜，一边楔形，一边半心脏形，边缘具重锯齿，齿端内曲。花常自花芽抽出，20 余花至 30 余花排成密集的短聚伞花序。翅果卵形或卵状椭圆形，果核部分位于翅果近中部，上端微接近缺口。花果期 4~5 月。

生态习性 抗旱、耐寒、耐高温，抗病虫害能力强。喜土层深厚、湿润、疏松的沙壤或壤土。

适生区域 原产欧洲，我国东北温带地区、华北暖温带地区、西北温带草原区和荒漠区均有栽培。"三北"工程区适宜造林。

主要用途 用材林、防护林、四旁绿化。

育苗技术 主要采用播种育苗。播种前用冷水浸种 3~5 小时后混沙催芽，待部分种子露白时即可播种。条播，行宽 30~40cm，开沟深 1.5~2cm，覆土 1cm。播种量 45~

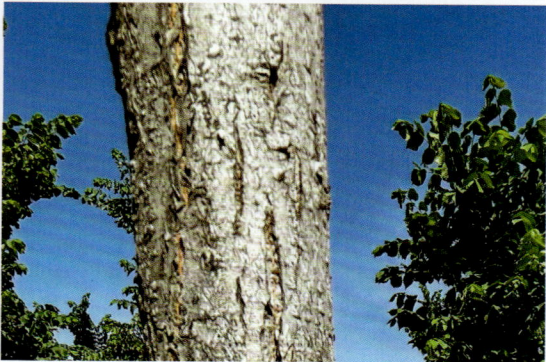

75kg/hm^2。也可采用嫁接育苗。

造林技术　采用植苗造林。春季栽植，采用 1~2 年生裸根苗木或胸径大于 3cm、高度大于 2.5m 的带土球苗木造林。一般采用块状或带状整地。在沙地多采用带状整地，整地宽度 5~15m。立地条件差的造林地，培育小径材，采用密植的方式，株行距 2m×3（~4）m。立地条件好的造林地可适当稀植，株行距 3（~4）m×5（~8）m。

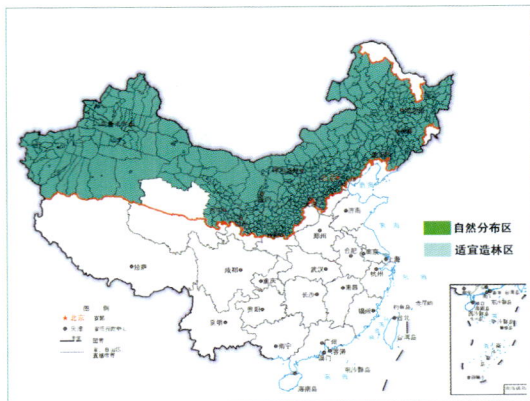

自然分布区
适宜造林区

065

大果榆
Ulmus macrocarpa

别名：黄榆、蒙古黄榆

形态特征　乔木至灌木，高达 20m。树冠宽卵形。树皮有纵裂纹，粗糙；幼枝有疏毛，具散生皮孔；枝条上常有扁平的木栓翅。单叶互生，厚革质，先端短尾状，两面粗糙，叶面密生硬毛，叶背常有疏毛，边缘具大而浅钝的重锯齿。花自花芽或混合芽抽出，在去年生枝上排成簇状聚伞花序或散生于新枝的基部。翅果。花期 3~4 月，果期 4~6 月。

生态特性　喜光，耐寒冷、耐干旱、耐瘠薄。根系发达，侧根萌芽性强。常生于山坡、谷地、黄土丘陵、固定沙丘及岩缝，海拔 700~1800m。

适生区域　产东北西部、华北北部、西北北部等地。"三北"工程区适宜造林。

主要用途　水土保持林、水源涵养林、用材林、四旁绿化。

育苗技术　采用播种育苗。育苗地选择排水良好、肥沃的沙壤土或壤土，播种前 1 年秋季整地，深翻 20cm 以上，施基肥 30~45t/hm^2。果实由绿色变为黄白色时采种。5 月下旬播种。条播，播幅 5~10cm，播后覆土 0.5~1cm。播种量 37.5~50kg/hm^2。

造林技术　采用植苗造林。春秋两季均可。用材林要选择土壤肥沃、湿润深厚

的沙壤土或壤土。采用 1 年生苗木造林，穴径 30~40cm，深 30cm 左右，株行距 2m×1.5（~2m）。四旁绿化栽植时采用 2~3 年生的大苗，穴径 50~60cm、深 50cm，剪去过长的主根，栽植后浇水培土。干旱区造林后可覆农膜保湿，株距 2~4m，行距 3~5m。在立地条件较好的沙地造林可采用"两行一带"式：乔木林行距 2~4m，灌木林行距 1~2m，带间距 5~8m。

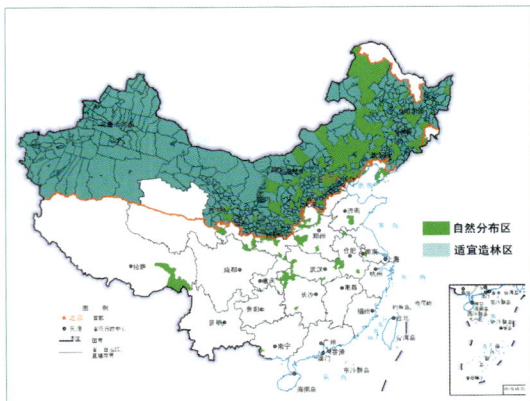

榆

Ulmus pumila

别名：白榆、榆树、家榆

形态特征 乔木，高达 25m，在干瘠之地呈灌木状。幼树树皮平滑，灰褐色或浅灰色；大树皮暗灰色，不规则深纵裂。叶椭圆形、椭圆状卵形或椭圆状披针形，先端渐尖或长渐尖，基部偏斜或近对称。花先叶开放，多数簇生于 2 年生枝条叶腋间。翅果近圆形或倒卵形，顶端深凹，光滑；种子位于翅果中央或近上部。花果期 3~6 月。

生态特性 抗旱、抗寒、耐高温、耐贫瘠、耐盐碱。根系发达，抗风，保土能力强。

适生区域 遍布我国北方各地。"三北"工程区适宜造林。

主要用途 防风固沙林、水源涵养林、用材林、食用、药用、四旁绿化。

育苗技术 采用播种、扦插育苗。播种育苗：4~5 月采种，随采随播。播前冷水浸种 24 小时后与等量湿沙混匀堆放催芽。条播，行距 30~40cm，播幅 3~5cm，沟深

2~3cm。播种量 37.5~75kg/hm²。扦插育苗：当年生半木质化细嫩枝条剪成 12~15cm 长插穗。基质为细沙、蛭石和草炭土，体积比 1：1：1。扦插深度 5cm；株行距 3cm×5cm。

造林技术 采用植苗造林。春、秋季均可栽植。盐碱地造林需提前开沟，或修窄台田、灌水或淡水脱盐，使土壤含盐量降到 0.3% 以下。干旱区荒山造林时，可截干栽植，留茎干 10~15cm。培育小径材株行距 2m×2m；盐碱地造林初植株行距 2m×3m。可与刺槐、杨树、紫穗槐、沙棘、柠条锦鸡儿等行间或带状混交，沙地造林可与樟子松混交。

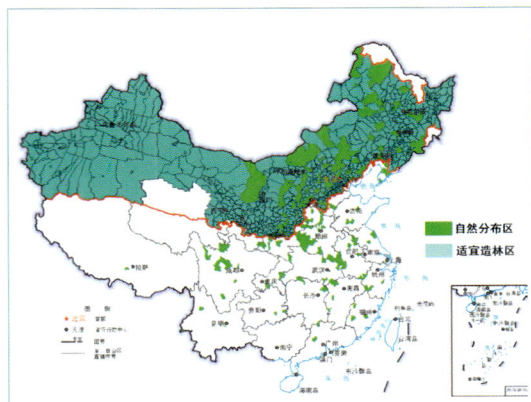

069

朴 树

Celtis sinensis

形态特征 乔木，高达 30m。树皮灰白色。当年生小枝幼时密被黄褐色短柔毛，老后毛常脱落。叶多为卵形或卵状椭圆形，基部几乎不偏斜或仅稍偏斜，先端尖至渐尖。果较小，近球形，生于叶腋，果成熟时黄色至橙黄色。果梗常 2~3 枚，其中一枚果梗（实为总梗）常有 2 果，其他的具 1 果；核近球形，具 4 条肋，表面有网孔状凹陷。花期 3~4 月，果期 9~10 月。

生态特性 喜光，抗污染。对土壤要求不严，较耐旱，亦耐水湿及瘠薄土壤，抗风力强。常生于路旁、山坡、林缘，海拔 100~1500m。

适生区域 产山东、河南、江苏、安徽等地。北京、河北、天津、辽宁、陕西、山西、宁夏、甘肃等"三北"工程区适宜造林。

主要用途 用材林、四旁绿化、药用。

育苗技术 采用播种育苗。果实变为黄

褐色时采种。3月下旬播种。床面宽100~150cm，步道宽30~45cm。种子播前沙藏处理，条播，行距30cm。播种量15kg/hm²。苗高3~5cm时需进行第一次间苗，在苗高15~20cm时定苗，株行距15cm×20cm或15cm×30cm为宜。

造林技术 采用植苗造林。春季造林。穴状整地，规格一般50cm×50cm×40cm。选择1~2年生苗木造林，株行距2m×3m，胸径3cm的苗木，株行距3m×4m。1~2年生苗木必须移植，多在春季移植，或秋季落叶后。

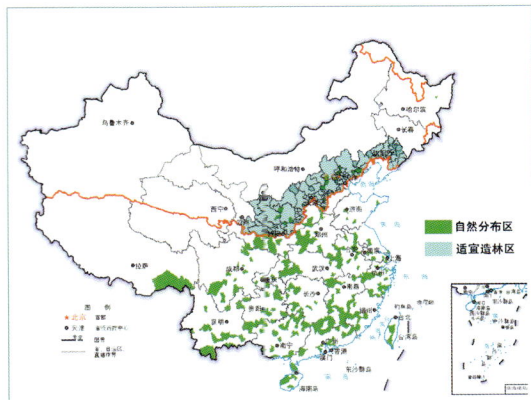

自然分布区
适宜造林区

构

Broussonetia papyrifera

别名：构树、楮

形态特征　乔木，高 10~20m。树皮暗灰色。叶螺旋状排列，广卵形至长椭圆状卵形，先端渐尖，基部心形，边缘具粗锯齿；托叶大，卵形，狭渐尖。雌雄异株；雄花序为柔荑花序；苞片披针形；雄蕊 4，花药近球形；雌花序球形头状，苞片棍棒状。聚花果肉质，成熟时橙红色；瘦果表面有小瘤状突起，外果皮壳质。花期 4~5 月，果期 6~7 月。

生态特性　喜光，耐干旱、耐瘠薄，不耐水湿；生长快，萌芽力和分蘖力强。生于山坡杂木林中，海拔 1400m 以下。

适生区域　主要分布于我国黄河、长江和珠江流域各地。辽宁、河北、北京、天津、山西、陕西、甘肃、宁夏、新疆等"三北"工程区亦适宜造林。

主要用途　水土保持林、饲用、药用、四旁绿化。

育苗技术　采用播种或扦插育苗。播种育苗一般在 3 月中下旬进行，开播种沟，沟宽 6cm，深 2cm，播种前催芽，条播。播种量 30kg/hm²。扦插育苗以 2 月底至 3 月上旬为宜，选择 1 年生健壮枝条，插穗长度 15cm。8 月用嫩枝扦插成活率可达 95%。

造林技术　采用植苗造林。怕涝，宜选择土地平缓、光照和通风条件好地块，3~4 月进行，株行距 3m×4m。饲用构树可大密度造林，采用宽窄行栽植，株距 0.6~0.8m，行距 0.8~1.3m。

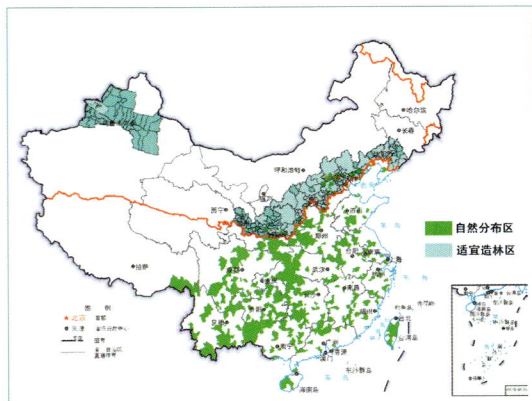

图例
自然分布区
适宜造林区

桑

Morus alba

别名：白桑、家桑、蚕桑

形态特征　乔木或灌木状，高达 15m。树皮厚，灰色，具不规则浅纵裂。叶卵形或宽卵形，先端尖或渐短尖，基部圆或微心形。雌雄异株；雄花序下垂，密被白色柔毛，雄花花被椭圆形，淡绿色；雌花无梗，花被倒卵形，外面边缘被毛，包围子房，无花柱，柱头 2 裂，内侧具乳头状突起。聚花果卵状椭圆形，红色至暗紫色。花期4~5 月，果期 5~8 月。

生态特性　喜光，幼树稍耐阴，耐干旱、耐瘠薄。一般生于 1200m 海拔以下的山区和平原。

适生区域　原产我国中部和北部。"三北"工程区适宜造林。

主要用途　经济林、用材林、四旁绿化。

育苗技术　采用播种或嫁接育苗。播种育苗：6 月中下旬至 7 月上旬采种，春夏秋三季均可播种。播种前用 50℃水浸泡 2

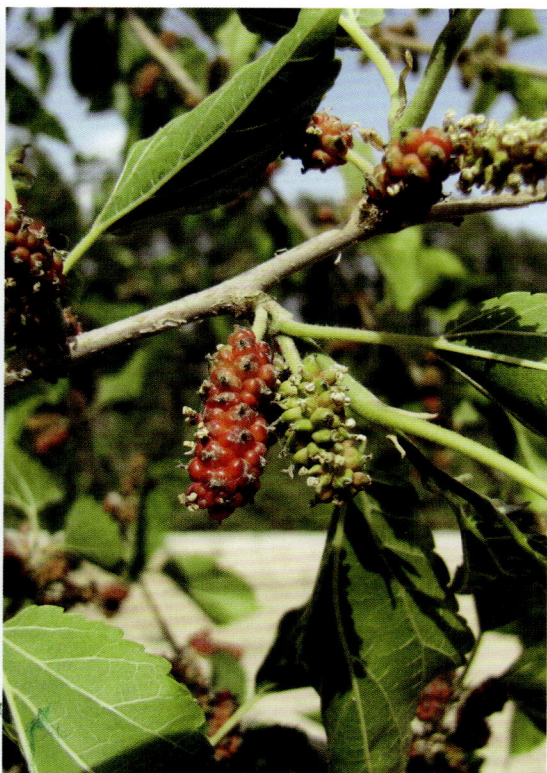

074

小时，再用温水浸泡 12 小时后混沙催芽，开沟条播。播种量约 22.5kg/hm²。2 周后按株距 15cm 定苗。嫁接育苗：主要采用袋接法和撕皮根接法。

造林技术　采用植苗造林。春、秋季皆可。深翻浅栽，栽植前打浆护根，一般采用宽行距、密株距或宽窄行方式栽植。栽植密度根据目的而定，一般株行距 2（~3）m×3m。

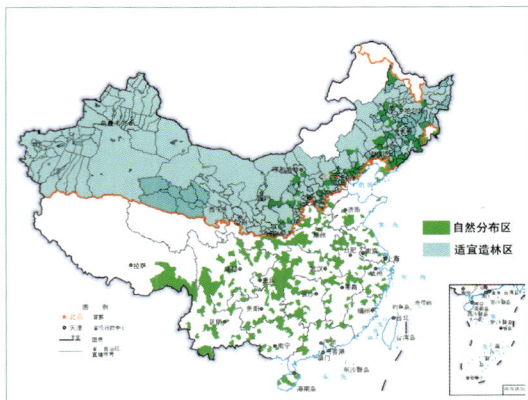

自然分布区
适宜造林区

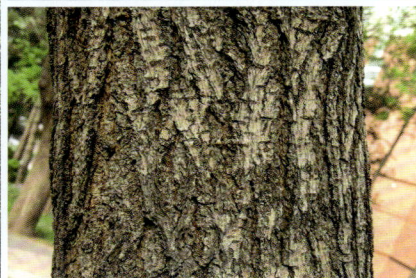

栗

Castanea mollissima

别名：板栗、油栗

形态特征　乔木，高达 20m。小枝灰褐色。叶椭圆形至长圆形，顶部短至渐尖，基部近截平或圆，叶背被星芒状伏贴茸毛。托叶长圆形，被疏长毛及鳞腺。花 3~5 朵聚生成簇，雌花 1~5 朵发育结实，花柱下部被毛。成熟壳斗的锐刺有长有短，有疏有密，密时全遮蔽壳斗外壁，疏时则外壁可见；坚果暗褐色或红褐色。花期 4~6 月，果期 8~10 月。

生态特性　喜光，喜温暖气候和深厚肥沃土壤，不耐严寒。生于海拔 2800m 以下。

适生区域　除青海、宁夏、新疆、内蒙古、海南等少数省份外，广布南北各地。河北、山西、陕西、甘肃、北京、天津、辽宁、吉林等"三北"工程区亦适宜造林。

主要用途 经济林、水土保持林、用材林。

育苗技术 采用播种育苗。9~10月采种，12月用饱和湿度的湿沙以沙种3∶1的比例，贮藏在深60~80cm的地沟里。春播在3月下旬至4月上旬，秋播在11月上旬。播种时按行距30cm开成深8~10cm的沟，每隔15cm播1粒种子，种子必须横放，做好越冬防寒措施。播种量约1500kg/hm^2。也可采用嫁接育苗。

造林技术 采用植苗和直播造林。选择通透性好的沙壤土，过于黏重或含沙量过大的土壤中生长不良。春秋两季均可植苗造林，北方寒冷、干旱地区以春季3~4月栽植为宜。选用2年生苗木，株行距3m×4m。直播造林适用于土壤肥沃湿润的沟谷台地，挖鱼鳞坑穴播，每穴3~4粒种子，2~3年后选留一株。

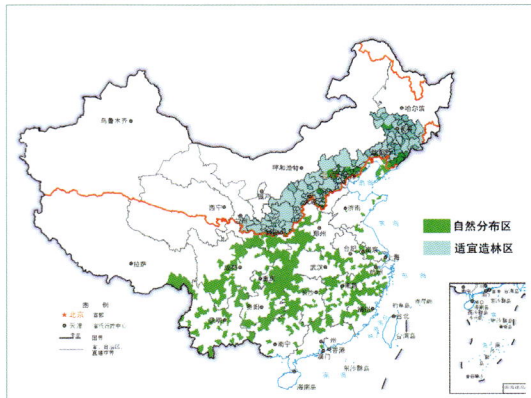

蒙古栎　*Quercus mongolica*

形态特征　乔木，高达 30 m。树皮灰褐色，纵裂。幼枝紫褐色，有棱，有缘毛。叶片倒卵形至长倒卵形。雄花序生于新枝下部；雌花序生于新枝上端叶腋，柱头 3 裂。壳斗杯形，包着坚果，壳斗外壁小苞片三角状卵形，呈半球形瘤状突起，密被灰白色短茸毛；坚果卵形至长卵形。花期 4~5 月，果期 9 月。

生态特性　喜光，耐寒、耐旱、耐瘠薄。主根发达，萌芽力强。常生于阳坡、半阳坡。

适生区域　主要分布于我国东北和华北地区。黑龙江、吉林、辽宁、内蒙古、河北、北京、天津、山西、陕西、宁夏、甘肃、青海等"三北"工程区亦适宜造林。

主要用途　水源涵养林、水土保持林、用材林、防火林。

育苗技术　采用播种育苗。9 月下旬至

10 月中旬采种，春、秋季均可播种，高床育苗。种子用 0.5%~1% 的高锰酸钾溶液消毒 1 小时，用清水冲洗后阴干。低温层积或室外埋藏催芽。一般采用条播或点播，条播行距 25cm，开沟，沟深 5~6cm。点播按 10cm×25cm 株行距挖穴，每穴 2~3 粒种子，播后覆土 4~5cm。也可采用截根育苗或容器育苗。

造林技术 采用直播或植苗造林。直播造林：北方 9 月中下旬至 10 月中下旬播种，每穴 3~5 粒种子，密度 1.5m×1.5m。植苗造林：裸根苗选择 2~3 年生苗木，容器苗选择 1~2 年生苗木。营造用材林株行距 2m×3（~4）m，水土保持林 2m×2（~3）m。干旱、半干旱区可采用地膜覆盖造林。可与杨树、刺槐等速生树种或与落叶松、油松、樟子松、红松等针叶树种带状混交，也可在落叶松、油松、樟子松、红松等针叶林冠下更新造林。

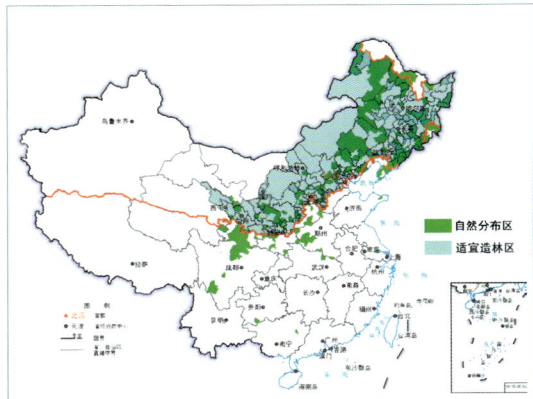

自然分布区
适宜造林区

乔
木

079

夏栎

Quercus robur

别名：夏橡

形态特征　乔木，高达 40m。幼枝被毛，不久即脱落；小枝赭色，无毛，被灰色长圆形皮孔。冬芽卵形，芽鳞多数，紫红色，无毛。叶片长倒卵形至椭圆形，叶面淡绿色，叶背粉绿色。果序纤细，着生果实 2~4 个；壳斗钟形，小苞片三角形，排列紧密，被灰色细茸毛；坚果当年成熟，卵形或椭圆形。花期 3~4 月，果期 9~10 月。

生态特性　耐低温、耐高温、耐干旱、耐短期水湿和烟尘、较耐盐碱，萌蘗力较强，抗风能力强，但幼树嫩枝抵抗晚霜性能差。适应范围较为广泛，在干旱贫瘠土壤上也能正常生长。

适生区域　原产欧洲法国、意大利等地。新疆、北京、天津、河北、陕西、山西、甘肃、宁夏等"三北"工程区适宜造林。

主要用途　用材林、经济林、防护林。

育苗技术 采用播种育苗。9~10月采种，可秋播或春播，春播时间一般在4月下旬，秋播一般在10月中旬至11月中旬。果实含水率较高，易发生霉烂，难以贮藏。种子无休眠期，秋季可随采随播。打埂作畦，畦长10~15m，宽2~4m，按行间距50cm开播种沟，沟深5cm，每隔5~10cm点播1粒种子，播后及时浇灌冬水。播种量2250kg/hm²。

造林技术 采用植苗造林。通常选用胸径3cm以上带土球大苗，秋末或早春3~4月栽植，株行距4m×4m或2m×3m。可与樟子松等营造针阔叶混交林。

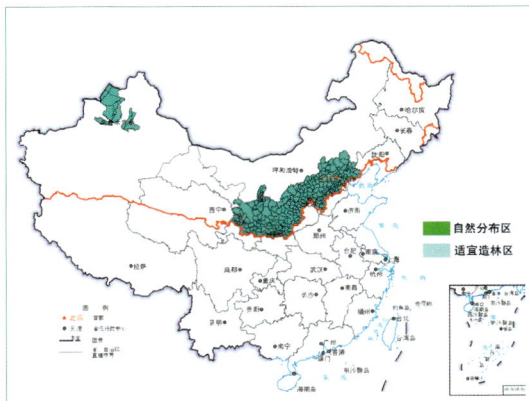

自然分布区
适宜造林区

乔木

081

栓皮栎

Quercus variabilis

壳斗科 Fagaceae

形态特征 乔木，高达 30m。树冠广卵形或圆柱形。树皮黑褐色，深纵裂，木栓层发达。小枝灰棕色，无毛。叶片卵状披针形或长椭圆形，叶背密被灰白色星状茸毛。雄花序轴密被褐色茸毛，花被 4~6 裂，雄蕊 10 枚或较多；雌花序生于新枝上端叶腋，壳斗杯形；小苞片钻形，被短毛。坚果近球形或宽卵形，顶端圆，果脐突起。花期 3~4 月，果期翌年 9~10 月。

生态习性 喜光，耐干旱，抗寒，主根明显，细根少。对土壤要求不严，喜深厚、肥沃、排水良好的壤土和沙壤土。华北地区通常生于海拔 800m 以下的阳坡。

适生区域 产辽宁、河北、山西、陕西、甘肃等地。北京、天津等"三北"工程区亦适宜造林。

主要用途 水土保持林、水源涵养林、用材林、四旁绿化。

082

育苗技术 采用播种育苗。8月下旬至10月上旬采种，沙藏或者冷藏贮存。在干旱地区多用低床，湿润地区多用高床育苗。春、秋季均可播种。条播，行间距15~20cm，每隔10~15cm点播1粒种子。播种量2600~3000kg/hm²。

造林技术 采用直播或植苗造林。直播造林：秋季随采随播，或翌年春季播种。穴播，每穴3~4粒种子，株行距1.5m×1.5m。播种量90~100kg/hm²。植苗造林：春、夏、秋季均可，采用带状、穴状或鱼鳞坑整地，选用1~2年生健壮苗，高度1.5m以上的苗木需截干，高度不足1m的苗木需修剪侧枝。土层肥沃的地块，株行距1.5m×2m或2m×3m不等。可与侧柏、油松、白桦、山杨、胡枝子、西北枸子等混交。

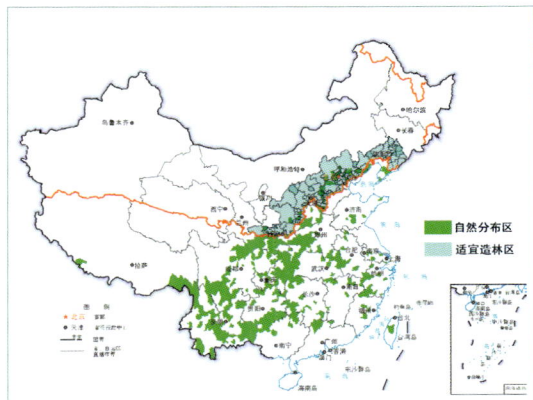

自然分布区
适宜造林区

083

黑胡桃

Juglans nigra

别名：美国黑核桃、黑核桃

形态特征 乔木，高达 30m 以上。树冠宽卵形。深根性，主根发达。树皮暗褐色或灰褐色，纵裂较深。奇数羽状复叶；小叶互生。雄柔荑花序下垂；雌穗状花序直立。果实为假核果。花期 4~6 月，果期 9~10 月。

生态特性 喜光，耐寒、抗热、耐旱，不耐积水，深根性，抗风力强。

适生区域 原产美国东部。北京、陕西、山西、河北、新疆、内蒙古、甘肃、宁夏、

天津等"三北"工程区适宜造林。

主要用途　用材林、经济林。

育苗技术　采用播种育苗。9月上旬采种，秋播时将带青皮坚果或将青皮脱后的坚果开沟条播，宽行行距 60cm 左右，窄行行距 40cm，株距 20cm，覆土 8cm 左右。播种量 3~4.5t/hm²。秋播要防止鸟兽及鼠类危害。春播通常在 3 月中旬至 4 月中旬。播种量 1.5~ 2.5t/hm²。

造林技术　采用植苗造林。裸根苗龄在 2~3 年为宜。移栽时，坑深在 50cm 以上；果材兼用林造林株行距 4m×5m 或 5m×6m，栽植穴宜大，不宜深栽；果用型株行距 6m×8m 或 8m×10m，要选择雌雄花期吻合良好的品种做授粉树；材用型造林株行距 5m×7m 或 6m×8m。

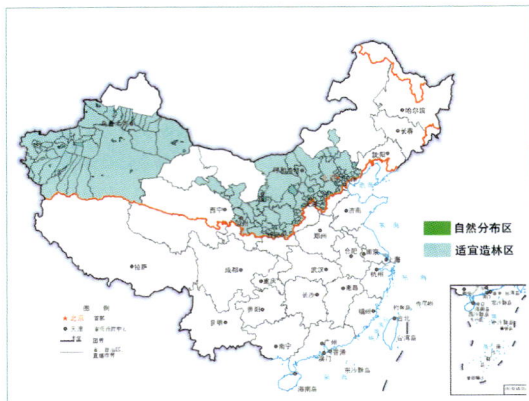

085

胡 桃 *Juglans regia*

别名：核桃

形态特征 乔木，高达 20~25 m。树皮幼时灰绿色，老时灰白而纵向浅裂。小枝无毛，具光泽，被盾状着生的腺体。奇数羽状复叶，小叶通常 5~9 枚，稀 3 枚，椭圆状卵形至长椭圆形。雄性柔荑花序下垂；雄花的苞片、小苞片及花被片均被腺毛；雄蕊 6~30 枚，无毛；雌性穗状花序具 1~3 雌花。果序短，具 1~3 果实。花期 5 月，果期 10 月。

生态特性 耐旱，不耐水涝和盐碱。喜温暖、土质疏松、排水良好的含钙质土壤。常见于山坡及丘陵地带，海拔 400~1800m。

适生区域 产华北、西北、西南、华中、华南和华东地区。辽宁、内蒙古、河北、北京、天津、陕西、山西、甘肃、青海、宁夏、新疆等"三北"工程区亦适宜造林。

主要用途 用材林、经济林。

育苗技术 采用嫁接、扦插、播种育苗。嫁接育苗：采用形成层对接法，采集树冠外围当年生半木质化发育枝，随采随接。接芽以接穗中上部 3~5 个饱满芽为主，选择地径 1~2cm 的砧木。扦插育苗：2~3 月选择 1~2 年生母株进行埋干，40~45 天后选取嫩枝作为插穗，在营养杯中扦插。播种育苗：开沟点播，覆土 7~10cm，秋播用坚果或青皮核桃，播种量约 6000kg/hm²；春播用干核桃催芽后播种，播种量 1500~1875kg/hm²。

造林技术 采用植苗造林。春秋季均可，选用 1~3 年生苗木，早实核桃纯林株行距 4（~5）m×5（~6）m，间作园株行距 5（~6）m×6（~8）m；晚实核桃纯林株行距 5~（6）m×8（~10）m，间作园株行距 6（~8）m×10（~12）。

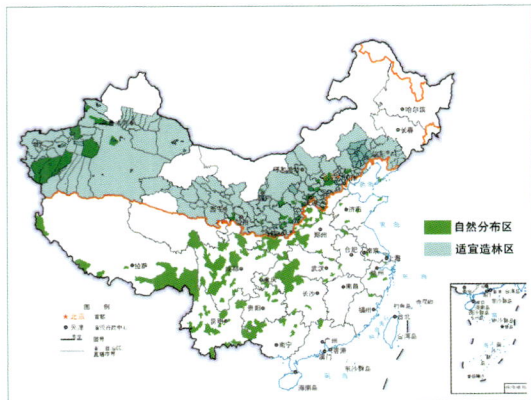

营造经济林需选择 2~3 个能互相授粉的主栽品种，按每 8~10 行主栽品种配置 1 行授粉品种栽植，原则上主栽品种与授粉品种的最大距离要小于 100m，主栽品种与授粉品种的比例为 8：1，并保证花期一致。

087

枫 杨

Pterocarya stenoptera

别名：大叶柳、水槐树

胡桃科 Juglandaceae

088

形态特征　乔木，高达 30m，胸径达 1m。幼树树皮平滑，老时则深纵裂。小枝具灰黄色皮孔。偶数羽状复叶；小叶 10~16 枚对生，无柄，长椭圆形，上面被有细小的浅色疣状突起。雄性柔荑花序单独生于去年生枝条上叶痕腋内；雄花常具 1 枚发育的花被片，雄蕊 5~12 枚；雌性柔荑花序顶生，具 2 枚不孕性苞片。果实长椭圆形，果翅条形或阔条形，具近于平行的脉。花期 4~5 月，果期 8~9 月。

生态特性　喜光、不耐阴，耐旱，耐水湿。深根性树种，侧根发达，萌芽力很强。生于沿溪涧河滩、阴湿山坡地的林中，海拔 1500m 以下。

适生区域　产我国华北、华中、华东、华南和西南地区。陕西、甘肃、山西、辽宁、河北、北京、天津、新疆等"三北"工程区适宜造林。

主要用途　水源涵养林、四旁绿化。

育苗技术　采用播种育苗。8 月上旬果

实变为黄褐色后，将果穗采下或等散落地面后扫集。可春播或秋播。春播时先用60~80℃温水浸种，冷却后换清水浸种1~2天；条播行距20~25cm。播种量120~150kg/hm^2。

造林技术　采用植苗造林。春季或秋季均可。宜选择土层深厚，土质肥沃、湿润，排水良好的沙壤地造林。多采用穴栽，栽植穴的深度和直径40~60cm。为防止枯梢，干旱多风地区可截干造林。根据不同的培育目标选择不同的造林密度：大径材株行距3m×4m或4m×6m，小径材株行距2m×3m或3m×3m，防护林、匹旁绿化株行距3m×4m。

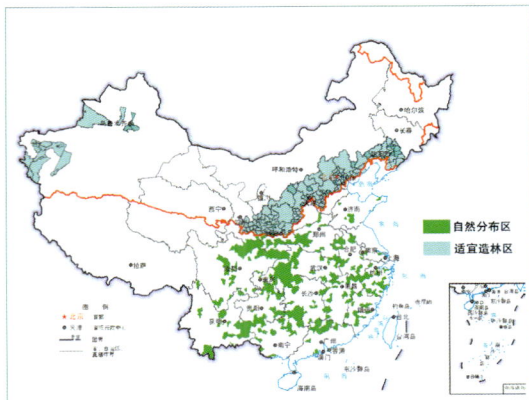

垂枝桦

Betula pendula

别名：疣枝桦

形态特征　乔木，高达 25m。树皮灰色或黄白色，成层剥裂。枝条细长，通常下垂，暗褐色或黑褐色，无毛，光亮；小枝褐色，细瘦，无毛，间或疏生树脂状腺体。叶厚纸质，三角状卵形或菱状卵形。果序矩圆形至矩圆状圆柱形；序梗纤细，下垂，无毛；果苞两面均密被短柔毛，边缘密生纤毛。小坚果长倒卵形，上部疏被短柔毛。花期 4~5 月，果期 7~9 月。

生态习性　喜光，速生、抗寒，在干旱酸性土壤上生长良好。生于河滩、山谷、山脚湿润地带或石质山坡，海拔 500~2000m。

适生区域　产新疆哈巴河、布尔津河等阿尔泰西南低山河谷。新疆北部地区适宜造林。

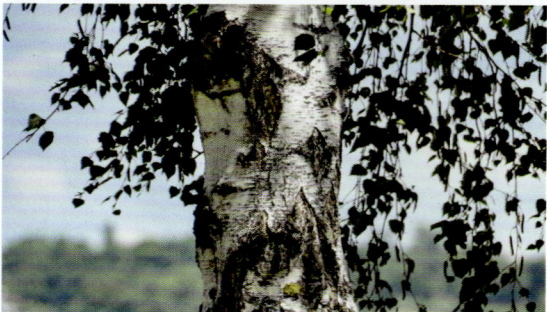

主要用途 用材林、四旁绿化。

育苗技术 采用播种育苗。8 月中下旬采种，春、夏、秋三季均可播种育苗，夏播出苗率高。多做低床播种，播前用 30℃ 温水浸种 2~3 天后混沙，按行间距 50cm 开沟，均匀撒播。播种量 45~60kg/hm^2。

造林技术 采用植苗造林。春季和秋季均可造林，秋季成活率高。挖坑栽植，选择苗高 ≥ 30cm、地径 ≥ 0.4cm、根系完好的 2 年生苗木造林，株行距 2m×5m 或 4m~5m，每穴 1 株，栽正踏实，及旺浇水并覆土。可与新疆云杉、西伯利亚落叶松、苦杨等混交。

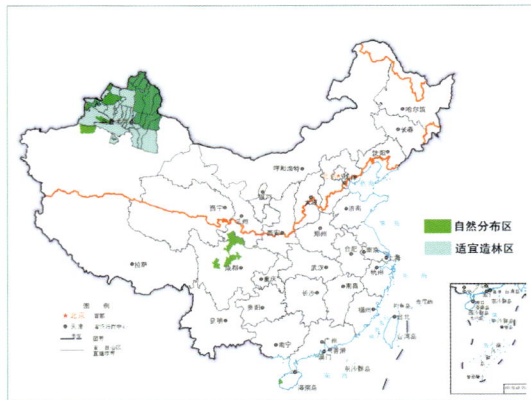

乔木

091

白 桦
Betula platyphylla

形态特征 乔木，高达 25m。树皮灰白色，成层剥裂。枝条暗灰色或暗褐色，无毛；小枝暗灰色或褐色。叶厚纸质，三角状卵形至三角状菱形，上面幼时疏被长柔毛及腺点，下面密被树脂腺点，具重锯齿、缺刻状重锯齿或单锯齿。雌花序单生，长圆形或长圆状圆柱形；苞片密被柔毛。小坚果长圆形、卵形或倒卵状椭圆形，疏被柔毛。花期 4~5 月，果期 7~9 月。

生态特性 喜光，耐寒、耐水湿，喜湿润土壤，天然更新能力强，是演替的先锋树种。常生于海拔 400~4100m 地带，在平缓坡、水分适中地带生长良好。

适生区域 产黑龙江、吉林、辽宁、新疆、内蒙古、河北、北京、天津、山西、陕西、宁夏、甘肃、青海等地。"三北"工程区适

宜造林。

主要用途　水土保持林、用材林。

育苗技术　采用播种育苗。容器育苗：播前用 0.5% 的高锰酸钾溶液浸泡 30 分钟后混沙，在 25~30℃ 下催芽，4~5 天后，30% 种子裂嘴时播种到育苗盘，不可覆土，用喷雾器浇灌，3~5 天种子即可萌发。播种量 60~150kg/hm^2。大田育苗：夏播种子采集后揉碎果穗直接播种，如果当年出圃，播种量 200kg/hm^2；翌年秋季出圃，播种量 600kg/hm^2。

造林技术　采用植苗造林。以春季挖穴造林为主，穴径 30~60cm、深度 30~50cm。东北山地选用 1 年生、西部干旱区选用 2 年生裸根苗或容器苗造林，株行距 2m×4m 或 2m×3m。在大小兴安岭地区常与落叶松营造混交林，在干旱区可与山杨、沙棘、白杜、柠条锦鸡儿等混交。

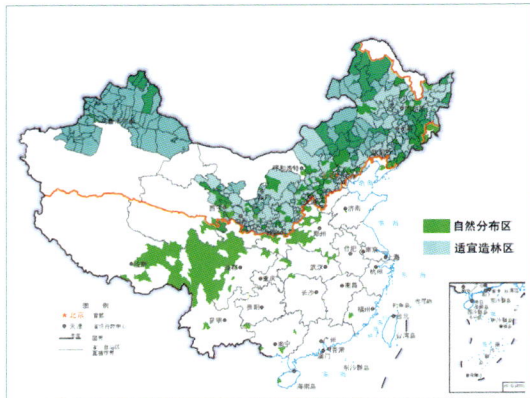

白 杜

Euonymus maackii

别名：丝棉木、桃叶卫矛

形态特征 小乔木，高 6~8m。树冠宽卵形。树皮暗灰色，不规则条纹状深纵裂。单叶对生，卵状椭圆形、卵圆形或窄椭圆形。聚伞花序 3 至多花；花 4 数，淡白绿色或黄绿色；雄蕊花药紫红色，花丝细长。蒴果倒圆心状，4 浅裂；种子长椭圆状，种皮棕黄色，假种皮橙红色，全包种子。花期 5~6 月，果期 9~10 月。

生态特性 喜光，耐寒、耐旱、耐水湿。对土壤要求不严，中性土和微酸性土均能生长。深根性树种，根系发达，根萌蘖力强，对风蚀沙埋有较强适应能力。

适生区域 产黑龙江、吉林、辽宁、内蒙古、陕西、山西、甘肃、北京、天津、河北等。"三北"工程适宜造林。

主要用途 水土保持林、绿化观赏、用

材林、油料、药用。

育苗技术　采用播种育苗。选择地势平坦，土质疏松，土壤肥沃，土壤 pH 值 7~8，排水良好，有灌溉条件，富含有机质的沙土、壤土和沙壤土。10 月中下旬采种，播前用 30℃温水浸种后混沙处理，3 月下旬至 5 月初条播，沟深 3~5cm，行宽 20~25cm。播种量 150kg/hm²。也可采用扦插育苗。

造林技术　采用植苗造林。选用 2 年生健壮苗木造林。春季造林。沙区造林要适当深栽，要将苗木栽到湿层（30~40cm）以下。株行距 2（~3）m×3m。

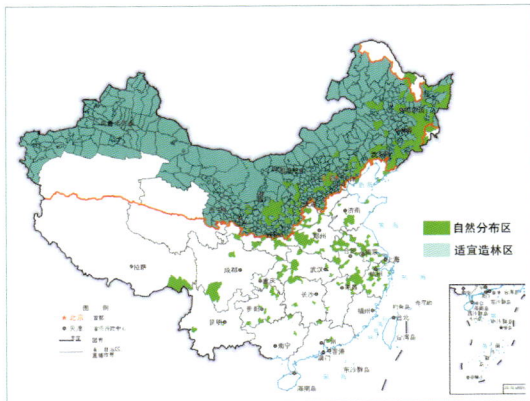

群众杨

Populus 'Popularis'

别名：小美旱杨

形态特征 乔木，高20m。树皮灰褐色，下部纵裂，上部浅裂以至光滑，侧枝斜向上。长枝叶扁卵形至广卵形，叶基截形至圆形至微心形，边缘具锯齿，叶柄略扁至圆形，绿色；短枝叶菱状卵形至广卵形，叶基楔形至广楔形，边缘具锯齿，叶柄略扁至圆形。芽小，长圆锥形，褐色、无树脂。雄蕊16~28枚。蒴果2裂。花期3~4月，果期5月。

生态特性 小叶杨和钻天杨杂交选育种。喜光，耐寒、耐盐碱。

适生区域 北京、天津、河北、山西、内蒙古、甘肃、宁夏、新疆、陕西、青海等"三北"工程区适宜造林。

主要用途 防护林、四旁绿化。

育苗技术 采用扦插育苗。4月中下旬

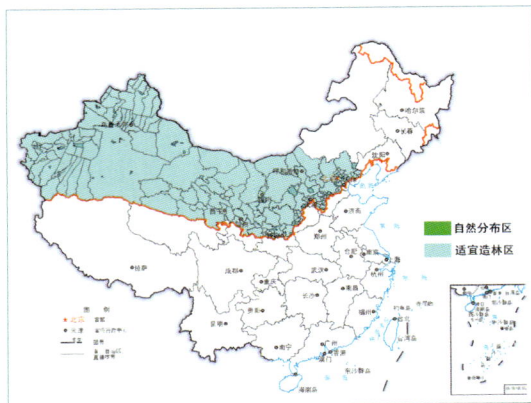

自然分布区
适宜造林区

直插，扦插前插穗须用清水浸泡48小时。扦插密度6万~7.5万株/hm²。为防止上切口风干，插穗上端可浅覆土，下切口要与土壤密接，插后踏实，立即灌水。

造林技术 采用植苗造林。农田防护林株行距2m×3m或3m×4m等；护堤林在水肥充足的地方，用2~3年生大苗造林，株行距3m×5m；用材林株行距5m×7m，生产中径材，株行距4m×6m。

河北杨 *Populus × hopeiensis*

形态特征 乔木，高达 30m。树皮光滑。小枝圆柱形，灰褐色，无毛，幼时黄褐色，有柔毛。芽长卵形或卵圆形，被柔毛，无黏质。叶卵形或近圆形，上面暗绿色，下面淡绿色，发叶时下面被茸毛。雄花序轴被密毛，掌状分裂；雌花序轴被长毛；子房卵形，光滑，柱头 2 裂。蒴果长卵形，2 瓣裂，有短柄。花期 4 月，果期 5~6 月。

生态特性 山杨和毛白杨的天然杂交种。耐寒，耐旱，喜湿润，不耐涝，根系发达，萌蘖性强。生于海拔 700~1600m 的河流两岸、沟谷阴坡及冲积阶地上。

适生区域 产河北、内蒙古、山西、陕西、宁夏。甘肃、北京、辽宁、天津等“三北”工程区亦适宜造林。

主要用途 防护林、用材林、四旁绿化。

育苗技术 采用扦插育苗。在 4 月上旬采集穗条，粗 1~2.5cm，长 18~20cm，沙藏 1 个月后扦插。有性繁殖困难，可通过无性繁殖带根埋条育苗，也可用新梢或根部萌发的新枝条作为外植体进行组培。

造林技术 采用植苗造林。春、秋两季都可进行，根蘖苗造林须先截干并适当修根。防护林株行距一般 2m×3m 或 3m×4m。

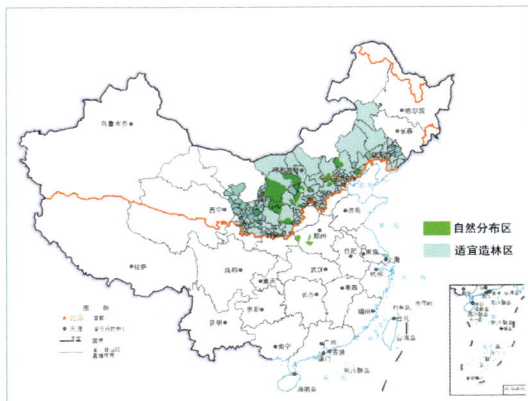

自然分布区
适宜造林区

二白杨

Populus × xiaohei 'Gansuensis'

别名：青白杨、二青杨、甘肃杨

形态特征 乔木，高 20m，树干通直。树冠长卵形或狭椭圆形。树皮灰绿色，光滑，老树基部浅纵裂，带红褐色。枝条粗壮，近轮生状，斜上，雄株较开展，萌枝与幼枝具棱。萌枝或长枝叶三角形或三角状卵形；短枝叶宽卵形或菱状卵形。雄花序细长，雄蕊 8~13，花丝长为花药的 3 倍；子房无毛，苞片扇形，边缘具线状裂片。蒴果长卵形，2 瓣裂。花期 4 月，果期 5 月。

生态特性 喜光，耐寒，耐干冷。适生于干旱瘠薄的丘陵、沙地。

适生区域 主要分布于甘肃武威、张掖、酒泉等地。内蒙古、宁夏、新疆、青海等"三北"工程区亦适宜造林。

主要用途 用材林、防护林、四旁绿化。

育苗技术 采用扦插育苗。通常选用 1~2 年生优树上的枝条，粗 1~1.5cm。春季扦插，一般在 4 月上中旬进行。以垂直正插为好，密度不高于 4.5 万株 /hm²。扦插后及时灌水，翌年春可挖苗造林。

造林技术 以植苗造林为主。多在春季土壤解冻后进行。土壤水分较好的条件下，也可采用扦插造林。防护林一般株行距 2m×3m，四旁绿化时单行栽植，株距 3~4m；营造护渠、护路及农田防护林多采用双林带，行距 3~4m，株距 2~3m。可与沙枣、樟子松、花棒、柠条锦鸡儿等乔灌木混交。

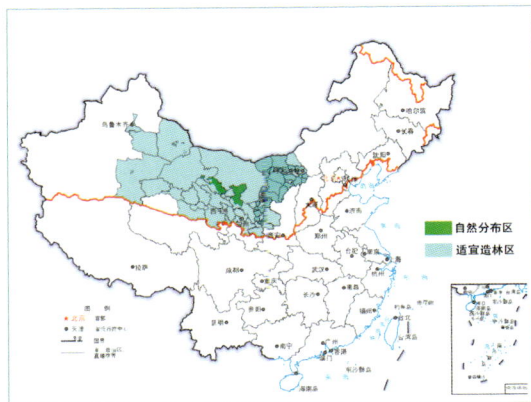

自然分布区
适宜造林区

乔木

银白杨　　*Populus alba*

形态特征　乔木，高 10~30m。树冠呈广卵形或圆球形。主干上部树皮白色，平滑，皮孔明显，基部粗糙浅裂，具纵沟。嫩枝密被白色茸毛。长枝和萌发枝叶三角状卵形或阔卵形；短枝叶小，卵圆形或椭圆形。雄花苞片膜质，宽椭圆形。蒴果细圆锥形，2 瓣裂，无毛。花期 4~5 月，果期 5~6 月。

生态特性　耐寒，深根性，根蘖力强，抗风力强。对土壤条件要求不严，湿润肥沃的沙质土生长良好。

适生区域　产新疆。北京、天津、陕西、河北、山西、内蒙古、辽宁、甘肃、宁夏、青海等"三北"工程区亦适宜造林。

主要用途　用材林、防护林、四旁绿化。

育苗技术　采用扦插、播种育苗。播种育苗：以夏播为主，条播，行距 20cm，播幅 5cm，用土、沙、粪各 1/3 覆盖，厚度

以盖严种子为宜。播种量 6~7.5kg/hm²。扦插育苗：秋季落叶后，选择实生苗枝条或树基干部 1~2 年生、粗 1~1.5cm 的枝条作插条，插条越冬贮藏处理，翌年扦插，将插条剪成长 15~20cm 的插穗，扦插前冷水中浸泡 5~10 小时，再用湿沙分层覆盖，5~10 天后扦插。也可春季覆膜扦插，插条长度 15~20cm，具 3 个芽，插穗水中浸泡 1 天，插后立即浇水。

造林技术　采用植苗造林。防护林株行距 2m×3m 或 3m×4m。

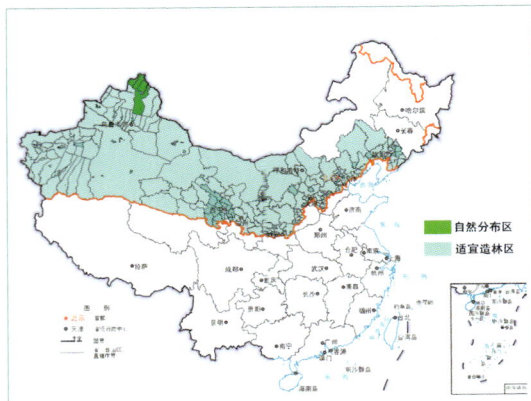

新疆杨

Populus alba var. *pyramidalis*

形态特征 乔木，高达30m。树冠圆柱形或塔形。树皮淡灰绿色，光滑或浅裂。枝圆柱形，嫩枝有白茸毛。长枝或萌发枝叶大，三角状卵形或阔卵形，5~7掌状半裂，边缘有齿，背面具白茸毛；短枝叶较小，卵形或阔卵形，革质。雄花苞片膜质，红褐色，圆形；花盘广椭圆形，肉质，内部平凹；雄蕊6~12枚，花药圆形，紫红色；雌花未见。花期4月，果期4~5月。

生态特性 喜光，耐旱、耐寒。适生于低山、丘陵、沙地。

适生区域 产新疆。甘肃、内蒙古、宁

104

夏、河北、山西、陕西、北京、天津、辽宁、青海等"三北"工程区亦适宜造林。

主要用途 用材林、防护林、四旁绿化。

育苗技术 采用扦插育苗。选用 1~2 年生枝条中下部作插穗，春季育苗前打畦，畦宽 2~3m。覆膜扦插，插条长 15~20cm，具 3 个芽，插穗水中浸泡 1 天，株行距 30cm×40cm，插后立即浇水。扦插密度 6.6 万株 /hm^2。

造林技术 采用植苗造林。植苗造林一般在 3 月上旬至 4 月中旬，造林前将苗木根部浸泡入水中 12 小时以上。栽植要求苗木根系舒展并和土壤紧密接触，踩紧踏实；栽后立即灌水。防护林株行距 2m×3m 或 3m×4m。

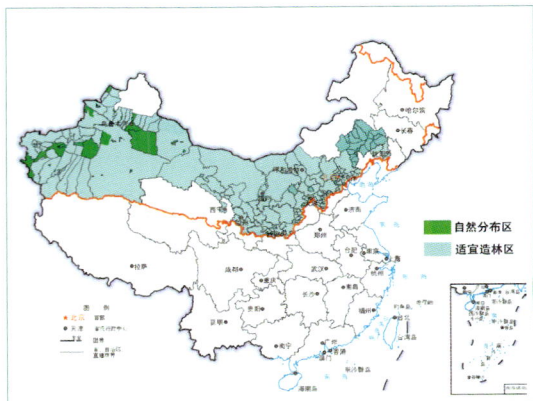

自然分布区
适宜造林区

乔木

105

北抗杨

Populus deltoides 'Beiyang'

形态特征 乔木，高 20m。树冠圆卵形。树皮灰黑色，纵裂深。芽钝圆，浅褐色，有黏质。叶近三角形，叶缘粗齿，先端渐尖。3/4 高度茎的颜色为灰绿色，1/2 高度茎的颜色为褐色。花期 4~5 月，果期 6 月。

生态特性 南抗杨和美洲黑杨杂交选育种。喜光，速生，适应性强。

适生区域 北京、天津、河北、山西、内蒙古、辽宁、甘肃、宁夏、新疆、陕西等"三北"工程区适宜造林。

主要用途 防护林、用材林、四旁绿化。

育苗技术 采用扦插育苗。春季选择当年生、木质化程度高的枝条，其中、下部位

粗 1.0~1.5cm，最细处应不小于 0.8cm。耕地前施入有机肥 45~75t/hm²、复合肥 0.75t/hm²。插穗长度 15~18cm，切口要平滑。水中完全浸泡 1~2 天。采用直插法，株行距 30cm×50cm。

造林技术　一般采用植苗造林。栽植前全面整地。穴植，造林前苗根宜完全浸水 12 小时以上。株行距 3m×3m 或 3m×4m。

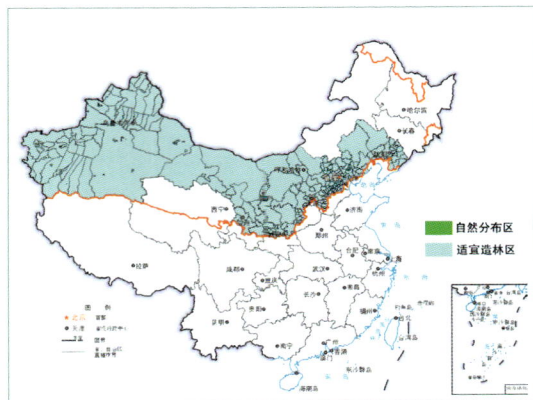

自然分布区
适宜造林区

胡杨

Populus euphratica

别名：异叶杨、胡桐

形态特征 乔木，高 10~15m。树冠卵形。树皮淡灰褐色，下部条裂。萌枝细，圆形，光滑或微有茸毛。单叶互生，叶形多变化，卵圆形、卵圆状披针形、肾形等，先端有粗齿牙，有 2 腺点，两面同色。雌雄异株，雄花序细圆柱形，轴有短茸毛。蒴果长卵圆形，2~3 瓣裂，无毛。花期 5 月，果期 7~8 月。

生态特性 喜光，抗热、耐旱、耐盐碱、抗风沙。生于沙地、河岸滩地、盐碱地。

适生区域 分布于甘肃河西走廊、内蒙古西部、青海、新疆等地。陕西、宁夏等"三北"工程区亦适宜造林。

主要用途 防护林、四旁绿化、用材林。

育苗技术 采用播种育苗。在种子成熟后即采即播，以平床沟灌苗床较好，播种前

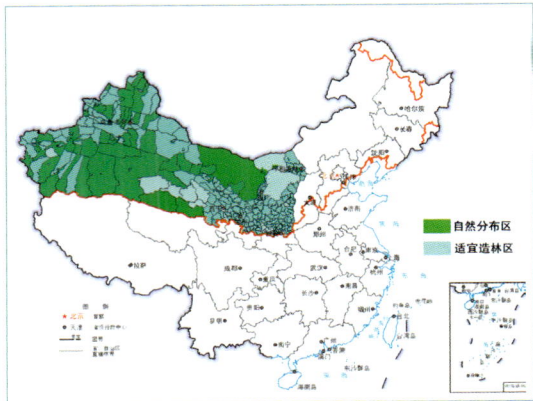

先用冷水浸种2小时，然后用0.1%~0.5%高锰酸钾溶液浸泡10~20分钟，用清水洗净后，再浸水8小时。浸泡好的种子可混以10~15倍的干细沙，当垄沟中的水落到垄高2/3处时，将种子播在水线以上3~13cm宽的播种带上，无须覆土。贮存的种子可在5月上中旬播种，播种量4.5~7.5kg/hm²；当年采的种子在6月中旬至7月上旬播种，播种量15~22.5kg/hm²。

造林技术 采用植苗造林。多在春季进行。防护林株行距2m×3（~5）m，栽植后及时浇水。通常采用平畦或浅沟栽植，栽植深度应比原土印深3~5cm。若土壤表层含盐量高或地形起伏大，宜采用50~80cm深沟栽植。

小叶杨　　*Populus simonii*

杨柳科 Salicaceae

形态特征　乔木，高达 20m，胸径 50cm 以上。树冠近圆形。树皮幼时灰绿色，老时暗灰色，沟裂。幼树小枝及萌枝有明显棱脊。芽细长，先端长渐尖，褐色，有黏质。叶菱状卵形、菱状椭圆形或菱状倒卵形。雄花花序轴无毛，苞片细条裂，雄蕊 8~9；雌花苞片淡绿色，裂片褐色，无毛，柱头 2 裂。蒴果小，2 瓣裂，无毛。花期 3~5 月，果期 4~6 月。

生态特性　喜光，耐旱、耐寒。生于沙地、荒地和黄土沟谷。

适生区域　分布于我国东北、华北、西北地区。"三北"工程区适宜造林。

主要用途　防护林、用材林、四旁绿化。

育苗技术　采用扦插育苗。春、秋两季均可扦插，春季在萌芽前进行，秋季在落

110

叶后至土壤结冻前进行，插条以2年生枝、粗0.8~1.5cm为宜。扦插密度10万~14万株/hm²。

造林技术 采用植苗造林。春季造林为主，选用1~2年生壮苗。栽植时，挖栽植穴，适当深栽，以抗旱保墒。在干旱地区，造林前宜将苗木放入流水中浸泡1~2天，或采用蘸泥浆造林。防护林株行距2m×3m或3m×4m。也可采用截干造林。

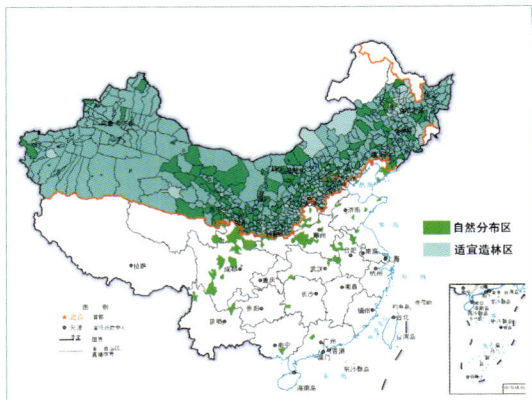

自然分布区
适宜造林区

乔木

毛白杨   *Populus tomentosa*

形态特征　乔木，高达 30m。树冠圆锥形至卵圆形或圆形。树皮纵裂，粗糙，干直或微弯，皮孔菱形散生或连生。侧枝开展，雄株斜上，老树枝下垂。长枝叶阔卵形或三角状卵形，叶柄近顶端有腺点；短枝叶通常较小，卵形或三角状卵形，无腺点。雄花苞片约具 10 个尖头，密生长毛，花药红色；雌花苞片褐色，尖裂，沿边缘有长毛；子房长椭圆形，柱头 2 裂，粉红色。蒴果圆锥形或长卵形，2 瓣裂。花期 3 月，果期 4~5 月。

生态特性　喜光，喜凉爽湿润气候，耐旱力较强。生长在海拔 1500m 以下的温和平原地区。

适生区域　产辽宁、河北、山西、陕西等地。北京、天津、内蒙古、甘肃、宁夏、新疆、青海等"三北"工程区亦适宜造林。

主要用途　防护林、用材林、四旁绿化。

育苗技术　采用嫁接育苗。砧木一般选择'群众杨''大官杨'的 1 年生扦插

苗，隔 15cm 嫁接 1 芽。翌年春季剪成长 10~15cm，带一个嫁接芽插条，株行距 22cm×100cm，密度约 4.5 万株/hm²。也可采用分殖育苗和扦插育苗。

造林技术 采用植苗造林。选用 2 年生健壮苗，造林前，苗木充分泡水 1~2 天，剪除苗木所有侧枝和抹除主干多余的芽。多用穴状栽植，穴深 60~80cm。株行距 2m×3（~4）m。

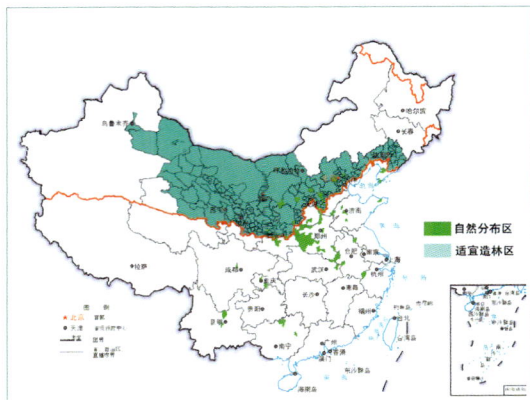

113

白 柳　　*Salix alba*

别名：新疆长叶柳

形态特征　乔木，高达 20~30m，胸径达 1.5m。树冠开展宽阔。树皮暗灰色，深纵裂。幼枝有银白色茸毛。叶披针形或阔披针形。雌雄异株，花序与叶同时开放，较疏，有梗，基部有长圆状倒卵形小叶；雄花序花药鲜黄色，雄蕊 2 离生，花丝基部有毛；雌花序子房卵状圆锥形，花柱常 2 浅裂，柱头 2 裂。花期 4~5 月，果期 5 月。

生态特性　喜光，不耐阴，耐寒、耐干旱、耐水涝。生于河湾、河滩和河岸阶地，海拔 500~700m。

适生区域　分布于新疆额尔齐斯河及其支流哈巴河、布尔津河一带和青海。甘肃等"三北"工程区亦适宜造林。

主要用途　防风固沙林、水土保持林、用材林、四旁绿化。

育苗技术　采用扦插、播种育苗。扦插育苗：2 月底至 3 月初，土壤温度稳定在 10℃以上进行扦插。采用直插，插穗下切口朝下垂直插入土中，上切口与苗床平齐，插后覆土 1cm。扦插株行距 40cm×60cm。播种育苗：冬季土壤深

耕 30cm，播前施足基肥，耙平整细，将种子拌入 2~4 倍细沙进行条播，播种带宽 5cm 左右，带间距 30~50cm。播种量 3.75~7.5kg/hm^2。

造林技术　主要有插条、插干和植苗造林。不同用途造林密度不同，四旁绿化：大多成行栽植，一般株距 4m；用材林：株行距 3m×4m；防护林：株行距 2m×3m。

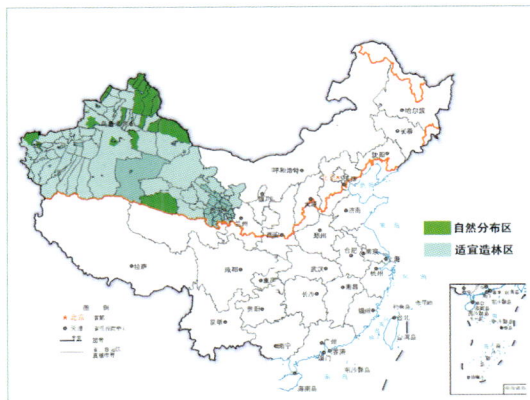

旱柳　*Salix matsudana*

别名：柳树

杨柳科 Salicaceae

形态特征　乔木，高达 18m。树冠卵圆形至倒卵形。树皮暗灰黑色，有裂沟。枝细长。叶披针形至狭披针形，上面绿色，无毛，有光泽，下面苍白色或带白色，有细腺锯齿缘，幼叶有丝状柔毛。花序与叶同时开放；雄花序圆柱形；雄蕊 2，花丝基部有长毛，花药卵形；雌花序较雄花序短，有 3~5 小叶生于短花序梗上，轴有长毛。花期 4 月，果期 4~5 月。

生态特性　喜光，不耐阴，耐寒、耐旱。深根性，抗风能力强，生长快，易繁殖。

适生区域　产青海柴达木盆地、甘肃河西走廊、宁夏北部、内蒙古、黑龙江、吉林、辽宁、河北、陕西、山西等地。"三北"工程区适宜造林。

主要用途　防护林、用材林、饲用、四旁绿化。

育苗技术　采用扦插育苗。插穗采 1~2 年生枝条为宜。2 月底至 3 月初，地温稳定在 10℃以上进行直插。株行距 20cm×

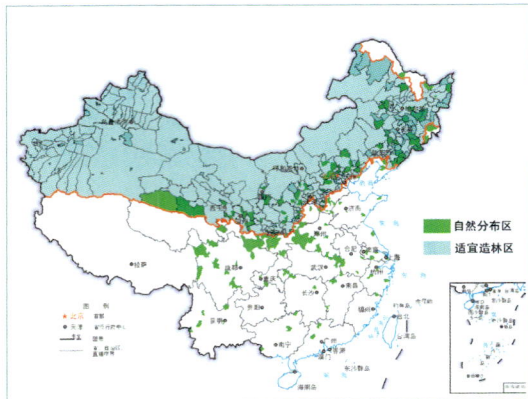

自然分布区
适宜造林区

40cm，插后覆土 1cm。

造林技术　采用植苗和插干造林。植苗造林通常选用 1~2 年生苗木，株行距 2m×3m 或 3m×4m。四旁绿化株行距 4m×4m。

黄连木

Pistacia chinensis

漆树科 Anacardiaceae

118

形态特征 乔木，高达 30 m。树干扭曲。树皮暗褐色，呈鳞片状剥落。偶数羽状复叶有小叶 5~6 对；小叶对生或近对生，纸质，披针形或卵状披针形或线状披针形；叶轴具条纹，被微柔毛。花单性异株，先花后叶，圆锥花序腋生；雄花序排列紧密，雌花序排列疏松。核果，倒卵状扁球形。花期 3~4 月，果期 9~10 月。

生态特性 喜光，耐旱，不耐涝，耐瘠薄，抗风力强。主根发达，萌芽力强。

适生区域 产我国华北、西北及长江以南各地。甘肃、陕西、辽宁、山西、河北、天津、北京、新疆等"三北"工程区适宜造林。

主要用途 防护林、油料、食用、药用、用材林、四旁绿化。

育苗技术 采用播种、嫁接育苗。播种育苗：9~10 月果实成熟后立即采收，放入 40~50℃的草木灰温水中浸泡 2~3 天，用清水冲洗干净，阴干后储存。春、秋季均可播种，春季播种前用 40℃水催芽，每天 2~3 次，胚芽微露时开沟条播，播深 2~3cm，播后覆草或地膜。播种量 150~225kg/hm^2。嫁接育苗：春季嫁接，选择

当年生健壮、无病虫害的枝条作为接穗，砧木选择 1~2 年生、地径 0.8cm 以上的实生苗，采用嵌芽接嫁接。

造林技术 采用植苗造林。春、秋季均可造林。山地丘陵造林应选择阳坡或半阳坡，坡度 25° 以下，用 1~2 年生苗木造林。以生产种实为目的的油料林造林时，需用嫁接苗，株行距 3m×3m 或 3m×4m；以生产木材或水土保持为目的造林时，株行距 2m×2m。

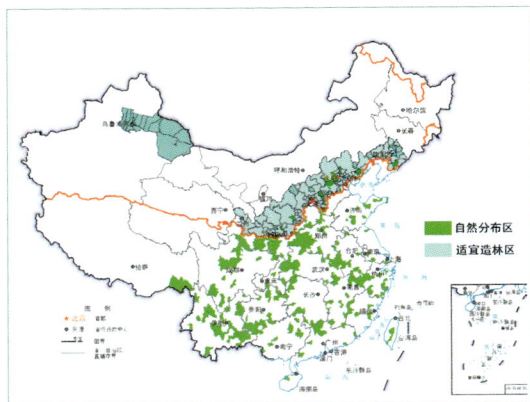

119

阿月浑子　*Pistacia vera*

别名：开心果

形态特征　小乔木，高 5~7m。奇数羽状复叶互生，有小叶 3~5 枚；小叶革质，卵形或阔椭圆形，先端钝或急尖，基部阔楔形、圆形或截形，全缘，叶面无毛，叶背疏被微柔毛。圆锥花序，花序轴及分枝被微柔毛，具条纹，雄花序宽大，花密集。坚果长椭圆形或圆形，先端急尖，成熟时黄绿色至粉红色。花期 4 月中旬，果期 8 月下旬至 9 月底。

生态特性　喜光，喜干燥气候和透水透气土壤，耐高温和大气干旱，较耐盐碱，忌水湿和黏重土壤。生于砾土质戈壁和沙壤土中。

适生区域　原产叙利亚、伊拉克、伊朗、乌克兰和欧洲南部等地。我国新疆喀什及周边适宜造林。

主要用途 经济林（食用、药用）。

育苗技术 采用播种、分株和嫁接育苗。果实成熟后采收，脱外果皮并晾干，冬季进行沙藏。沙藏 45~60 天后催芽，3 月底前，在温室畦床上播种。嫁接育苗多采用枝接或芽接，嫁接优良品种。

造林技术 采用植苗造林。4~7 月均可进行造林，1 年生苗木造林，要用树枝扎围对苗木遮阴。株行距 4m×6m 或 5m×6m。

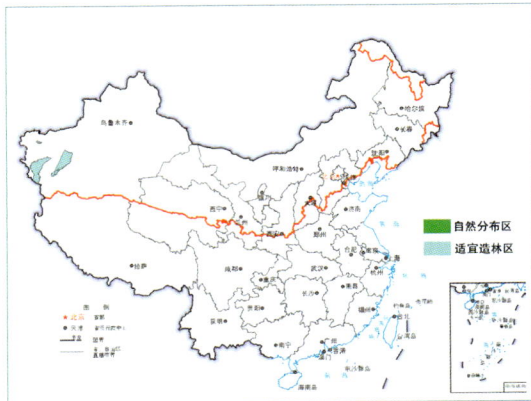

自然分布区

适宜造林区

火炬树

Rhus typhina

形态特征 小乔木或灌木。小枝、叶轴、花序轴皆密被淡褐色茸毛和腺体。奇数羽状复叶具小叶 11~31 片；小叶对生，矩圆状披针形，叶基覆盖叶轴。雌雄异株；圆锥花序密集顶生，苞片密被长柔毛；雄花萼片条状披针形，具毛；雌花序深红色，萼片条形或条状披针形，具深色长柔毛，果期宿存。核果球形，外面密被深红色长单毛和腺点；种子 1 粒。花期 5~7 月，果期 8~9 月。

生态特性 喜光，抗旱、抗寒、耐盐碱、抗风沙、抗病虫害能力强，不耐水湿，对土壤要求不严。

适生区域 原产北美洲，我国黄河流域以北各地栽培较多。"三北"工程区适宜造林。

主要用途 水土保持林、四旁绿化。

育苗技术 可采用播种、根插、根蘖或埋根育苗。播种育苗：9 月中旬至 10 月初采收果穗，4 月中旬播种。播种前用

60℃的5%碱水脱蜡，再用温水浸种24小时，混沙后置于20℃催芽。开沟条播，行距25~30cm，沟深2~3cm。播种量50~75kg/hm²。根插育苗：4月中旬，选择粗度在1cm以上的侧根，剪成20cm长的根段，以40cm×30cm的株行距直插在圃地上。根蘖育苗：2年生以上的火炬树周围，常萌发许多根蘖苗，可按行距选留。埋根育苗：春季将树根剪成5cm左右的根段埋入坑内，株行距30cm×30cm。

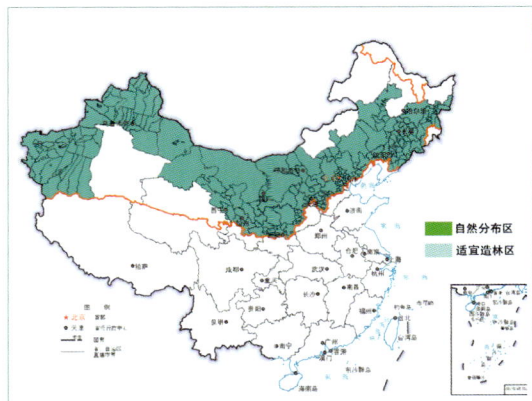

自然分布区
适宜造林区

造林技术 采用植苗造林。宜在深秋落叶后至翌年春季树液流动前进行，春季最佳。干旱瘠薄山地造林需截干栽植，距地表18~20cm处平剪，起苗后将过长的主侧根剪去，保留25cm长。造林株行距2（~3）m×3m。

乔木

五角槭

Acer pictum subsp. *mono*

别名：五角枫

形态特征 乔木，高 15~20m。树皮粗糙，常纵裂，灰色。小枝无毛，当年生枝绿色或紫绿色；多年生枝灰色或淡灰色，具圆形皮孔。叶纸质，近椭圆形，常 5 裂。顶生圆锥状伞房花序，花的开放与叶的生长同时；花多数，杂性，雄花与两性花同株。

翅果嫩时紫绿色，成熟时淡黄色；小坚果压扁状，翅长圆形。花期5月，果期6月。

生态特性 喜光，稍耐阴。喜湿润、肥沃土壤，在酸性、中性土壤和石灰岩上均可生长。生于山坡或山谷疏林中，海拔800~1500m。

适生区域 产东北、华北和长江流域各地。黑龙江、吉林、辽宁、内蒙古、河北、北京、天津、山西、陕西、甘肃、宁夏、新疆等"三北"工程区亦适宜造林。

主要用途 用材林、经济林、水土保持林、四旁绿化。

育苗技术 采用播种或扦插育苗。播种育苗：种子成熟时采种，春播4月。播前层积催芽或用温水浸泡1天催芽。条播，行距20~25cm，沟深4~5cm，宽4~5cm。播种量150~375kg/hm²。扦插育苗：6月扦插。选择半木质化的当年生枝条作插穗，长10~15cm，保留2~3个叶片，上剪口距芽1cm，下剪口平切，在100mg/L的ABT生根粉药液中浸泡后扦插。

造林技术 采用植苗造林。可采用水平阶、水平沟及鱼鳞坑整地方式，北方地区气候相对较干旱，多采用鱼鳞坑整地方式，规格40cm×40cm×30cm。春季栽植，选用2年生大苗，截冠处理可提高成活率。也可以在7~9月选用1年生实生苗或容器苗造林。

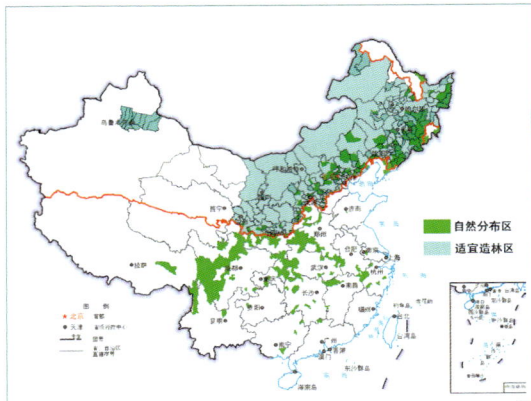

乔木

125

元宝槭

Acer truncatum

别名：元宝枫、五角枫

无患子科 Sapindaceae

形态特征 乔木，高 8~10m。树冠阔圆形。树皮灰褐色或深褐色，深纵裂。枝具圆形皮孔。单叶对生，掌状 5 裂，裂片三角卵形或披针形。花黄绿色，杂性，雄花与两性花同株，常呈伞房花序；萼片 5，黄绿色；花瓣 5，淡黄色或淡白色；雄蕊 8，着生于花盘的内缘，花药黄色。翅果，翅宽与小坚果等长。花期 4 月，果期 8 月。

生态特性 喜温、耐旱，不耐涝。根系发达，抗污染，喜深厚肥沃土壤。

适生区域 产吉林、辽宁、内蒙古、河北、山西、陕西、甘肃等地。黑龙江、北京、天津、青海、宁夏、新疆等"三北"工程区亦适宜造林。

主要用途 用材林、经济林、水土保持

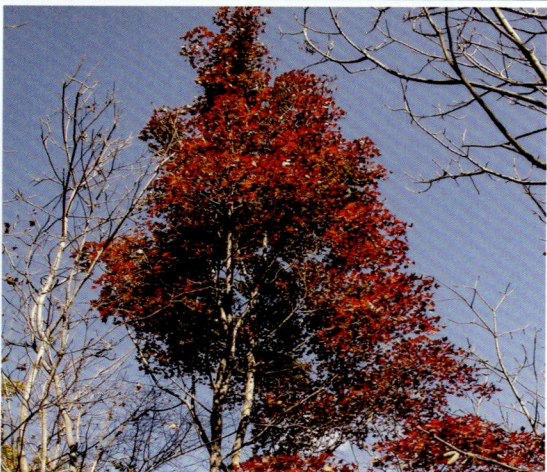

126

林、四旁绿化。

育苗技术　可用播种、扦插、嫁接育苗。播种育苗：9月下旬至10月上中旬采种，春季播种前10天用温水浸泡催芽，条播，行距30~40cm，深度3~5cm。播种量220~300kg/hm²。扦插育苗：硬枝扦插前一天用0.2%高锰酸钾溶液喷淋土壤消毒，扦插深度15~17cm，株行距10cm×15cm，插后灌足水。嫩枝扦插土壤处理同硬枝扦插，扦插深度3~5cm，株行距5cm×6cm。嫁接育苗：用带木质部嵌芽接法和"T"字形芽接法嫁接。

造林技术　采用植苗造林。选用2年生苗，带土球移栽，初植株行距2m×4m；多风干旱地区采用深挖浅埋法，苗木深栽15~20cm，定植穴表土距地面15~20cm；陡坡造林需修筑鱼鳞坑，按三角形配置，最好进行截干以提高成活率；农田防护林双行栽植，株行距3m×4m或4m×5m。可与侧柏、白皮松、油松、华北落叶松等带状混交。

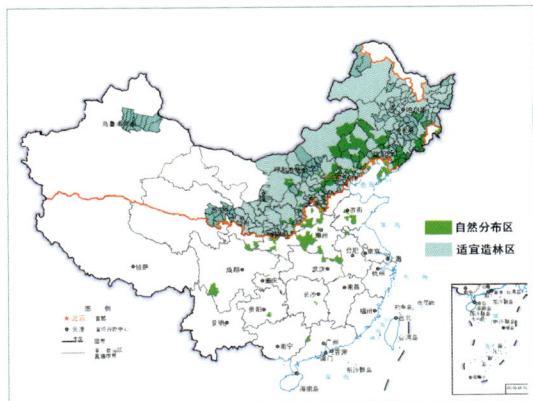

乔木

127

栾

Koelreuteria paniculata

别名：栾树、灯笼树

形态特征　乔木或灌木。树皮厚，灰褐色至灰黑色，老时纵裂；皮孔小，灰色至暗褐色。小枝具疣点。叶丛生于当年生枝上，平展，一回或二回羽状复叶；小叶对生或互生，纸质，卵形、阔卵形至卵状披针形。聚伞圆锥花序，在末次分枝上的聚伞花序具花3~6朵，密集呈头状；花淡黄色，稍芬芳；花瓣4，开花时向外反折，线状长圆形。蒴果圆锥形，具3棱，果瓣卵形；种子近球形。花期6~8月，果期9~10月。

生态特性　喜光，耐干旱瘠薄、耐寒，也能耐盐渍及短期水涝，适应性强。深根性树种，萌芽力强，生长速度快。生于山坡、路边、庭院及荒地。

适生区域　分布广泛，北至东北南部，南至长江流域各地，西至甘肃东南部。北京、天津、河北、山西、内蒙古、陕西、甘肃、青海等"三北"工程区亦适宜造林。

主要用途　用材林、药用、染料、四旁绿化。

育苗技术　采用播种育苗。9~10月采种，沙藏至翌年3月播种育苗；干藏种子播种前40天左右，用80℃的温水浸种后混湿沙催芽。条播，播深2cm，行距25cm，覆土1~2cm。播种量500~

1000kg/hm²。

造林技术 采用植苗造林。春、秋季均可造林，秋末落叶后至翌年春季苗木萌动前均可造林。宜选择土层深厚、坡度较缓地块造林。采用鱼鳞坑、穴状整地，规格 60cm×60cm×40cm，每穴撒施复合肥 100~150g。用 1 年生壮苗或 2 年生移植苗，株行距 2m×3m，荒山造林株行距 2m×2（~3）m。可与青檀、黄连木、朴树等营造混交林。

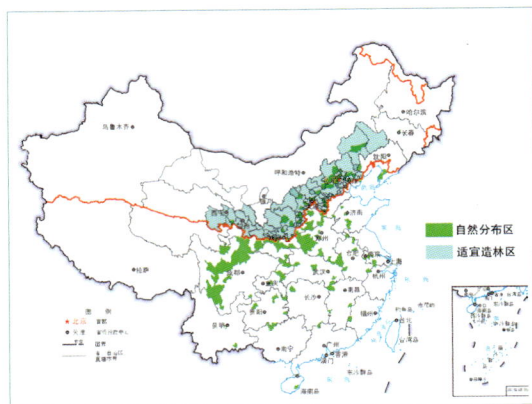

文冠果

Xanthoceras sorbifolium

无患子科 Sapindaceae

130

形态特征 小乔木或灌木，高 2~5m。小枝粗壮，褐红色，被短柔毛或无毛。奇数羽状复叶，小叶 4~8 对，膜质或纸质，披针形或近卵形，顶端渐尖，基部楔形，边缘有锐利锯齿。总状花序，两性花的花序顶生，雄花序腋生，直立；萼片两面被灰色茸毛；花瓣白色、紫红色或黄色，有清晰的脉纹；花盘的角状附属体橙黄色。蒴果；种子黑色。花期 4~5 月，果期 7~8 月。

生态特性 喜光，耐寒、耐旱、耐轻度

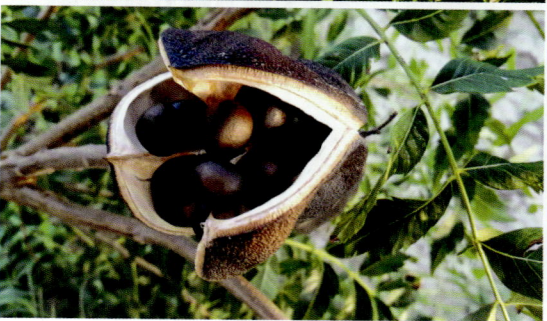

盐碱，不耐水湿。生于海拔 1500m 以下。

适生区域 产内蒙古、陕西、山西、河北、青海、甘肃等地。"三北"工程区适宜造林。

主要用途 经济林（油料、药用、蜜源）、防护林、四旁绿化。

育苗技术 播种育苗：8 月果实成熟采种，种子越冬沙藏或者播种前用清水浸泡处理，4 月上中旬播种，条播。播种量 300~500kg/hm² 。也可培育容器苗。嫁接育苗：采用芽接、枝接等，以嵌芽接效果较好。根插育苗：将春季起苗时的残根，剪成 10~15cm 长的根段，按株行距 10（~15）cm×30cm 插于苗床，顶端低于土面 2~3cm，灌透水。一般采用播种育苗，也可根插和嫁接育苗。

造林技术 采用植苗造林。选用 1~3 年生健壮苗木，春、秋季均可栽植，株行距 2m×3m，较肥沃的山区或丘陵 3m×4m。苗木生长期，追肥 2~3 次，并松土除草。嫁接苗和根插苗容易产生根蘖芽，应及时抹除。

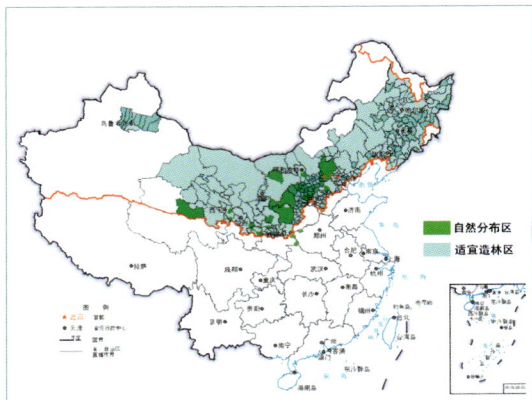

花椒

Zanthoxylum bungeanum

别名：蜀椒、秦椒

形态特征 小乔木或灌木，高2~7m，具香气。茎干上的刺常早落，枝有皮刺。奇数羽状复叶有小叶5~13片；小叶对生，无柄，卵形或椭圆形，稀披针形，叶缘有细裂齿，齿缝有油点。聚伞状圆锥花序顶生，花被片6~8片，黄绿色。单个分果球形，红色至紫红色。花期4~5月，果期8~10月。

生态特性 耐寒、耐旱、稍耐阴，萌芽力强。喜冷凉干燥、阳光充足气候，喜疏松肥沃的沙质壤土。生于平原至山地，海拔1400m以下。

适生区域 产辽宁、河北、北京、天津、山西、陕西、甘肃及我国南方大部分地区。青海、宁夏等"三北"工程区亦适宜造林。

主要用途 水土保持林、经济林（食用、

132

药用）。

育苗技术 采用播种、扦插育苗。播种育苗：7~9月果实成熟，种子变成蓝黑色时采收，采收后在通风干燥室内阴干。春播时，3月中旬至4月上旬，土壤解冻后进行。将种子放在1%碱水中浸泡1~2天，进行脱脂处理。用湿沙层积处理和催芽，或播种前用温水浸泡2~3天。播种量50~100kg/hm²。秋播时，种子采收后，经脱脂处理即可播种。扦插育苗：春季树液流动前，选1~2年生苗，从基部剪下作插穗，每段长20cm，下端剪成马蹄形，微斜插入土中，保持土壤湿润，发芽后遮阴。也可采用嫁接育苗。

造林技术 采用植苗造林。宜选在山坡下部的阳坡或半阳坡，背风处，以排水好的沙壤土为佳。春、秋两季都可栽植，山地、丘陵区栽植，株距2~3m，行距3~4m。

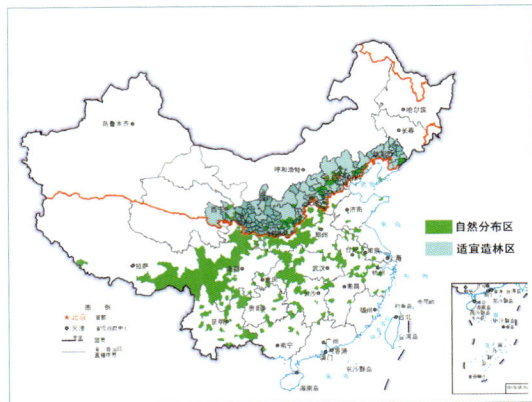

臭　椿　*Ailanthus altissima*

形态特征　乔木，高可达 20m。树皮平滑有直纹。小枝粗壮，缺顶芽，嫩枝有髓，幼时被黄色或黄褐色柔毛，后脱落。奇数羽状复叶；小叶对生或近对生，纸质，卵状披针形，齿背有腺体 1 个，揉碎后具臭味。圆锥花序顶生；花瓣 5，基部两侧被硬粗毛；雄蕊 10，花丝基部密被硬粗毛；心皮 5，花柱黏合，柱头 5 裂。翅果长椭圆形；种子位于翅中间，扁圆形。花期 4~5 月，果期 8~10 月。

生态特性　喜光，不耐阴，耐寒、耐旱、不耐水湿，适应性强。抗烟尘、二氧化硫，抗天牛，是西北地区黄土丘陵、石质山区主要造林先锋树种。

适生区域　除新疆、黑龙江、吉林、宁夏、青海、甘肃外，我国各地均有分布。"三北"工程区适宜造林。

主要用途　水土保持林、用材林、药用、

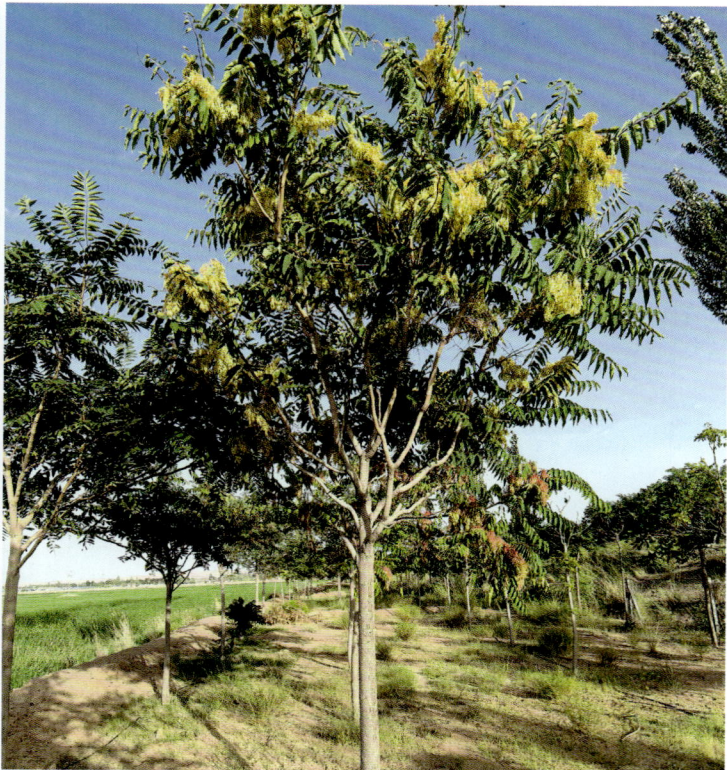

四旁绿化。

育苗技术 采用播种育苗。9~10月采种，翌年4月中下旬播种。播前用0.3%~0.5%高锰酸钾溶液浸种消毒2小时，然后用50~60℃温水浸泡24小时后，置于20~25℃环境下催芽5~7天。高床育苗，开沟条播。播种量60~100kg/hm²。也可采用插根育苗。

造林技术 采用植苗造林、截干造林或直播造林。立地条件较差的地方一般采用植苗造林，多在春季进行，采用带状、穴状或鱼鳞坑整地，臭椿苗上部壮芽膨大成球状时栽植成活率高。造林密度不宜过大，根据立地条件、造林目的等确定，株行距2m×3m或3m×4m不等。提倡营建臭椿混交林。在干旱多风地区多采用截干造林，春季截干宜早栽和深栽。

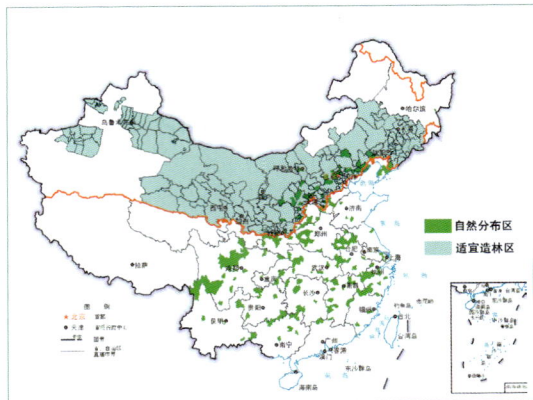

135

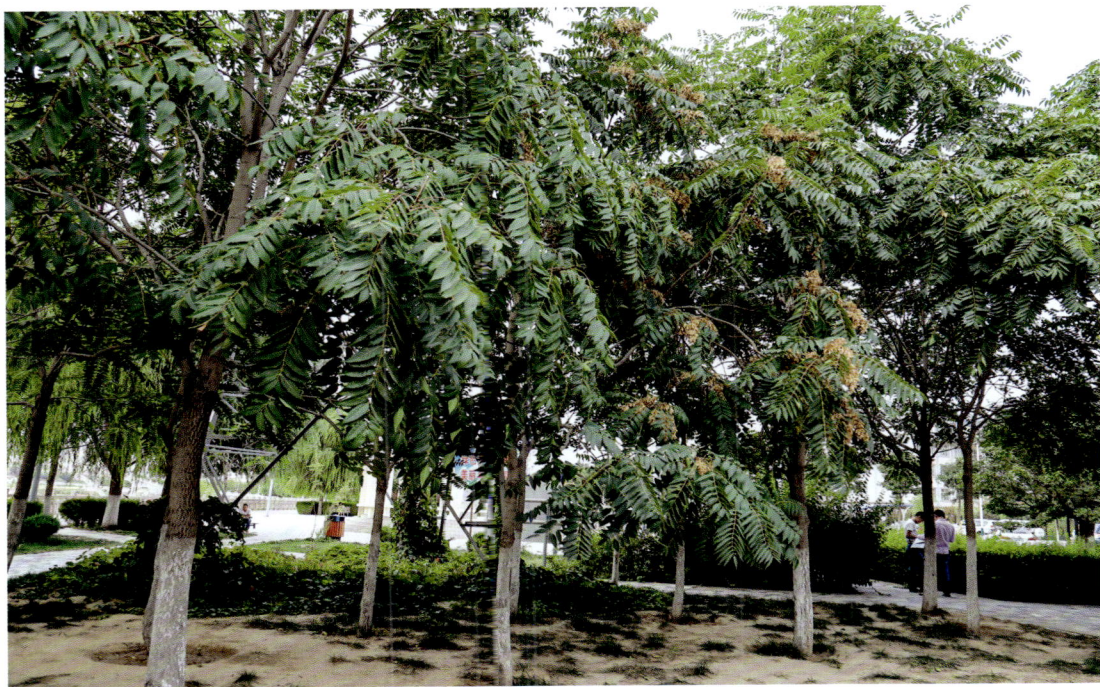

棟

Melia azedarach

别名：苦楝

形态特征 乔木，高达 10m。树皮灰褐色，纵裂。分枝广展，小枝有叶痕。二至三回奇数羽状复叶；小叶对生，卵形、椭圆形至披针形。圆锥花序；花芳香；花萼 5 深裂，裂片卵形或长圆状卵形；花瓣淡紫色；雄蕊管紫色，花药 10 枚；子房近球形。核果球形至椭圆形，内果皮木质，4~5 室，每室有种子 1 粒；种子椭圆形。花期 4~5 月，果期 10~12 月。

生态特性 喜温暖湿润气候，耐寒、耐盐碱、耐瘠薄。适应性较强，对土壤要求不严。生于低海拔旷野、路旁或疏林中。

适生区域 分布我国黄河以南各地。北京、天津、河北、山西、陕西、甘肃等"三北"工程区亦适宜造林。

主要用途 用材林、药用、四旁绿化。

育苗技术 采用播种或扦插育苗。播种育苗：11 月采种，3 月下旬至 4 月上中旬播种。

播种前将种子在阳光下暴晒 2~3 天，再放入 60~70℃ 的水中浸泡，适当沤制揉搓洗净，或用 0.5% 高锰酸钾溶液浸泡 2~3 分钟，用清水洗净。播种行距 20~25cm，沟深 3~5cm。播种量 200~300kg/hm²。扦插育苗：春季树液流动前，选取直径 0.5cm 的苗根或枝条，剪成长 15cm 的插条扦插，株距 15~20cm，行距 30~40cm。

造林技术　采用植苗造林。适合春季造林，穴状整地，规格 50cm×50cm×50cm。选用 1~2 年生苗木造林，株行距 2m×3m 或 3m×4m。

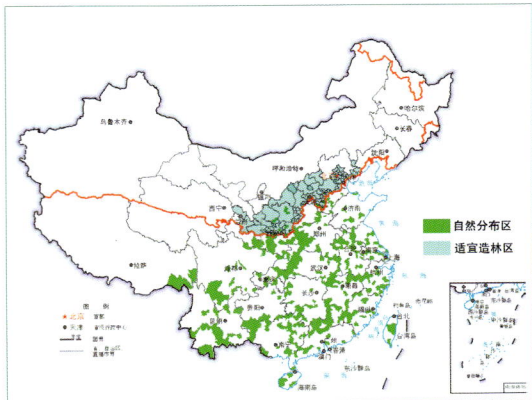

乔木

137

香椿 *Toona sinensis*

形态特征 乔木，高达 25m。树皮粗糙，片状脱落。偶数羽状复叶，叶具长柄；小叶 16~20，对生或互生，纸质，卵状披针形或卵状长椭圆形。圆锥花序被稀疏的锈色短柔毛，小聚伞花序生于短的小枝上，多花；花萼 5 齿裂或浅波状，外面被柔毛，且有睫毛；花瓣 5，白色，长圆形；雄蕊 10；花盘无毛，近念珠状。蒴果狭椭圆形，深褐色；种子上端有膜质长翅。花期 6~8 月，果期 10~12 月。

生态特性 喜光，较耐湿。适宜生长于肥沃湿润的土壤，以沙壤土为好。生于山地杂木林或疏林中，分布在海拔 1500m 以下。

适生区域 产华北、华东、中部、南部和西南部各地。陕西、甘肃、山西、辽宁、

北京、天津、河北等"三北"工程区亦适宜造林。

主要用途 用材林、食用、药用、四旁绿化。

育苗技术 采用播种育苗。8~9月采种制种。春季3~4月播种。选择土质疏松肥沃、排灌方便，土层厚度不少于50cm的沙壤土或壤土作为育苗地。南北向作苗床，香椿种子较小，床面土壤一定要细碎，苗床宽1m，高20~30cm，床间步道20~30cm。开沟条播，播种前用35℃温水浸种催芽。播种量38~60kg/hm²。也可采用根系育苗（断根或留根）、扦插育苗或组培育苗。

造林技术 采用植苗造林。春季造林为主，选用1~2年生苗木。以培育顶芽嫩叶为主要适当密植，株行距1（~1.5）m×1（~2）m；以生产木材为目的，株行距2m×3m；椿粮间作行距10~30m，株距3~5m。

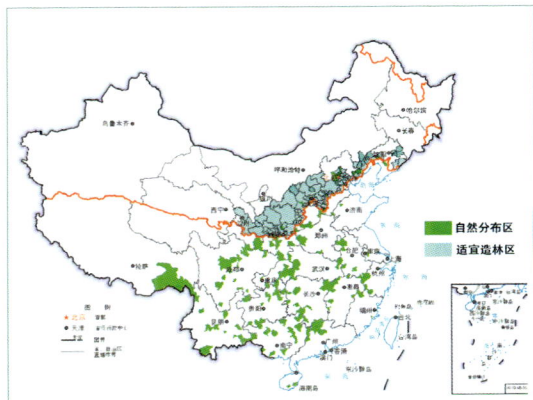

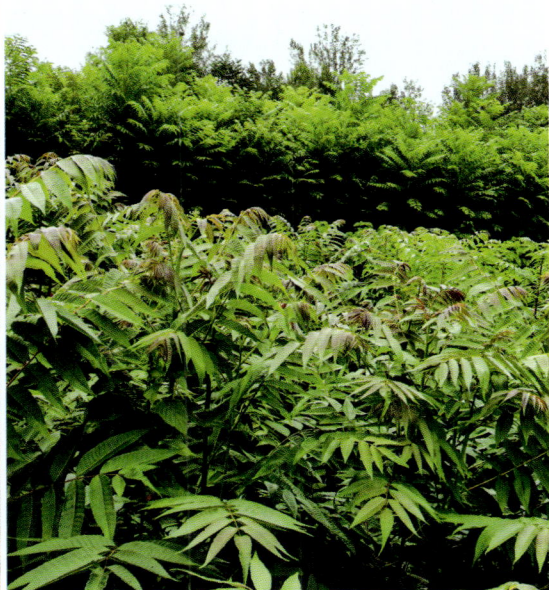

紫椴

Tilia amurensis

形态特征 乔木，高 25m。树皮暗灰色，片状脱落。叶阔卵形或卵圆形，先端急尖或渐尖，基部心形，侧脉 4~5 对，边缘有锯齿；叶柄纤细，无毛。聚伞花序无毛，有花 3~20 朵；苞片狭带形，两面均无毛，下半部或下部 1/3 与花序柄合生；萼片阔披针形，外面有星状柔毛；退化雄蕊不存在；雄蕊较少，约 20 枚。果实卵圆形，被星状茸毛。花期 7 月，果期 9~10 月。

生态特性 深根性树种，较耐阴，喜土层深厚、湿润、排水良好土壤。主要生长在海拔 500~1200m 干山坡杂木林和针阔混交林中。

适生区域 产黑龙江、吉林、辽宁。北京、天津、河北、山西、内蒙古等"三北"工程区亦适宜造林。

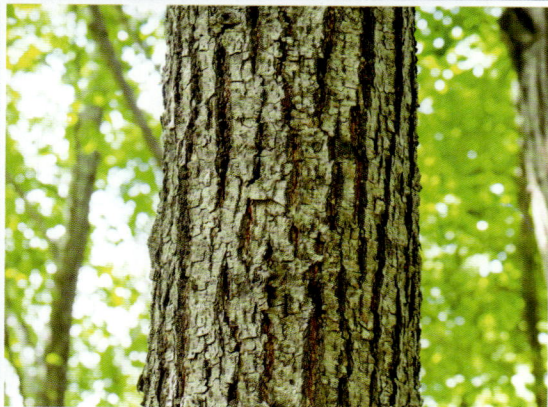

140

主要用途 用材林、药用、蜜源、四旁绿化。

育苗技术 采用播种育苗。9~11月采种。春季播种，一般在4月末至5月上旬。选择地势平坦、排水良好、土层深厚的沙质壤土或轻黏壤土作育苗地。施腐熟农家肥 75t/hm^2，过磷酸钙 375~750kg/hm^2。播前种子用混沙和混雪层积等方法催芽。采用垄作条播，垄宽 60cm，高 15cm，覆土 1~1.5cm，播后及时镇压，保持土壤湿润。播种量 200kg/hm^2。也可采用扦插、组培育苗。

造林技术 采用植苗造林。春季"顶浆"造林或者秋季树液停止流动后造林。前一年秋季进行穴状整地，规格 60cm×60cm×30cm。初植株行距 2m×1.5（~3）m。与红松、落叶松、班克松窄带（4~6 行 ×4~6 行）混交为宜，株行距 1.5m×2（~3）m。

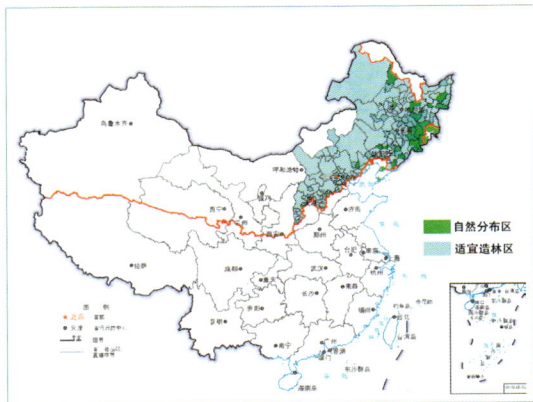

自然分布区
适宜造林区

柿

Diospyros kaki

别名：柿子

形态特征 乔木，高达 10~14m，胸径可达 65cm。树皮深灰色至灰黑色，或黄灰褐色至褐色，沟纹较密，裂成长方块状。叶纸质，卵状椭圆形至倒卵形或近圆形，新叶疏生柔毛，老叶无毛。雌雄异株，聚伞花序腋生；雄花花冠钟状，黄白色，外面或两面有毛；雌花花冠淡黄白色或黄白色而带紫红色，壶形或近钟形。果形多种，有球形、扁球形、卵形等。花期 5~6 月，果期 9~10 月。

生态特性 喜温暖湿润气候，喜光，耐旱、较耐寒、耐瘠薄，不耐盐碱土，适生于中性土壤。生长在海拔 1200m 以下缓坡和平地。

适生区域 我国中部山区是柿的起源和品种分布的主要中心。北京、天津、河北、山西、陕西、辽宁、甘肃等"三北"工程区亦适宜造林。

主要用途 水土保持林、经济林（食用、药用）、用材林、四旁绿化。

育苗技术 采用嫁接育苗。砧木主要是君迁子或山柿子实生苗，嫁接时用单芽嵌芽接最快、最省接穗，切接、腹接、劈接均可。春季嫁接接穗在冬季采，沙藏备用；秋季嫁接时，随采随接。嫁接之前土壤干燥时，提前灌水，促使砧木树液流动。接活后，及时施肥、浇水、抹芽。

造林技术 采用植苗造林。嫁接苗

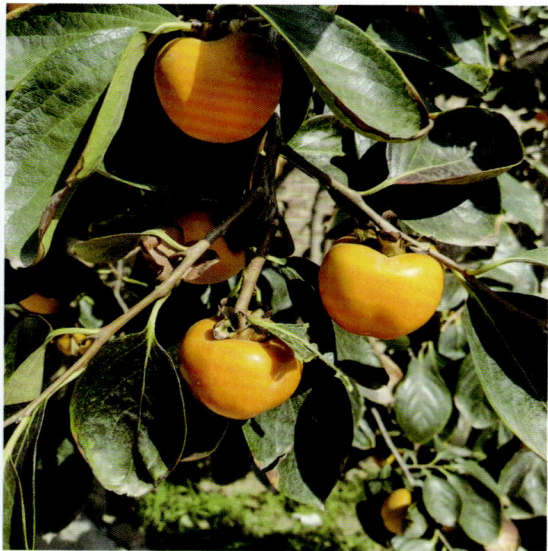

1m 左右时，在秋季落叶后至春季发芽前定植，造林株行距 2m×3m 或 3m×4m 等。按照栽植设计整地，定植穴规格 1m×1m×0.8m；坡地上沿等高线开定植沟，规格宽 0.7m，深 0.8m，长度随地形地势而定。整地结束后，在栽植前 10 天施足底肥。山坡地栽植可每亩施农家肥或土杂肥 5000kg，复合肥 50kg，与表土充分拌匀后可填。

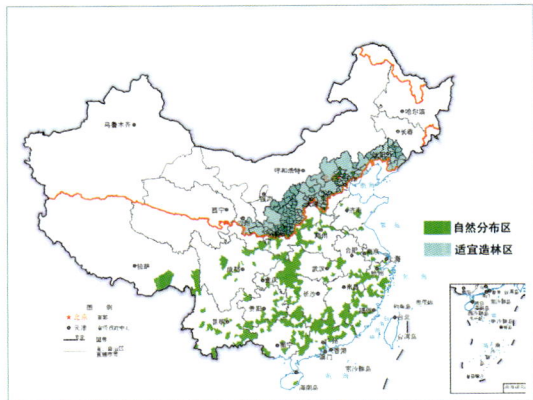

自然分布区

适宜造林区

乔木

143

君迁子

Diospyros lotus

别名：黑枣、软枣

形态特征 乔木，高达 30m。树冠近球形或扁球形。树皮灰黑色或灰褐色。叶近膜质，椭圆形至长椭圆形，先端渐尖或急尖，基部钝，宽楔形至近圆形。雄花 1~3 朵腋生；花萼钟形，4 裂，偶有 5 裂；花冠壶形，带红色或淡黄色，4 裂。果近球形或椭圆形，常被有白色薄蜡层；种子长圆形，褐色。花期 5~6 月，果期 10~11 月。

生态特征 喜光树种，耐旱、耐寒、耐半阴，耐瘠薄。生于山地、山坡、山谷的灌丛中，或在林缘，海拔 500~2300m。

适生区域 产河北、山西、陕西、甘肃等地。北京、天津、辽宁、宁夏等"三北"工程区亦适宜造林。

主要用途 水土保持林、四旁绿化、经济林（食用、药用）、用材林。

育苗技术 采用播种育苗。10~11月采种，多在春季播种，也可秋季播种，春季播种在3月下旬至4月上中旬进行。种子沙藏催芽处理，在畦内开沟播种。播种量75~113kg/hm^2。也可采用嫁接育苗。

造林技术 采用植苗造林。反坡梯田整地、沟状整地和穴状整地。春季在4月上旬栽植，选择1~2年生健壮苗木，栽植时根系蘸泥浆，株行距3m×4m。

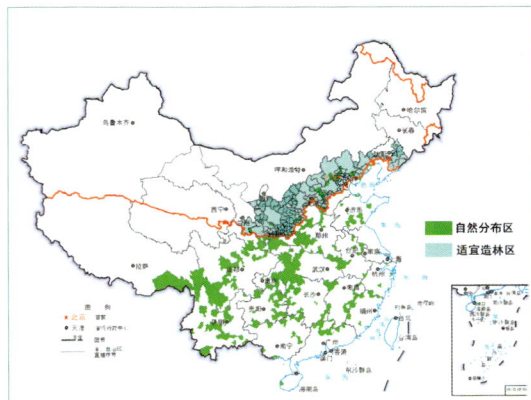

自然分布区
适宜造林区

乔木

145

杜 仲

Eucommia ulmoides

别名：丝绵树

形态特征 乔木，高达 20m。树冠圆球形。树皮灰褐色，粗糙。叶椭圆形、卵形或矩圆形，薄革质，基部圆形或阔楔形，先端渐尖，边缘有锯齿。皮、叶拉开具丝状胶质。花生于当年枝基部，雄花无花被；苞片倒卵状匙形，顶端圆形；雌花单生，苞片倒卵形。翅果扁平，长椭圆形，周围具薄翅；种子扁平，线形，两端圆形。花期 4 月，果期 10~11 月。

生态特性 喜光，喜湿、耐寒，对土壤要求不严。根系发达，萌蘖性强。生于海拔 300~500m 低山、谷地或低坡的疏林里。

适生区域 主要分布于陕西、甘肃、河北等地。我国亚热带和温带的大部分地区均有栽培。北京、天津、山西、辽宁等"三北"工程区亦适宜造林。

主要用途 经济林（药用、工业原料）、水源涵养林、四旁绿化。

育苗技术 主要采用播种育苗和嫁接育苗。播种育苗：于 9 月后种子成熟时采集，用湿沙层积贮藏，播种前可用温水浸种和赤霉素处理，土壤封冻前秋播，土壤解冻后春播，采用条播，秋播深度 5~7cm，春播深度 3~5cm，行距 20~30cm。播种量 150~200kg/hm^2。嫁接育苗：春夏秋季均可，春季嫁接一般在芽萌动时进行，夏季嫁接当年生枝条半木质化，砧木苗粗度 ≥ 0.6cm 时进行。春夏季嫁接，接芽外露，当年及时剪砧、除萌、解绑。秋季嫁接，不露芽，翌年苗木萌动前剪砧、解绑、除萌。也可采用扦插育苗、分殖育苗和组

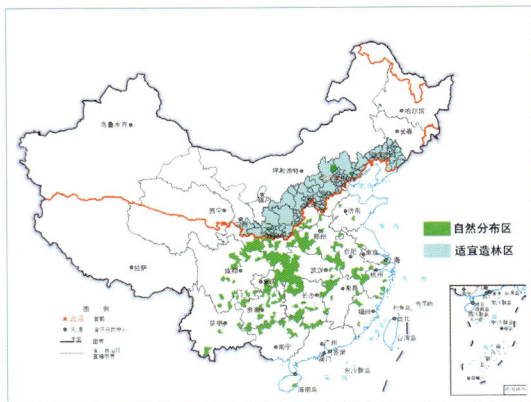

培育苗。

　　造林技术　采用植苗造林。春季土壤解冻后造林，材药兼用林，大穴（80cm×80cm），株行距一般3（~4）m×4（~5）m。叶、皮、材兼用林株行距0.5（~1）×1（~1.5）m。

梣属 Fraxinus

白蜡树

Fraxinus chinensis

别名：梣、白蜡

木樨科 Oleaceae

148

形态特征 乔木，高 10~12m。树皮灰褐色，纵裂。小枝黄褐色，粗糙。羽状复叶对生；小叶 5~9 枚，通常 7 枚，卵形、倒卵状长圆形至披针形，叶缘具整齐锯齿。圆锥花序顶生或腋生于当年生枝上；雌雄异株；雄花密集，花萼小，钟状，无花冠；雌花疏离，花萼大，筒状，4 浅裂。翅果匙形，翅平展，下延至坚果中部；坚果圆柱形。花期 4~5 月，果期 7~9 月。

生态特性 喜光，稍耐阴，对霜冻较敏感，耐瘠薄，耐干旱，耐轻度盐碱。根系深而发达，喜深厚肥沃及水分条件较好的土壤。常见于海拔 800~1600m 山地杂木林中。

适生区域 广泛分布于南北各地。"三北"工程区适宜造林。

主要用途 防护林、用材林、四旁绿化。

育苗技术 一般采用播种育苗。可春播和秋播，春播时间 3 月下旬至 4 月上旬。播前用 40~50℃温水浸泡种子 24 小时，每天用温水冲洗 1~2 次，种子裂嘴可播种。条播，条幅 10cm，行距 60cm，

开沟深度 3~4cm，覆土 3cm。播种量 450kg/hm²。秋播种子不需处理，采集后即播，播后浇水，翌年 3 月再浇水一次。也可采用扦插育苗。

造林技术　采用植苗造林。造林时间 2 月下旬至 4 月中旬。选择 2~3 年、胸径 3cm 以上苗木，采用穴植，规格 80cm×80cm×60cm，株行距 2m×2m 或 2m×3m。早春对定植苗在 1~2 m 处进行定干。可与刺槐、臭椿、楸树、杨树等混交。

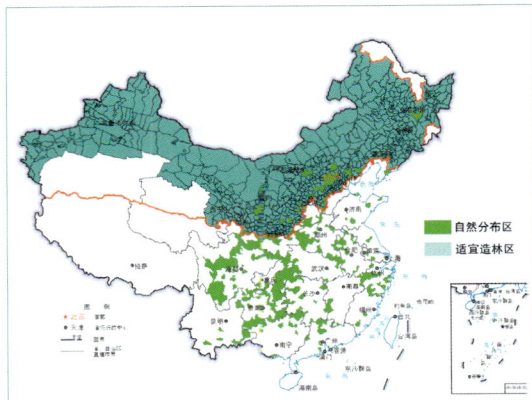

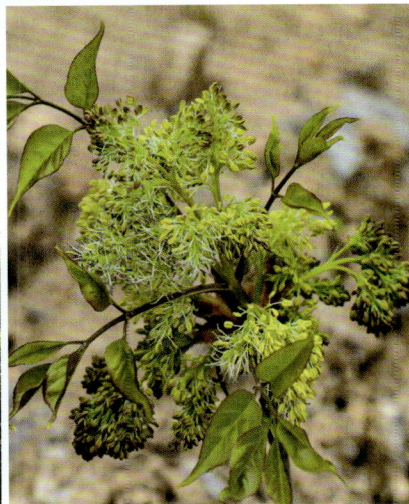

楸

Catalpa bungei

别名：楸树

形态特征 乔木，高 8~12m。叶三角状卵形或卵状长圆形，顶端长渐尖，基部截形，阔楔形或心形，叶面深绿色，叶背无毛。顶生伞房状总状花序，有花 2~12 朵，花序无毛；花萼蕾时圆球形，2 唇开裂；花冠淡红色，内面具有 2 黄色条纹及暗紫色斑点。蒴果线形；种子狭长椭圆形，两端生长毛。花期 5~6 月，果期 6~10 月。

生态特性 喜光，喜温湿气候，不耐干旱和水湿，抗污染。

适生区域 产河北、山西、陕西等地。北京、天津、宁夏、甘肃、新疆等"三北"工程区亦适宜造林。

主要用途 用材林、四旁绿化。

育苗技术 主要采用嫁接育苗。一般选

梓树作为砧木，接穗在春季树液流动前或冬季生长停止一个月后采集。在春季砧木芽体膨大，树液开始流动且接穗芽膨大前嫁接。采用木质部贴芽接法。嫁接后至生长停止前，及时抹除萌芽及萌条。嫁接3个月后，当嫁接苗长到60cm左右解绑。也可采用埋根和组培育苗。

　　造林技术　采用植苗造林和分殖造林。植苗造林：春、秋季均可。栽植前根系可在水中浸泡一天，埋土深度超过原土印3~5cm即可，立地条件好的区域可以平茬造林，平茬高度3~5cm，涂抹接蜡，培土堆。株行距2m×3m或3m×4m等，行道树株距4m。分殖造林：春季

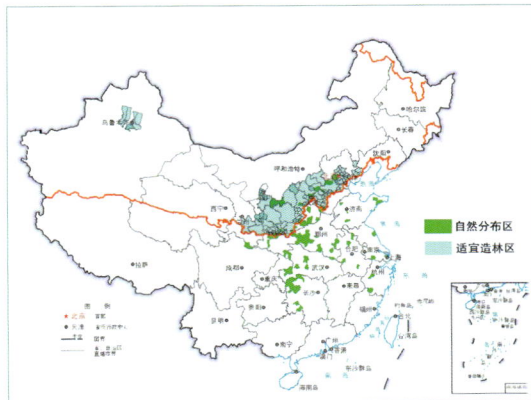

挖取2~3年生根蘖苗，挖苗时距苗木20~30cm以外切断侧根，再深挖，使每株小苗附带老根一段，将苗木移栽造林。

毛泡桐　　*Paulownia tomentosa*

别名：紫花桐

形态特征　乔木，高达 20m。树冠宽大伞形。树皮褐灰色。叶片心脏形，顶端锐尖头，全缘或波状浅裂，上面毛稀疏，下面毛密或较疏。花序金字塔形或狭圆锥形，小聚伞花序的总花梗长 1~2cm，具花 3~5 朵；萼浅钟形，萼齿卵状长圆形；花冠紫色，漏斗状钟形，外面有腺毛。蒴果卵圆形，幼时密生黏质腺毛。花期 4~5 月，果期 8~9 月。

生态特性　耐寒、耐旱，较耐瘠薄。生于山路边及荒地上，海拔 500~1800m。

适生区域　产辽宁、河北、陕西等地。

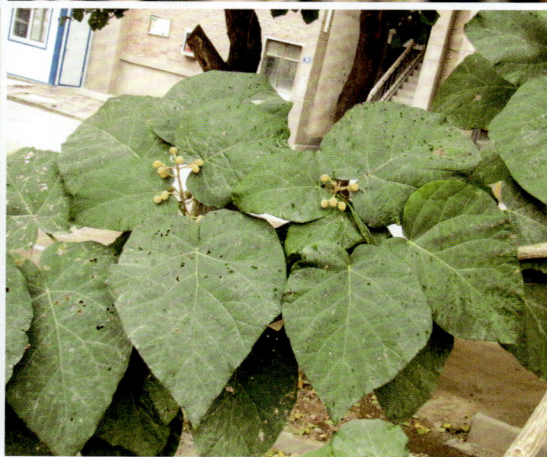

北京、山西、甘肃、宁夏、天津等"三北"工程区亦适宜造林。

主要用途 用材林、防护林、四旁绿化。

育苗技术 主要采用埋根育苗。落叶后至翌年春发芽前，采挖 1~2 年生苗木根系，选择小头直径 0.8~3cm 的根系，剪成长 10~15cm 的种根，剪口平滑，上平下斜，分级捆扎，晾晒 1~3 天，若不能立即育苗，需要贮藏。土壤解冻后埋根，株行距一般 1m×1m。也可采用组培育苗、播种育苗。

造林技术 采用植苗造林。宜选择土层深厚、湿润、肥沃、排水良好的壤土或沙壤土造林。多采用穴状整地，春、秋季均可栽植，如在四旁栽植，一般是随整地随栽植。山地造林可按带状梯田整地。株行距 3m×4m。

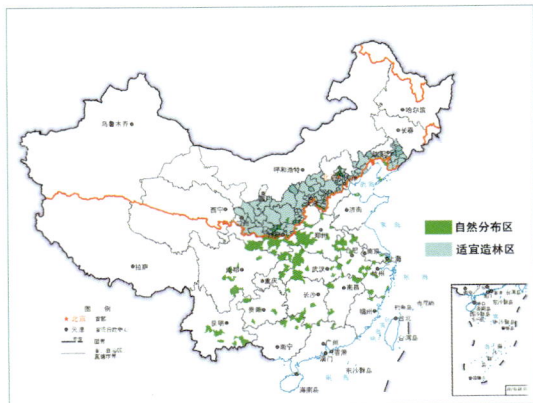

自然分布区
适宜造林区

乔木

灌木

刺柏属 *Juniperus*

叉子圆柏

Juniperus sabina

别名：沙地柏、臭柏、爬地柏

形态特征　常绿匍匐灌木，高约60cm。主根深，侧根发达。树皮灰褐色，裂成薄片脱落。叶二型，刺叶常生于幼树上，常交互对生或兼有三叶交叉轮生，鳞叶交互对生。雌雄异株，稀同株，雄球花椭圆形或矩圆形，雌球花曲垂或初期直立而随后俯垂。球果熟前蓝绿色，熟时褐色至紫蓝色或黑色。花期4~5月，球果翌年10~11月成熟。

生态特性　喜光，耐干旱、耐瘠薄。多生于石山坡、沙地及黄土丘陵。

适生区域　产新疆天山至阿尔泰山、宁夏贺兰山、内蒙古、青海东北部、甘肃、陕西榆林、河北、辽宁等地。"三北"工程

区适宜造林。

主要用途　水土保持林、防风固沙林、绿化观赏、药用、香料。

育苗技术　采用播种或扦插育苗。播种育苗：10月下旬采种，翌年7月上旬至8月底播种。播种前种子用温水处理，平床条播，行距15~20cm。播种量112.5kg/hm^2。扦插育苗：春秋两季均可进行，以春季为好。一般于3月下旬，在10年生左右生长健壮的母树上采集2~3年生的壮条作插穗，插穗长15cm，株行距20cm×30cm或10cm×20cm。扦插量15万~19.5万株/hm^2。

造林技术　采用植苗造林。春、秋两季均可。采用容器苗，沙地栽植株行距2m×3m或1.5m×4m，黄土区以2m×2m或1.5m×3m为宜。也可采用扦插及分殖造林。

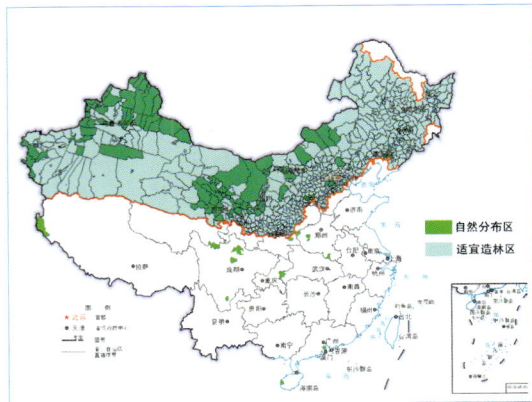

自然分布区
适宜造林区

中麻黄　*Ephedra intermedia*

形态特征　灌木，高 20~100cm，具有发达的根状茎。茎直立，稍坚硬，粗壮，自基部多分枝；同化枝对生或轮生，灰绿色。叶膜质鞘状，裂片 3 或 2。雄球花通常无梗，数个密集于节上呈团状，雄蕊 5~8，花丝合生，花药无梗；雌球花 2~3 成簇，最上一轮苞片有 2~3 雌花。雌球花成熟时肉质红色，椭圆形、卵圆形或矩圆状卵圆形；种子 2~3 粒，卵圆形或长卵圆形。花期 5~6 月，果期 7~8 月。

生态特性　喜光，耐寒、耐旱、耐瘠薄。生于石质戈壁、沙地、干旱山坡和草地。

适生区域　产内蒙古、山西、陕西、甘肃、青海、新疆、宁夏等地。辽宁、北京、天津、河北等"三北"工程区亦适宜造林。

主要用途　固沙保土、药用。

育苗技术　采用播种育苗。以沙贡土壤为好。播前先用温水浸种后沙藏催芽5~7天。开沟穴播，沟深1cm，株行距10cm×30cm，覆沙0.5~1cm，播后灌水，保持覆沙层湿润。播种量30kg/hm²。

造林技术　采用植苗造林。4月中下旬土地解冻后即可进行苗木移植。选择风沙土、沙壤土及轻度或中度盐渍化土壤。栽植前打埂作畦，结合浅翻施农家肥或其他有机肥。造林株行距0.5m×1m。

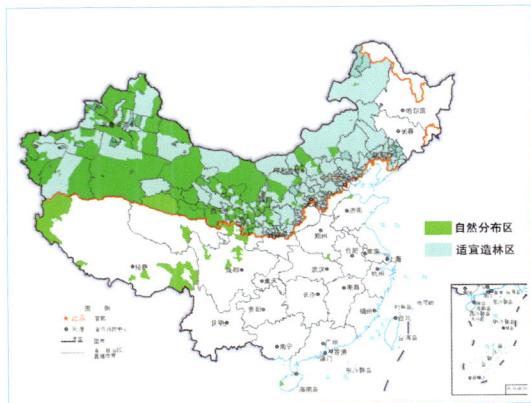

灌木

159

草麻黄 *Ephedra sinica*

别名：麻黄、华麻黄

形态特征 草本状灌木，高20~40cm。主根深，侧根发达。木质茎短或成匍匐状，小枝直伸或微曲。叶2裂，裂片锐三角形。雌雄异株；雄球花多呈复穗状；雌球花单生，雌花2。雌球花成熟时肉质红色；种子通常2粒。花期5~6月，种子8~9月成熟。

生态特性 耐旱、耐寒、耐瘠薄。对土壤要求不严。生于山坡、平原、荒地、河床及草原等处，常形成大面积的单一群落。

适生区域 产辽宁、吉林、内蒙古、河北、山西、陕西、甘肃、黑龙江、青海、宁夏等地。北京、天津等"三北"工程区亦适宜造林。

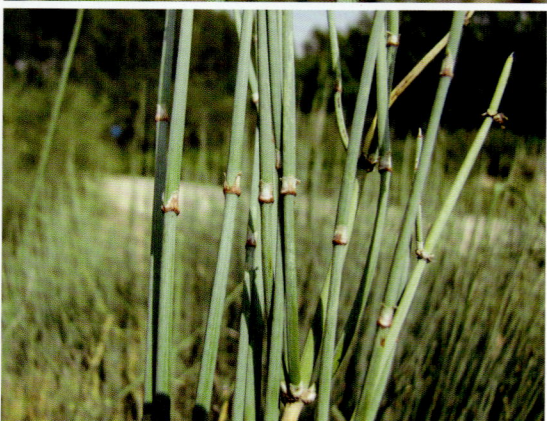

主要用途　固沙保土、药用。

育苗技术　采用播种育苗。选择种支光泽新鲜、成熟饱满、发芽势强的种子，播种时间 5~6 月，以 5 月中旬为宜。采月宽窄行宽幅撒播法，即宽行距 25cm，窄行距 10cm 以下，播种幅宽 20cm。播种量 180~210kg/hm^2。

造林技术　采用植苗造林。可在春季或秋季进行，以春季为宜，春季在 4 月下旬移栽，秋季在 7 月底至 8 月下旬雨季移栽。选 1.5~2 年生大苗，地上草质茎长 10~20cm，地下根长 20~25cm，根茎直径 0.25~0.3cm 为宜。每穴 2 株，深度以埋入根茎部 3cm 左右为宜，行距 30~40cm，株距 10~15cm。

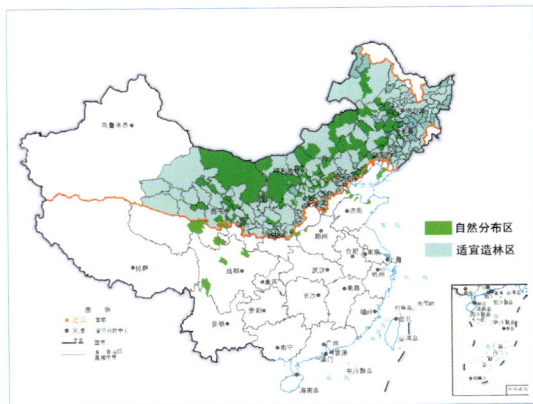

自然分布区
适宜造林区

霸王 *Zygophyllum xanthoxylum*

形态特征 灌木，高 70~150cm。主根粗而深。茎枝弯曲，开展，皮淡灰色，木质部黄色，先端具刺尖，坚硬。叶在老枝上簇生，幼枝上对生；小叶 1 对，长匙形，肉质。花生于老枝叶腋；花瓣 4，倒卵形或近圆形，淡黄色。蒴果近球形，具翅，常 3 室，每室有 1 种子；种子肾形。花期 4~5 月，果期 6~7 月。

生态特性 抗旱、耐寒、耐贫瘠、耐盐、耐风蚀沙埋。生于半荒漠和荒漠带的砂砾质河流阶地、低山山坡和山前平原等。

适生区域 产内蒙古西部、甘肃西部、宁夏西部、新疆、青海等地。上述"三北"工程区适宜造林。

主要用途 固沙保土、饲用、药用。

育苗技术 采用播种育苗。春季床播。播种基质以风沙土最为理想，播种前床内施入腐熟羊粪作底肥，翻耕时翻入地下。

播种床面长 5~7m，宽 0.8~1m。播种前 1~2 天床面浇透水一次，种子用清水浸泡 12~24 小时，在播种床内平行开两行播种穴，行间距 30~45cm，播后覆盖风沙土，厚 0.5~0.7cm，踩实。

造林技术 采用植苗造林。4 月下旬至 5 月上旬造林。穴状整地，规格一般 40cm×40cm×40cm。每穴 2 株，株行距 2m×3m，根系埋深 25~30cm，上部留深 20~25cm 的灌水穴。适合在山前冲积扇、沙区、高平原区与沙冬青、红砂、梭梭、白刺等混交。

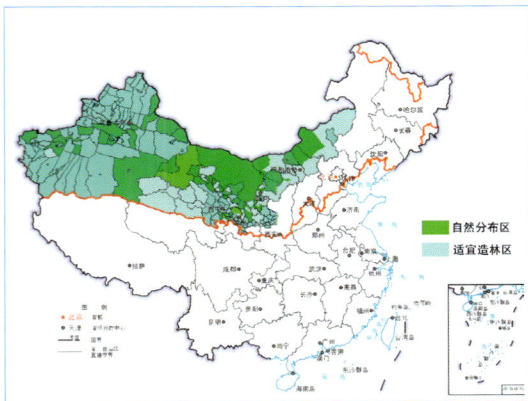

灌木

沙冬青

Ammopiptanthus mongolicus

别名：蒙古黄花木、蒙古沙冬青

形态特征 常绿灌木，高 1.5~2m。主根深。枝皮黄绿色，幼时被灰白色短柔毛。叶为 3 小叶；叶柄密被灰白色短柔毛；小叶两面密被银白色茸毛，全缘。总状花序顶生枝端，花互生；苞片卵形，密被短柔毛，脱落；萼钟形，薄革质，萼齿 5；花冠黄色；子房具柄，线形。荚果扁平，线形。花期 4~7 月，果期 5~6 月。

生态特性 耐旱、耐寒、耐瘠薄，喜温暖湿润气候。生于固定、半固定沙地、石质山坡、荒地、草地。

适生区域 国家二级保护野生植物。产内蒙古、宁夏、甘肃、新疆等地。陕西等"三北"工程区亦适宜造林。

主要用途 固沙保土、药用、绿化观赏。

育苗技术 采用播种育苗。可用无纺布袋或塑料营养袋育苗。用风沙土和腐熟的农家肥混合后用硫酸亚铁 0.5% 消毒后装

入容器。先将种子用80℃水浸种后自然冷却，清除秕粒，再用冷水浸泡1天，期间换清水2~4次，种子吸胀后播种。播前先将容器中基质做成凹状，将种子播入2~3粒，覆盖风沙土，厚度1cm。播后灌水，每天喷水数次。

造林技术　采用植苗造林。造林地为固定半固定沙丘、退耕弃耕沙荒地等。选择1年生容器苗造林。造林前鱼鳞坑整地，栽植后灌定苗水。株行距2m×4m。也可采用直播造林。

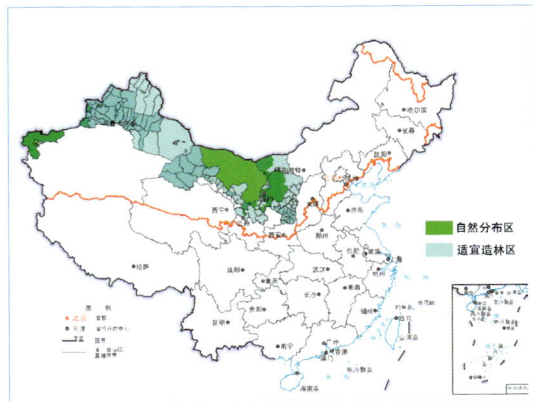

自然分布区
适宜造林区

紫穗槐

Amorpha fruticosa

别名：棉槐、棉条

形态特征　灌木，丛生，高 1~4m。奇数羽状复叶互生，基部有线形托叶；小叶卵形或椭圆形，先端圆形，有一短而弯曲的尖刺，基部宽楔形或圆形，具黑色腺点。穗状花序常 1 至数个顶生和枝端腋生，密被短柔毛；花有短梗；雄蕊 10，下部合生成鞘，上部分裂。荚果下垂，顶端具小尖，表面有突起的疣状腺点。花果期 5~10 月。

生态特性　耐旱、耐寒，喜干冷气候，耐水湿。主要生长在沙地、山坡、路边。

适生区域　原产美国。"三北"工程区适宜造林。

主要用途　水土保持林、四旁绿化、饲用。

育苗技术　采用播种育苗。选择地势平坦、排灌方便、土层深厚的沙壤土作为育苗地。9~10 月采种。春播秋播均可。将种子浸泡 1~2 天，种子吸胀后用清水冲洗 2~3 次，放在温暖、湿润条件下催芽，种子露白后播种。开沟条播，行距 15cm，沟深 3cm，覆土 1~2cm。播种量 45~75kg/hm^2。

造林技术　采用植苗造林。造林前，穴状或带状整地。秋末冬初或翌春土壤解

冻后均可造林。在沙区或干旱地段，栽植深度以达湿土层为宜，黏土上宜浅栽。造林穴径40cm、深30cm，每穴2株，覆土踏实，栽后灌水。株行距2m×2(~3)m。也可采用截干造林。

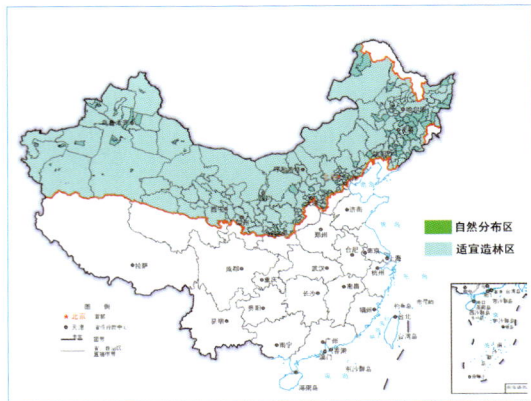

自然分布区
适宜造林区

铃铛刺

Caragana halodendron

别名：盐豆木

形态特征 灌木，高 50~200cm。茎分枝密，具短枝。当年生小枝密被白色短柔毛。偶数羽状复叶，小叶倒披针形；托叶针刺状；叶轴先端伸出，针刺状，硬化，宿存。总状花序腋生，小花 2~4 朵；萼筒钟形，齿 5；花冠淡红色；子房具柄，内有多数胚珠。荚果矩圆状卵形；种子肾形。花期 5~7 月，果期 6~8 月。

生态特性 喜光，耐旱、耐盐碱。生于荒漠盐化沙地、河流沿岸。

适生区域 产内蒙古西北部、新疆、甘肃（河西走廊沙地）。上述"三北"工程区适宜造林。

主要用途 固沙保土、盐碱地改良、饲用、蜜源。

育苗技术 采用播种育苗。种子9月底成熟即可采集。春播，播种前将种子月清水浸种24小时，随后在阴凉通风处进行沙藏层积处理，按一层沙一层种子的方式放置，保持沙子潮湿，但不可积水。当种子露白时开沟播种，沟深3cm左右，行距40cm，播种后覆土2cm，压实。播种量225~300kg/hm²。

造林技术 采用植苗造林。裸根苗造林：春季3月下旬至4月中旬，秋季10月中旬至11月上旬造林。采用穴植，坑要深于苗木根系，栽时要确保苗干竖直，根系舒展。容器苗造林：春季4~6月，秋季10月中旬至11月上旬造林。栽植前穴灌1次，栽植后立即灌水1次，后期根据土壤墒情灌水2~4次。株行距2m×3m。

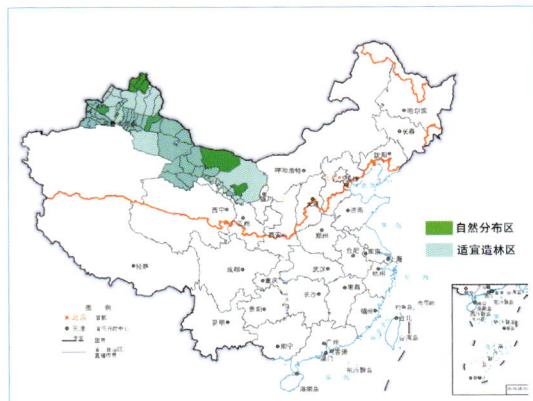

自然分布区
适宜造林区

灌木

169

柠条锦鸡儿

Caragana korshinskii

别名：柠条锦鸡儿、毛条

形态特征 灌木，高 1~3 m。具根瘤。老枝金黄色，有光泽；嫩枝被白色柔毛。羽状复叶，小叶披针形或狭长圆形，两面密被白色伏贴柔毛，托叶在长枝者硬化成针刺，宿存。花单生叶腋；花萼管状钟形，密被伏贴短柔毛；花冠黄色；子房披针形。荚果。花期 5 月，果期 6 月。

生态特性 耐寒、耐旱、耐瘠薄。生于固定半固定沙地、山前洪积扇、砾质地。

适生区域 产内蒙古、宁夏、甘肃、青海、陕西、山西等地。新疆等"三北"工程区亦适宜造林。

主要用途 防风固沙林、水土保持林、饲用、蜜源。

育苗技术 采用播种育苗。6 月上旬至 7 月上旬适时采种。春播种子用 45℃温水处理 1 天，然后捞出种子，堆放于室内催芽，温度保持在 20℃，大部分种子露白后

播种。条播，行距 20cm，播种深度宜浅，一般为 2~3cm，播后覆土 1.5~2cm。播种量 45~120kg/hm²。

造林技术 采用植苗造林。春季在 3 月中旬至 4 月中旬"顶浆"造林；雨季造林应在第一场透雨后，即 6~8 月；秋季造林在树木落叶后进行。防风固沙林、水土保持林：采用"两行一带"配置模式或分散式配置模式。"两行一带"模式，株距 1~2m、行距 1~2m、带距 6~10m；分散式配置模式，均匀"品"字形栽植，株距 1~6m，行距 2~6m。可与油松、侧柏、樟子松、新疆杨、沙棘、沙柳、紫穗槐等混交。

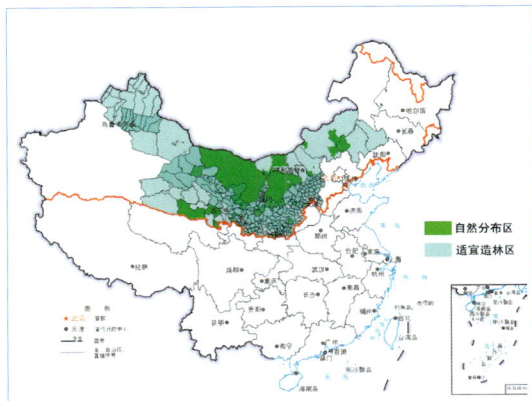

自然分布区
适宜造林区

小叶锦鸡儿　*Caragana microphylla*

别名：黑柠条

形态特征　灌木，高 1~3m。主根深，有根瘤。老枝深灰色或黑绿色；嫩枝被毛，直立或弯曲。羽状复叶，有 5~10 对小叶；小叶倒卵形或倒卵状长圆形，具短刺尖，幼时被短柔毛。花单生叶腋；花梗近中部具关节，被柔毛；花萼管状钟形，萼齿宽三角形；花冠黄色；子房无毛。荚果圆筒形，稍扁。花期 5~6 月，果期 7~8 月。

生态特性　耐阴、耐寒、耐旱、耐瘠薄。生于草原地区的固定半固定沙丘、平坦沙地、山坡灌丛。

适生区域　产黑龙江、吉林、辽宁、内蒙古、宁夏、山西、河北、北京、天津、陕西、甘肃等地。"三北"工程区适宜造林。

主要用途 防风固沙林、水土保持林、饲用、蜜源。

育苗技术 采用播种育苗。6月中下旬至7月适时采种,5月初苗床灌足底水即可播种,采用条播方式。播种前将种子用1%的高锰酸钾消毒,再混沙催芽,当种子裂嘴露白时,即可播种,亦可不催芽,直接播种。播种沟深3~4cm,行距20~25cm,覆土3~4cm。播种量97.5~112.5kg/hm²。也可采用容器育苗或组培育苗。

造林技术 采用植苗造林。适宜在固定、半固定沙地和平坦撂荒地造林。在春季4月上旬至5月上旬效果最佳。选择生长旺盛、粗壮、分枝较多、根系发达、无病虫害苗木,起苗深度30~40cm。干旱区造林株行距2m×3(~4)m,半干旱区造林株行距2m×2(~3)m。也可采用直播造林。

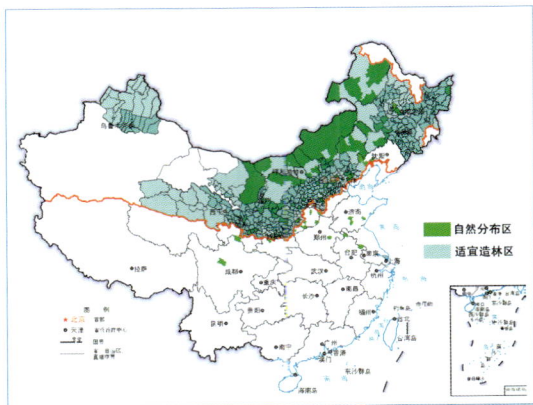

自然分布区
适宜造林区

羊柴属 *Corethrodendron*

羊 柴

Corethrodendron fruticosum

别名：山竹岩黄耆、山竹子

形态特征　半灌木，高 1~2m。茎直立，多分枝。嫩枝有伏生短毛。奇数羽状复叶；小叶条形或条状矩圆形；托叶 2 片，干膜质。总状花序被伏生短毛；花冠紫红色；雄蕊管上部膝曲，近旗瓣的 1 枚分离；子房线形，无毛；花柱包于雄蕊管内。荚果具 2~3 节，两面稍凸，具网状脉纹。花期 7~8 月，果期 9~10 月。

生态特性　喜光，耐寒、耐旱、耐贫瘠，喜沙埋，抗风蚀。生于半固定沙地和流动沙丘。

适生区域　产内蒙古呼伦贝尔市、通辽市、兴安盟、锡林郭勒盟。上述区域周边适宜造林。

主要用途　固沙保土、饲用。

育苗技术　采用播种育苗。育苗地一般选择沙壤土或壤土。9~10 月种子成熟时采种。播前育苗地施足底肥，并适当加入磷肥。播种前种子用 40~50℃温水浸泡 24 小时，然后混沙堆放覆盖麻袋催芽，待种子裂嘴露白时即可播种。条播，播种深度 2~3cm。播种量 70~120kg/hm²。也可采

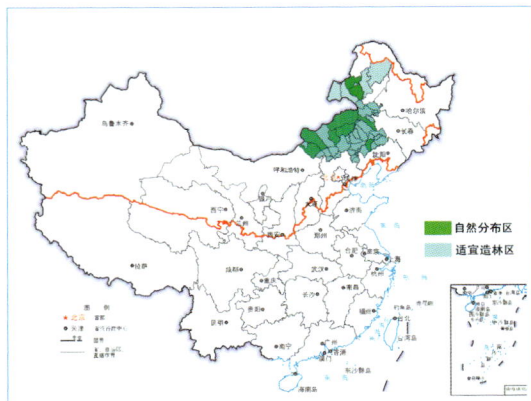

灌木

用容器育苗。

造林技术 采用植苗造林。选择流动沙丘迎风坡2/3以下，或适当沙埋的落沙坡脚和丘间低地的四周造林。春季或秋季均可造林，春季在4月上中旬，秋季在10月下旬到11月初，秋季成活率高。干旱区株行距3m×3（~5）m，半干旱区株行距2m×2.5（~4）m。

塔落木羊柴

Corethrodendron lignosum var. *laeve*

别名：塔落山竹子、塔落岩黄耆

形态特征 半灌木或小半灌木，高40~80cm。根系发达，主根深长。茎直立，多分枝。小叶通常椭圆形或长圆形；托叶卵状披针形，基部合生，外面被贴伏短柔毛，早落。总状花序腋生；花疏散排列；苞片三角状卵形；花萼钟状，明显浅裂，被短柔毛，萼齿短三角形，锐尖，长仅为萼筒的1/3；花冠紫红色，旗瓣倒卵圆形，翼瓣三角状披针形，短而尖，等于或短于龙骨瓣柄；子房线形，无毛。荚果2~3节；节荚椭圆形，无毛无刺；种子肾形，黄褐色。花期7~8月，果期8~9月。

生态特性 耐旱、耐寒、耐瘠薄，生于流沙地或半固定沙丘和沙地。

适生区域 产宁夏东部、陕西北部、内蒙古南部和山西北部。新疆、甘肃等"三北"工程区亦适宜造林。

主要用途 固沙保土、饲用、薪材。

育苗技术 采用大田或容器播种育苗。大田播种育苗：9~10月采种，以土壤疏松

的沙壤土或壤土播种为好。3月中下旬至4月上旬播种，采用条播，播种前种子用40~50℃温水浸泡2天，然后混沙堆放，待种子裂嘴露白时播种。株行距15~20cm，播种深度2~3cm，播后覆土轻压。播种量45~60kg/hm²。容器育苗：按照60%黏土、30%沙子及10%粪肥配制基质，将基质装入容器内。用处理过的种子播种，播后覆沙1~1.5cm。播种量3~5粒/容器。

造林技术 采用植苗、飞播造林。植苗造林：春、秋两季均可栽植。干旱区株行距3m×3（~5）m，半干旱区株行距2m×2.5（~4）m。在墒情好、降雨较多的地区可在7~9月雨季直播造林，穴播。播种量3~6kg/hm²。飞播造林：一般5~6月，与花棒、籽蒿和沙打旺飞播，播种量6~7.5kg/hm²。其中塔落木羊柴+花棒播种量为4~6kg/hm²，籽蒿+沙打旺为1.5~2.5kg/hm²。

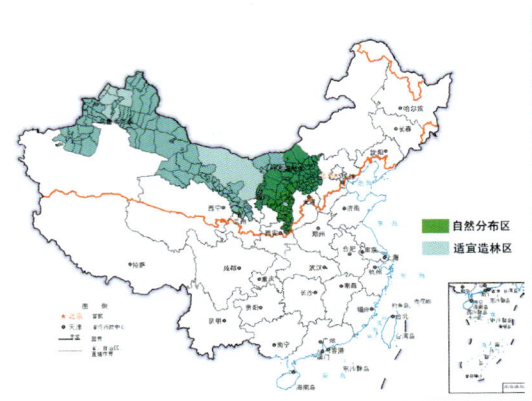

细枝羊柴

Corethrodendron scoparium

别名：花棒、细枝山竹子、细枝岩黄耆

形态特征 半灌木，高 80~300cm。茎直立，多分枝，茎皮亮黄色，呈纤维状剥落。叶片灰绿色，线状长圆形或狭披针形，具短尖头。总状花序腋生；花少数，疏散排列；花萼钟状，被短柔毛；花冠紫红色。荚果 2~4 节，节荚宽卵形，两侧膨大，具明显细网纹和白色密毡毛；种子圆肾形。花期 6~9 月，果期 8~10 月。

生态特性 喜光，耐寒、耐旱、耐瘠薄、耐酷热，抗风沙、喜沙埋，抗风蚀。生于半荒漠的沙丘或沙地、荒漠山前冲沟。

适生区域 产新疆北部、青海柴达木盆地东部、甘肃河西走廊、内蒙古、宁夏等地。陕西等"三北"工程区亦适宜造林。

主要用途 固沙保土、饲用、蜜源、薪材。

育苗技术 采用播种育苗。9~10 月采种。4 月下旬播种。播前育苗地施足底肥，并适当加入磷肥。前 10 天用混沙或浸泡等方法催芽。播前灌水，地面落水后开沟条

豆科 Fabaceae

178

播，行距 20~30cm，深 3~4cm，播后覆沙 3cm。播种量 70~120kg/hm²。

造林技术 采用植苗、直播造林。植苗造林：春、秋季均可，以 10 月下旬和 11 月初为好。选择流动沙丘迎风坡 2/3 以下，或适度沙埋的落沙坡脚和丘间低地四周造林。选择 60cm 以上，根长 35~50cm 的苗木，深栽 50cm，栽植在湿沙层中，踩实。干旱区造林株行距 2~4m，半干旱区造林株行距 2m×2（~3）m。直播造林：在墒情好、降雨较多的地区，可在 7~9 月进行。在 6 月雨季之前，将种子与籽蒿、沙打旺、柠条锦鸡儿混播，混播比例 2：1：2：1。播种量 15kg/hm²。飞播造林：一般 5~6 月，与塔落木羊柴、籽蒿和沙打旺飞播，

播种量 6~7.5kg/hm²。其中塔落木羊柴 + 花棒播种量为 4~6kg/hm²，籽蒿 + 沙打旺为 1.5~2.5kg/hm²。

179

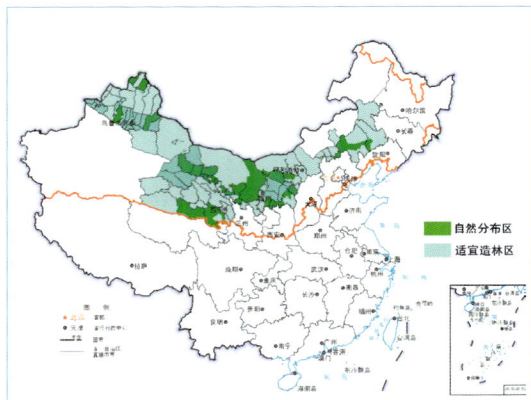

准噶尔无叶豆　*Eremosparton songoricum*

形态特征　灌木，高 50~80cm。具横走根茎。基部多分枝，向上直伸。老枝黄褐色，皮剥落；嫩枝绿色，稍有棱。叶鳞片状，披针形。花单生叶腋，在枝上形成长总状花序；萼齿三角状；花冠紫色。荚果膜质；种子肾形。花期 5~6 月，果期 6~7 月。

生态特性　抗旱、耐瘠薄、耐低温。生于流动和半固定沙丘。

适生区域　产新疆准噶尔盆地（石河子、玛纳斯、呼图壁、阜康至奇台一带）。上述"三北"工程区适宜造林。

主要用途　固沙保土。

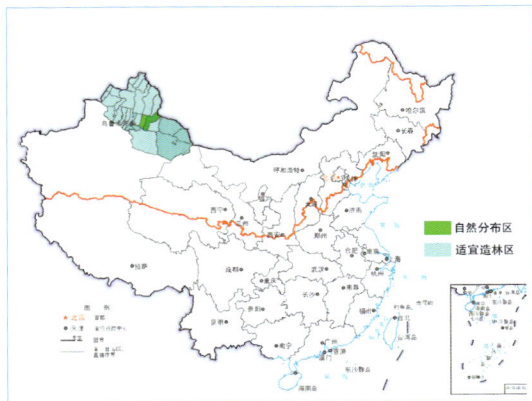

　　育苗技术　采用播种育苗。播种前将种子用浓硫酸处理 15~20 分钟至种皮出现黑点时，再用清水冲洗干净，用 35~45℃温水浸种至自然冷却，捞出种子盖湿布催芽，有 85% 以上种子吸水膨胀时即可播种。选择细沙土地开沟条播，覆沙 2cm。

　　造林技术　采用容器苗造林。选择沙壤土地作为造林地。造林时间春季为宜。穴状整地，穴深 40cm，穴径 30cm。株行距 2m×3m。

胡枝子

Lespedeza bicolor

形态特征　灌木，高 1~3m，分枝多。主根深，根系发达。羽状复叶具 3 小叶；小叶质薄，具短刺尖，全缘；托叶 2 枚。总状花序腋生，常构成大型、较疏松的圆锥花序；小苞片 2，卵形；花萼 5 浅裂；花冠红紫色；子房被毛。荚果斜倒卵形，密被短柔毛。花期 7~9 月，果期 9~10 月。

生态特性　耐旱、耐瘠薄，根系发达，对土壤要求不严。生于干燥疏林地、阔叶林缘、荒山、固定沙地等。

适生区域　产黑龙江、吉林、辽宁、河北、内蒙古、山西、陕西、甘肃、宁夏、青海等地。北京、天津、新疆等"三北"工程区亦适宜造林。

主要用途 水土保持林、蜜源、饲用、药用、绿肥。

育苗技术 采用播种育苗。9月下旬采种，4月下旬至5月上旬播种。选择中性沙质土作育苗地，施底肥 22.5~30t/hm²，灌足底水。将种子在60℃温水中浸泡催芽，待种子裂嘴露白时播种。采用条播，行距 15~30cm，播幅 4~6cm，播后覆土 1~2cm，立即灌水并盖草帘。播种量 75kg/hm²。

造林技术 采用植苗、直播造林。植苗造林：气候干旱、春季少雨地区常采用植苗造林，在春、秋、雨季进行。选用 1 年生苗木。穴状整地，穴径 40cm，深 30cm，每穴栽植 1~3 株截干苗，株行距 1m×1m，栽后覆土踏实。直播造林：气候湿润多雨或冬季多雪地区常采用直播造林，秋季播种，穴播，每穴 15~20 粒种子。株行距 2m×2（~3）m。

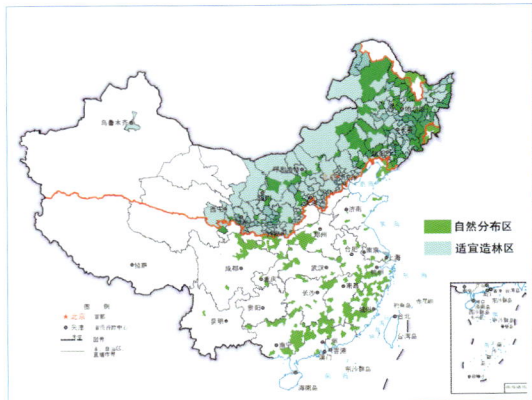

自然分布区
适宜造林区

兴安胡枝子 *Lespedeza davurica*

别名：达乌里胡枝子

形态特征 小灌木，高 20~60cm。茎平卧。枝有棱，被柔毛。托叶钻形，宿存；小叶表面无毛，背面密被伏生柔毛；叶柄被柔毛。总状花序生于叶腋；萼筒钟形，齿 5 裂，被柔毛；花冠黄白色，基部具紫色斑，旗瓣具短爪。荚果被柔毛。花期 6~8 月，果期 8~9 月。

生态特性 耐阴、耐寒、耐干旱、耐瘠薄，喜温暖湿润环境。生于固定沙地、河岸、滩地、山坡、灌丛。

适生区域 产黑龙江、吉林、辽宁、内蒙古、河北、山西、陕西、甘肃、宁夏、青海等地。北京、天津等"三北"工程区亦适宜造林。

主要用途 固沙保土、药用、饲用、绿肥。

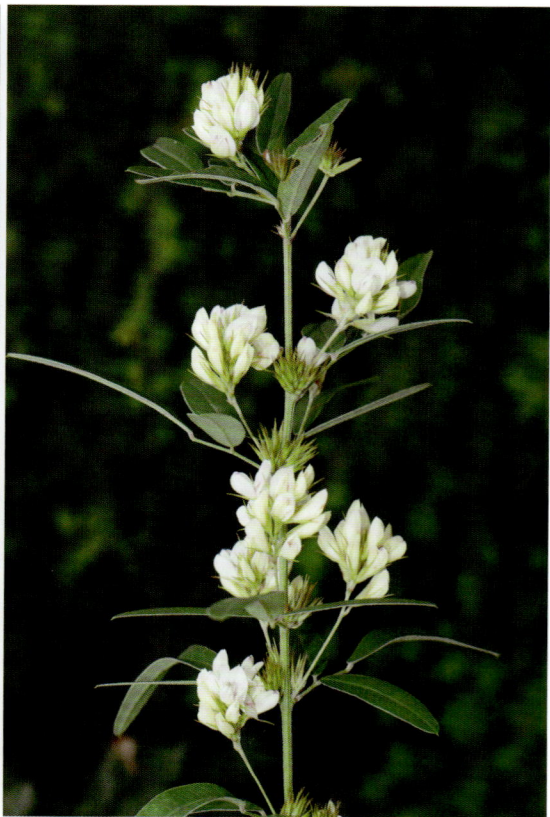

184

育苗技术 采用播种育苗。春播在 4 月上旬至 5 月上旬，夏播在雨季来临后，秋播在早霜 45~60 天前播种，最晚 8 月中旬。播种前先去壳，用机械处理擦伤种皮，或者用 70℃左右温水浸泡 12 分钟捞出晾干。条播，播深 2~3cm。播种量 350~450kg/hm^2。

造林技术 采用植苗造林。春季造林。选择土层深厚、肥沃、光照充足地块。前一年秋季穴状整地，穴径 40cm、深 30cm。株行距 1.5（~2）m×2m。

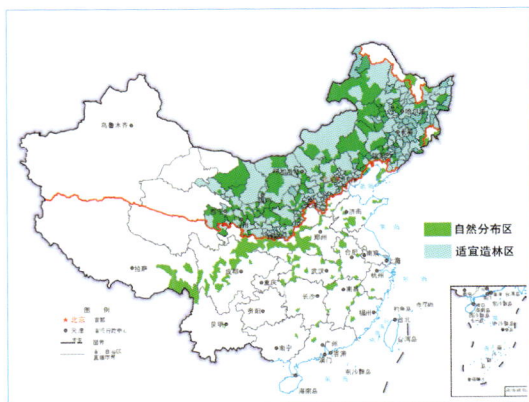

自然分布区
适宜造林区

欧李

Prunus humilis

别名：酸丁、乌拉奈、钙果

形态特征　灌木，高 1~1.5m。树皮灰褐色。叶片倒卵状矩圆形或倒卵状披针形，有单锯齿或重锯齿，上面无毛，下面无毛或被稀疏短柔毛。花单生或 2~3 朵簇生，与叶同时开放；花萼无毛或被稀疏柔毛，萼筒钟状，萼片卵状三角形，花后反折；花瓣白色或粉红色。果实近球形，红色或黄色，味酸；果核近卵形，表面平滑。花期 4~5 月，果期 7~8 月。

生态特性　耐旱、耐寒、耐瘠薄。生于阳坡沙地、山地灌丛中，海拔 100~1800m。

适生区域　产黑龙江、辽宁、吉林、内蒙古、河北、陕西等地。宁夏、甘肃、山西、北京、天津、青海等"三北"工程区亦适宜造林。

蔷薇科 Rosaceae

主要用途 水土保持林、药用、食用、四旁绿化。

育苗技术 采用播种育苗。8月中下旬果实成熟后采种，11月下旬或12月上旬进行沙藏，3月上旬至4月上旬播种，带状点播，株行距10cm×35cm，每穴1~2粒。播种量150kg/hm²。也可采用嫁接育苗，可用山桃苗作砧木，带木质部芽接。春、夏、秋均可进行。

造林技术 采用植苗造林。一般在春季或11月中旬至12月初土壤结冻前造林，株行距2m×2m或2m×3m。

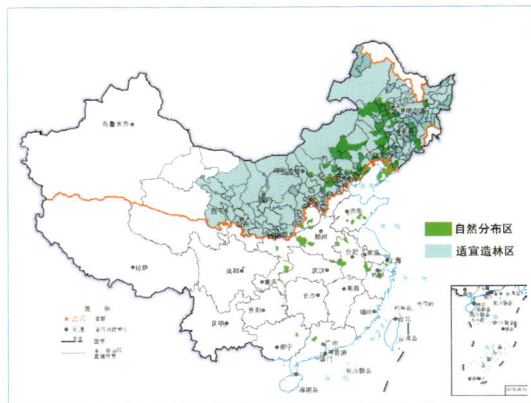

自然分布区
适宜造林区

蒙古扁桃 *Prunus mongolica*

别名：山樱桃、野山桃

形态特征　灌木，高 1~2m。浅根性，侧根发达。枝具刺，嫩枝红褐色，被短柔毛。短枝上叶多簇生，长枝上叶常互生；叶片宽椭圆形、近圆形或倒卵形。花单生，稀数朵簇生于短枝上；花瓣 5，倒卵形，粉红色。核果，顶端具急尖头，外面密被柔毛。花期 5 月，果期 8 月。

生态特性　喜光，耐旱、耐寒、耐瘠薄。

生于荒漠草原及荒漠地带的石质低山及山麓、谷地、干河床等。

适生区域 国家二级保护野生植物。产内蒙古、甘肃、宁夏。上述"三北"地区适宜造林。

主要用途 固沙保土、药用。

育苗技术 采用播种育苗。8月果实成熟时采种，及时摊晒晾干，净种贮藏。春播、秋播均可，春播在4月上中旬。春播前15天，用0.5%高锰酸钾溶液浸泡10分钟，清水冲洗后，用30~50℃温水浸种2小时，置于23~25℃的地方催芽，25%~35%的种子露白后播种。条播，播后覆风沙土，厚度2~3cm，踏实，及时浇水。

造林技术 采用植苗造林。3~4月裸根栽植。选用2年生实生苗，移栽前深耕造林地并开挖栽植穴，栽植时根系蘸泥浆，株行距2m×3m。1年生容器苗造林成活率高。

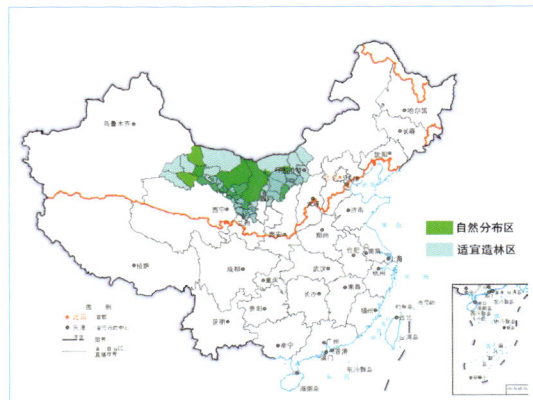

灌木

189

长梗扁桃

Prunus pedunculata

别名：长柄扁桃、柄扁桃

形态特征 灌木，多分枝，高 1~2m。树皮灰褐色。嫩枝浅褐色，常被短柔毛。叶簇生于短枝上。花单生于短枝上，先叶开放；花瓣近圆形，粉红色。果实卵球形或近圆形，成熟时暗紫红色，干燥，开裂；种仁宽卵形，棕黄色。花期 5 月，果期 7~8 月。

生态特性 喜光，抗旱、耐寒、耐瘠薄。生于干旱草原及荒漠草原地带的固定沙地、石砾质阳坡、山麓等地。

适生区域　产内蒙古、陕西。山西、宁夏、甘肃等"三北"工程区亦适宜造林。

主要用途　固沙保土、药用、绿化观赏。

育苗技术　采用播种育苗。入冬前种子混拌 3 倍的河沙，拌入适量的水，挖坑存放，上层覆盖一层 20cm 厚的湿沙，也可以在背阴处挖坑贮存。播种时在整好的地上穴播，每穴 3~5 粒种子，覆土 3~5cm，播后踩实。

造林技术　采用植苗造林。土石山区、黄土丘陵沟壑区宜采用鱼鳞坑整地。早春造林，造林时用 1~2 年生苗，株行距 1.5m×3m 或 2m×3m，每穴栽植 2~3 株，苗木蘸泥浆保护，适当深植，随水栽植。半干旱沙区宜采用穴状整地，株行距 2m×4m。

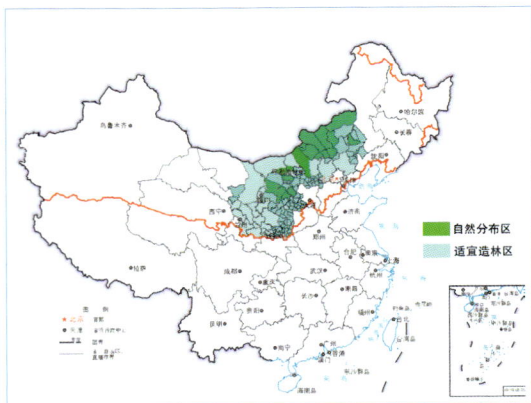

灌木

191

山 杏

Prunus sibirica

别名：西伯利亚杏

形态特征 灌木或小乔木，高 2~5m。树皮暗灰色。小枝无毛，灰褐色或淡红褐色。叶片宽卵形或近圆形，先端长尾状渐尖，基部圆形、心形或宽楔形，边缘具细锯齿，仅背面脉腋间具毛。花单生，近无柄，先叶开放；萼筒圆筒状，微被短柔毛或无毛，常带红色；花瓣白色或红色。果实球形，黄色，常带红晕，被短柔毛，果肉薄而干燥，成熟时沿腹缝线开裂；核与果肉分离，扁球形，两侧扁，顶端圆形，表面较平滑，腹面宽且有棱，种仁味苦。花期 5 月，果期 7~8 月。

生态特性 喜光，耐寒、耐旱、耐轻度盐碱。生于向阳山坡、丘陵草原或与落叶乔灌林木混生，海拔 1800m 以下。

适生区域 产黑龙江、吉林、辽宁、内蒙古、河北、山西、宁夏、北京等地。陕西、甘肃、天津、新疆等"三北"工程区亦适

宜造林。

主要用途　水土保持林、经济林。

育苗技术　采用播种育苗。6~7月采种，春、秋季均可播种，秋季播种不需种子处理；春季播种，在冬季以前进行沙藏处理，开沟条播。播种量 450~600kg/hm²，留苗量 22.5 万株 /hm²。也可采用嫁接育苗。

造林技术　采用植苗造林。春、秋季均可进行，苗木需分级打浆护根，半干旱地区栽植后可截干。株行距 2m×3m 或 3m×3m 等。

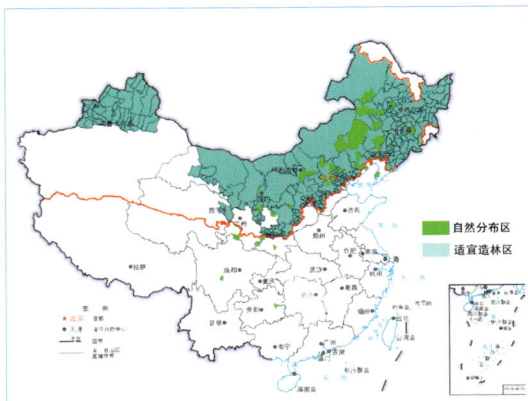

自然分布区
适宜造林区

193

毛樱桃

Prunus tomentosa

形态特征 灌木，高 1.5~3m。浅根性，侧根发达。枝灰褐色，幼时密被短柔毛。单叶互生，倒卵形或宽椭圆形。花单生或 2 朵并生；花瓣白色或粉红色；子房密被短柔毛。核果近球形。花期 4~5 月，果期 6~8 月。

生态特性 喜光，耐旱、耐寒，不耐阴，忌涝。喜土层深厚、富含腐殖质、排水良好、疏松肥沃的土壤。常生于海拔 100~3200m 的山坡林中、林缘、灌丛中或草地上。

适生区域 产吉林、辽宁、内蒙古、河北、山西、陕西、甘肃、宁夏、青海等地。北京、天津、黑龙江、新疆等"三北"工

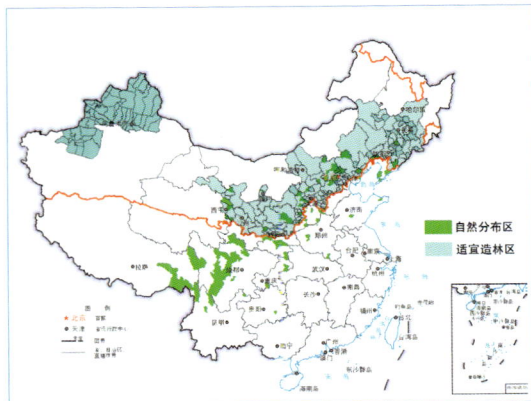

程区亦适宜造林。

主要用途 水土保持林、药用、绿化观赏。

育苗技术 采用播种、分株、扦插育苗。春季播种 5 月上中旬，秋季播种 10 月中下旬，床播。播种量一般 100kg/hm^2。

造林技术 采用植苗造林。选用 1 年生容器苗。春季造林在 4 月下旬至 5 月初，秋季造林在 10 月中下旬。株行距 3m×4m。

玫 瑰　　*Rosa rugosa*

形态特征　丛生灌木，高 0.8~2.0m。茎密披茸毛、刚毛及细刺。奇数羽状复叶具小叶 5~9 枚；小叶椭圆形或椭圆状倒卵形；叶柄及叶轴披茸毛，疏生小皮刺和腺毛。花着生于新梢顶端，单生或 3~6 朵聚生；雄蕊部分演化为小瓣，无结实能力；单瓣型花雌雄蕊完整，具有结实能力。薔薇果扁球形，橘红色，平滑，具宿存萼片。花期 5~9 月，果期 9~10 月。

生态特性　喜光，耐寒、耐旱，不耐涝。喜排水良好、疏松肥沃的壤土。

适生区域　国家二级保护野生植物。原产我国华北地区，各地均有栽培。"三北"工程区适宜造林。

主要用途　食用、药用、绿化观赏。

育苗技术　采用扦插育苗。在早春萌芽

前，选取生长健壮、无病虫害的 1 年生枝条，剪成 20cm 左右的插穗，斜插于装有河沙的插床中，深度 12~14cm，压实后浇水，沙床保持适宜温度。也可分株和压条育苗。

造林技术 采用植苗造林。株行距 1m×2m。

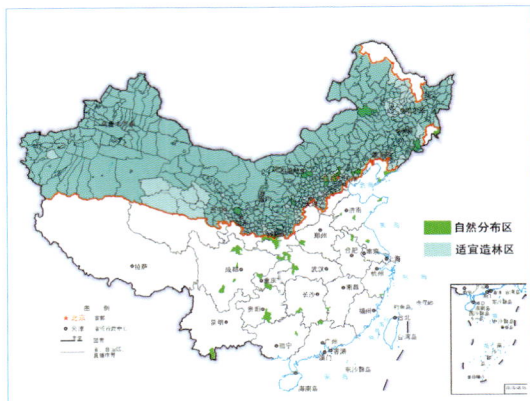

自然分布区
适宜造林区

覆盆子　　*Rubus idaeus*

别名：树莓

形态特征　灌木，高 1~2m。茎蔓生，茎皮灰白色。羽状复叶互生，小叶 3~7，长卵形或椭圆形，背面密被灰白色茸毛，边缘具不规则锯齿。短总状花序，被毛和针刺；萼片 5，尾尖；花瓣 5，匙形，白色；雄蕊多数，长于花柱；雌蕊多数，密被灰白色茸毛。果实及种子为聚合果，近球形，红色或橙黄色，密被短茸毛。花期 5~6 月，果期 8~9 月。

生态特性　喜光，耐旱、耐寒。生于山地杂木林边、灌丛、荒野，海拔 500~2000m。

适生区域　产吉林、辽宁、黑龙江、河北、山西、新疆等地。北京、天津、内蒙古、陕西、宁夏、青海、甘肃等"三北"工程区亦适宜造林。

主要用途　经济林（食用、药用）、水土保持林。

育苗技术　采用分株或扦插育苗。分株育苗：秋末或早春，在休眠期挖取母株，

将母株分成若干株，然后进行假植或定植。
扦插育苗：每年 11 月至翌年 3 月，挖取植
株剪成 20~30cm 长插条，斜插在苗床上，
株行距 10cm×10cm。

造林技术 采用植苗造林。栽植前
先在垄上（种植行）覆白色地膜，宽
度 40~50cm。采用带状栽植，株行距
1m×2m，栽植时于垄中间按株距开穴栽
植，定植萌芽后地上部枝条剪留 15~20cm
定干，枝条生长到 60cm 左右时搭架。

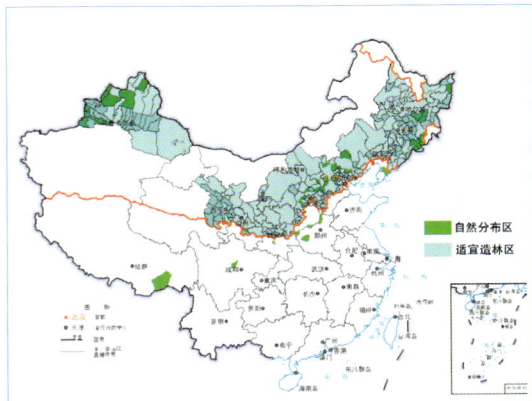

蒙古沙棘

Hippophae rhamnoides subsp. *mongolica*

形态特征 灌木，高 2~6m。幼枝灰色或褐色；老枝粗壮，侧生棘刺细长，常不分枝。叶互生，中部以上最宽，顶端钝形，上面绿色或稍带银白色。果实圆形或近圆形；种子椭圆形。花期 4~5 月，果期 9~10 月。

生态特性 喜光，耐旱、耐寒、耐瘠薄、抗风沙。生于海拔 1800~2100m 的河漫滩、山地、丘陵、沙地。

适生区域 原产蒙古国西部和俄罗斯贝加尔湖地区。我国主要分布于新疆伊犁、策勒、尼勒克等地。黑龙江、吉林、辽宁、河北、北京、天津、山西、陕西、内蒙古等"三北"工程区亦适宜造林。

主要用途 水土保持林、经济林（食用、药用）。

育苗技术 采用扦插育苗。2~3 月扦插。整地时施入有机肥 67.5~112.5t/hm^2 及磷、钾肥 0.15~0.225t/hm^2。插床长 10m，宽 1~1.2m。选取 2~3 年生木质化枝条，剪

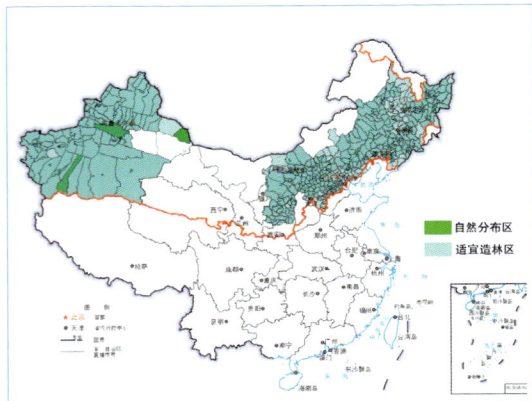

成长 20~22cm 的插穗。插穗基部埋在粗沙中贮存，沙子温度保持在 1~3℃，插条顶部无覆盖。扦插前将插穗在 100mg/L 吲哚丁酸溶液中浸泡 12 小时，再在冷水中浸泡 24~120 小时，生根及成活效果好。扦插深度 3~3.5cm，株行距 5cm×10cm。

造林技术　采用植苗造林。选择土质疏松、透气性好、含盐量 <0.5%、pH 值 7~8 的风沙土、沙壤土、轻壤土。选择苗高 30~50cm，地径大于 0.7cm，主根长 20cm 以上，须根发达的 1~2 年生苗木造林。株行距 2m×4m。

中国沙棘

Hippophae rhamnoides subsp. *sinensis*

别名：酸刺、酸柳

形态特征 灌木或小乔木，高 1~4m。植株被银白色鳞片，棘刺较多。嫩枝褐绿色，密被银白色而带褐色鳞片或有时具白色星状柔毛；老枝灰黑色，粗糙。叶近对生，纸质，狭披针形或矩圆状披针形，全缘。花序短总状，淡黄色。果实浆果状，多肉质，球形或卵形，成熟后橘红色或橘黄色；种子小，黑色或紫黑色，具光泽。花期 4~5 月，果期 7~8 月。

生态特性 耐旱、耐寒、耐瘠薄、抗风沙，可在石质、砾石质土壤生长。生于温带地区向阳的山脊、谷地、干涸河床地或山坡，多砾石或沙质土壤或黄土上。

适生区域 产河北、内蒙古、山西、陕西、甘肃、青海等地。宁夏、新疆、辽宁、黑龙江、吉林、北京、天津等"三北"工程区亦适宜造林。

主要用途 水土保持林、经济林（食用、

药用）。

育苗技术　采用播种和扦插育苗。播种育苗：5月下旬播种，播种前催芽。播种量75~113kg/hm^2。扦插育苗：选择1年生枝条，剪成长12cm左右、直径0.3cm以上、上下剪口光滑平整、保留顶梢的插穗。扦插前将插床喷透水，扦插深度3~5cm，插穗垂直于地面。

造林技术　采用植苗造林。春、秋季均可。选择地势稍平坦、排水良好的肥沃沙壤或壤质土地，雌雄株配置比例一般8：1。将苗木直立放入沟内，舒展根系，覆土10cm左右，然后踏实，栽后浇透水。株行距2m×4m。

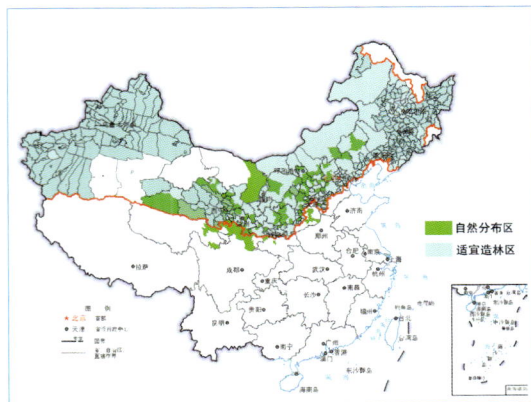

自然分布区
适宜造林区

柳叶鼠李

Rhamnus erythroxylum

形态特征　灌木，高达 2m。茎枝互生，当年枝红褐色，先端针刺状；2 年生枝灰褐色。单叶，在长枝上互生，在短枝上簇生，条形或条状披针形。花小，单性，雌雄异株或两性，黄绿色。核果近球形，成熟后黑色，具 2~3 分核。花期 5 月，果期 6~7 月。

生态特性　耐旱、耐寒、耐贫瘠，对土壤要求不严。生于固定沙丘、干旱山坡。

适生区域　产内蒙古、黑龙江、吉林、辽宁、河北、山西、陕西北部、甘肃和青海。

北京、天津、宁夏"三北"工程区亦适宜造林。

主要用途 水土保持林、药用。

育苗技术 采种播种育苗。9月下旬果实采摘后置于编织袋中，压榨冲洗，选出种子后晒干。种子冬季混沙埋藏，翌年4月下旬或5月上旬播种，播种前预先浸种48小时，约20天后出苗。

造林技术 采用扦插造林。一般在6月中旬至7月上旬造林。选取1年生半木质化带叶嫩枝，剪成长12~15cm的插条扦插。

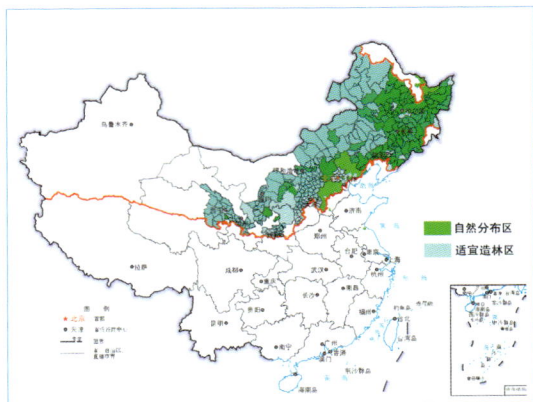

自然分布区
适宜造林区

灌木

酸 枣

Ziziphus jujuba var. *spinosa*

别名：山枣树、酸枣仁

形态特征 灌木或小乔木，高 1~3m。当年幼枝淡黄色，具柔毛；老枝褐色或灰褐色，无毛，具长刺和钩状刺；小枝弯拐。单叶互生，椭圆形、矩圆状卵形至卵状披针形。花小，两性，黄绿色，2~3 朵排成聚散花序，生于叶腋，黄绿色。肉质核果，卵形或矩圆形。花期 5~7 月，果期 9~10 月。

生态特性 喜温暖干燥环境，耐碱、耐寒、耐旱、耐瘠薄，不耐涝。生于固定沙地、向阳干山坡、平原丘陵和砾石荒地。

适生区域 产辽宁、内蒙古、河北、山西、陕西、甘肃、宁夏、青海等地。北京、天津、新疆、黑龙江、吉林等"三北"工程区亦适宜造林。

主要用途 水土保持林、经济林（药用、食用）。

育苗技术 采用容器育苗。春播在 3 月

下旬，秋播在 10 月中下旬。种子采用机械破壳后，以苗圃地原土、细沙土、腐熟羊粪为原料，三者混合比例为 7：2：1。播种前 3 天将容器浇一次水，水量以刚刚漫过容器为宜，每个容器点播 2~3 粒种子，覆细沙土 1cm。

造林技术 采用植苗造林。穴状整地，一般穴径 40cm、深 40cm，造林株行距 2m×3m，选用根系完整，基径 0.8~1cm 以上的 2 年生优质容器苗造林。

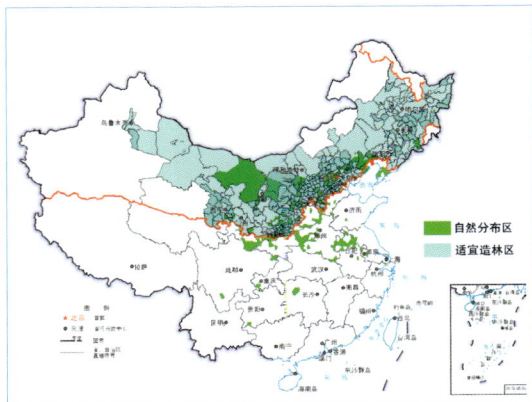

207

榛

Corylus heterophylla

别名：平榛

形态特征　灌木，高 1~3m。树皮灰褐色或褐色。叶矩圆形或宽倒卵形，长宽几乎相等，顶端凹缺或截形，基部心形，边缘具不规则的重锯齿。花单性，雌雄同株异花；雄花为柔荑花序，雌花为头状花序。果单生或 2~6 枚簇生呈头状；果苞钟状，密被短柔毛兼有疏生长柔毛，密生刺状腺体。坚果近球形。花期 3~4 月，果期 8~9 月。

生态特性　耐寒、耐旱、耐瘠薄。生于山地阴坡灌丛中，海拔 200~1000m。

适生区域　主要分布于东北大兴安岭、小兴安岭，燕山和太行山等地。黑龙江、

吉林、辽宁、河北、山西、陕西、北京、天津、甘肃等"三北"工程区适宜造林。

主要用途 经济林（食用、药用）。

育苗技术 采用播种育苗。8~9月采集坚果，阴干，11~12月进行层积处理，翌年4月对种子进行催芽处理，4月下旬至5月上旬播种。播种量：垄播 750kg/hm²，床播 1125kg/hm²。

造林技术 采用植苗造林。秋季造林，一般在10月中旬至11月上旬，春季造林在土壤解冻后。株行距 2m×2.5m 或 2m×3m。浅根性树种，不宜深栽。也可采用直播造林。

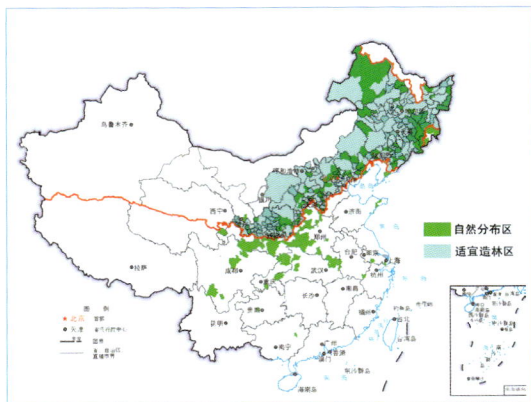

灌 木

209

平欧杂种榛
Corylus heterophylla × avellana

别名：杂交榛子、大果榛子

形态特征　灌木或小乔木，高 3~ 5m。叶片椭圆形或阔椭圆形，叶尖渐尖或平截突尖，基部心形，叶缘重锯齿。花单性，雌雄同株异花，雄花为柔荑花序，雌花为头状花序。果单生或 2~6 枚簇生呈头状；果苞钟状，密被短柔毛兼有疏生长柔毛，密生刺状腺体；坚果形状多样。花期 3~4 月，果期 8~9 月。

生态特性　欧洲榛与平榛杂交选育种。耐旱、耐寒、耐瘠薄。

适生区域　黑龙江、吉林、辽宁、内蒙古、河北、山西、陕西、宁夏、甘肃、新疆、北京、天津等"三北"工程区适宜造林。

主要用途　经济林（食用、油料）。

育苗技术　多采用压条育苗。在母树定植后的第 3 年进行压条育苗，6 月，在根蘖枝基部半木质化时进行。去除根蘖枝基部 25cm 内的叶片，在枝基部 1~2cm 高度进行横缢，在横缢以上 10~15cm 范围涂刷生根剂，用 20~25cm 高的厚塑料膜在压条苗周围围穴，随后在穴内填充湿锯末，于秋季落叶后起苗。也可采用嫩枝扦插和组培育苗。

造林技术　采用植苗造林。以春栽为主，选用 1~2 个主栽品种搭配 2~3 个亲和性好的辅栽品种互为授粉树，主栽与辅栽

品种配置比例为 3~4：1。在西北干旱区，要选择抗寒、抗旱和适应性强的品种。浅根性树种，不宜深栽。株距 2~3m，行距 3~4.5m，栽后即可定干 40~80cm。

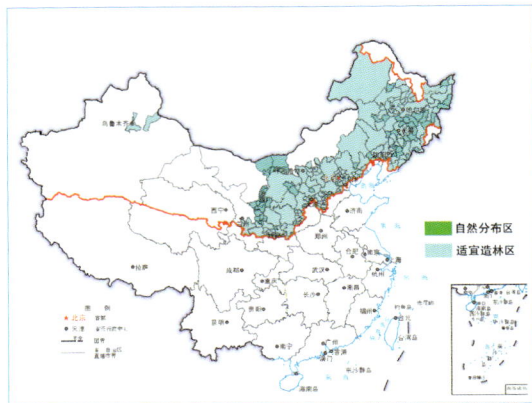

乌 柳

Salix cheilophila

别名：沙柳、框柳

形态特征 灌木或小乔木，高 5m。枝条被茸毛或柔毛，灰黑色或黑红色。芽具长柔毛。叶线形或线状倒披针形，上面绿色，疏被柔毛，下面灰白色，密被绢状柔毛。花的开放与叶的生长同时，近无梗；雄蕊 2，完全合生，花丝无毛，花药黄色，4 室；雌花序轴具柔毛；子房卵形或卵状长圆形。蒴果。花期 4~5 月，果期 5 月。

生态特性 耐旱、耐寒、抗风沙。生于低地、渠边和河岸，海拔 750~3000m。

适生区域 产河北、山西、陕西、宁夏、甘肃、青海、内蒙古等地。辽宁等"三北"工程区亦适宜造林。

主要用途 固沙保土、饲用、药用、薪材。

育苗技术 采用扦插育苗。10~11 月，采集 1~3 年生枝条，下窖贮藏。翌年 4 月上旬整地扦插，扦插后灌足底水。也可春季树体发芽前取 1~2 年生枝条扦插，插穗长 20~25cm，将插条浸泡在水中 7 天后，倾

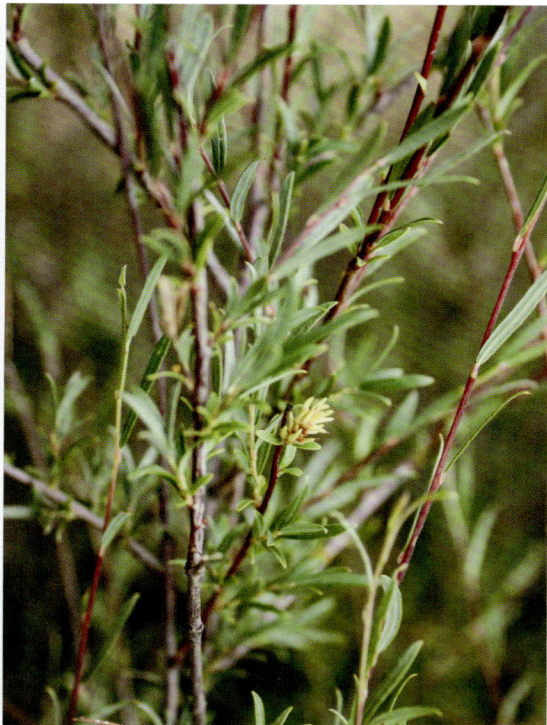

212

斜插入，株距 10cm，上部露出约 2cm。

造林方法　采用植苗或枝条深栽扦插造林。植苗造林：采用机械打孔深栽造林法。枝条深栽扦插造林：以秋季、早春为好。采用 3~4 年生枝条，插条小头直径 1cm，插条长 80cm。插条浸水，水浸深度为插条长的 1/3，浸泡 2~3 天后栽植，深度 60~65cm，株行距 2m×4m。

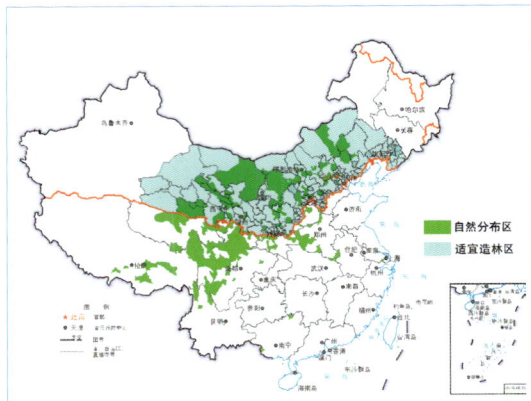

213

黄 柳

Salix gordejevii

别名：沙柳、小黄柳

形态特征 灌木，高 1~2m。深根性，主根粗长，沙埋后易生不定根。树皮黄白色，不开裂。单叶互生，线形或线状披针形。花先叶开放，柔荑花序腋生；雄花序苞片矩圆形或卵形，雄蕊 2；花丝离生；子房长卵形，花柱短，花序及子房被毛。蒴果淡褐黄色。花期 4~5 月，果期 5~6 月。

生态特性 喜光，耐旱、耐寒，抗风沙，萌蘖能力强。以湿润、排水良好的土壤为宜。生于沙丘低地、流动和半流动沙丘。

适生区域 产内蒙古东部和辽宁西部。吉林、山西、陕西、宁夏、河北、北京、天津等"三北"工程区亦适宜造林。

主要用途 固沙保土、薪材、药用、饲用。

育苗技术 采用扦插、播种育苗。扦插育苗：以 2 年生枝条扦插，枝条在春季树体发芽前选采，剪成长 20~25cm 的插

穗，将插条浸泡在水中 7 天，倾斜插入，株距 10cm，上部露出约 2cm。播种育苗：7~8 月采集种子，即采即播，在提前做好的畦面上开深 3~5cm 的播种沟，沟间距约 20cm，播种后覆细沙土 1cm。

造林方法　采用植苗或枝条深栽扦插造林。植苗造林：可采用机械打孔深栽造林法。枝条深栽扦插造林：以秋季、早春时节为宜；造林采用 3~4 年生枝条，插条小头直径 1cm，插条长度 80cm；插条浸水，水浸深度为插条长的 1/3，浸泡 2~3 天；栽植深度 60~65cm，株行距 2m×4m。

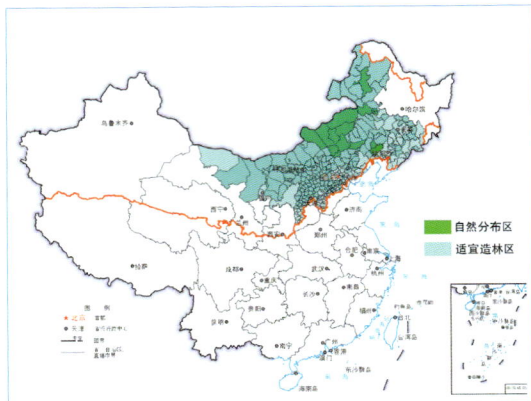

自然分布区
适宜造林区

北沙柳

Salix psammophila

别名：西北沙柳

形态特征　灌木，高3~4m。主根深长，侧根发达。树皮黄白色。单叶互生，线形。柔荑花序腋生，雄蕊2花丝，花丝完全合生为单体雄蕊；子房长卵形；花序轴、子房及果密被茸毛。蒴果，密被茸毛。花期3~4月，果期5月。

生态特性　耐旱、耐寒、抗风沙。生于流动和半流动沙丘。

适生区域　产陕西、内蒙古、宁夏。甘肃等"三北"工程区亦适宜造林。

主要用途　水土保持林、防风固沙林、薪材、药用、饲用。

育苗技术　采用扦插、播种育苗。扦插育苗：以2年生枝条进行扦插，枝条在春季树体发芽前选采，插穗长20~25cm，将插条基部浸泡在水中7天，株距10cm，倾斜插入，上部露出约2cm。播种育苗：种子7~8月采集，即采即播，在做好的畦面

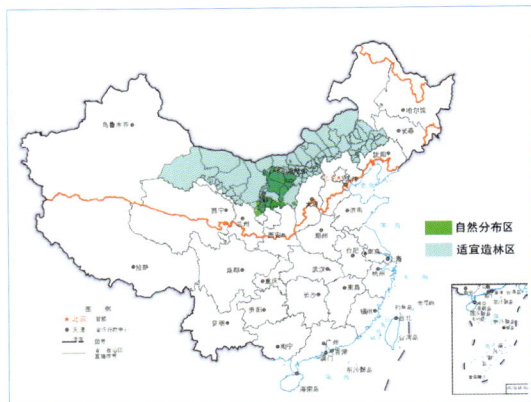

上开深 3~5cm 的播种沟，沟间距 20cm，播种后覆细沙土 1cm。

　　造林方法　采用植苗或枝条深栽扦插造林。植苗造林：采用机械打孔深栽造林法。枝条深栽扦插造林：以秋季、早春为好。造林采用 3~4 年生枝条，插条小头直径 1cm，插条长度 80cm。插条浸水，水浸深度为插条长的 1/3，浸泡 1~2 天。栽植深度 60~65cm，株行距 2m×4m。

小果白刺
Nitraria sibirica

别名：西伯利亚白刺

形态特征　灌木，高 50~150cm。茎铺散地面，不孕枝先端针刺状，被沙埋压形成小沙丘，枝上生不定根。叶近无柄，在嫩枝上 4~6 片簇生，倒披针形。聚伞花序蝎尾状；萼片 5，绿色；花瓣黄绿色或近白色。浆果状核果，果实近球形，长 6~8mm；果核卵形，表面具蜂窝状小孔。花期 6 月，果期 7~8 月。

生态特性　耐旱、耐寒、耐盐碱、耐瘠薄、抗风沙，不耐荫。生于内陆湖盆边缘沙地、盐渍化沙地、流动沙丘和半固定沙丘。

适生区域　产甘肃、青海、内蒙古、新疆、河北、山西、陕西、宁夏等地。辽宁、吉林、北京、天津等"三北"工程区亦适宜造林。

主要用途　固沙保土、药用、饲用、盐

218

碱地改良。

育苗技术 采用播种育苗。7~8月采种。播前要对种子进行催芽处理。用穴盘育苗，播种时每个穴孔中压一个小坑，将种子点播中心位置，每穴播1粒或3粒，覆土2cm，覆土后将基质充分淋透。也可开沟条播，沟深3~4cm，随播随踩实，播后及时喷水。播种量225kg/hm²。

造林技术 采用植苗造林。将苗木用起苗器带土移植，也可裸根植苗。株行距2m×3m。

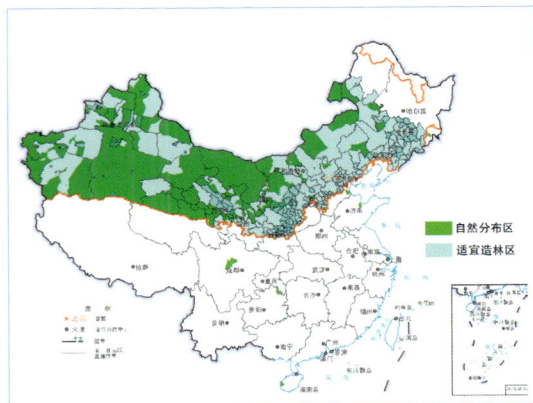

自然分布区
适宜造林区

白 刺

Nitraria tangutorum

别名：唐古特白刺、甘青白刺

形态特征 灌木，高 1~2m。深根性，主根深达数米，不定根发达。茎多分枝；不孕枝先端刺针状。嫩枝白色。叶 2~3 片簇生于嫩枝上，宽倒披针形或倒披针形。花序蝎尾状；花白色或黄绿色。浆果状核果，长 8~12mm，熟时深红色，果汁玫瑰色；果核狭卵形。花期 5~6 月，果期 7~8 月。

生态特性 耐旱、耐寒、耐盐碱、耐瘠薄、抗风沙，不耐阴、不耐水湿。生于荒漠和半荒漠的湖盆沙地、河流阶地、山前平原积沙地、有风积沙的黏土地。

适生区域 产陕西、内蒙古、宁夏、甘肃、青海、新疆等地。吉林等"三北"工程区亦适宜造林。

主要用途 固沙保土、食用、药用、饲用，锁阳寄主。

育苗技术 采用播种育苗。8月中下旬至10月中上旬采种。播种前1个月种子在0~3℃的湿沙中层积催芽30天，当地温回升至15℃以上时播种。行距20cm，开深3~5cm浅沟，均匀覆沙2~4cm，播后及时灌水。播种量200kg/hm²。

造林技术 在降水量不足200mm的地区常用植苗造林（裸根苗和容器苗），栽植穴规格30cm×30cm×30cm，株行距2m×4m或2m×3m，造林后浇水1~2次。

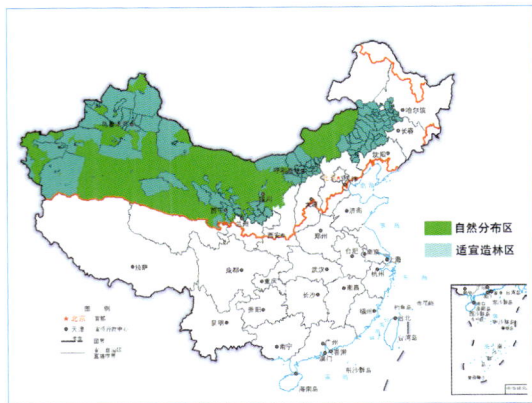

图例
自然分布区
适宜造林区

甘蒙柽柳 *Tamarix austromongolica*

形态特征 灌木或乔木，高 1.5~6m。树干和老枝栗红色，枝直立。叶灰蓝绿色，木质化生长枝上基部的叶阔卵形，急尖；绿色嫩枝上的叶长圆形或长圆状披针形，渐尖。春季开花，总状花序自去年生的木质化的枝上发出，侧生；夏、秋季开花，总状花序组成顶生大型圆锥花序；花 5 数；花瓣 4，淡紫红色，顶端向外反折，花后宿存。蒴果长圆锥形。花期 5~9 月。

生态特性 泌盐植物，耐旱、耐盐碱、耐水湿。生于盐渍化河漫滩及冲积平原、盐碱沙荒地及灌溉盐碱地边。

适生区域 我国黄河流域特有种。青海、甘肃、宁夏、内蒙古、陕西、山西、河北、辽宁、天津等地有分布。上述"三北"工程区适宜造林。

主要用途 水土保持林、防风固沙林、薪材、盐碱地改良，管花肉苁蓉寄主。

育苗技术 采用播种和扦插育苗。播种育苗：7~8月上旬采用落水播种法。播种量（带果壳种子）50~100kg/hm²。扦插育苗：选择优良母树上生长健壮、粗0.8~1.5cm的1年生平茬条或萌蘖条，将种条剪成长20~25cm且上平下斜的插穗。扦插株距10~20cm，行距35~40cm，扦插后立即灌水。

造林技术 采用植苗造林和扦插造林。植苗造林：在春季进行。株行距2m×3（~4）m。扦插造林：多在秋季造林。将种条剪成长30~40cm且上平下斜的插穗，株行距2m×3m，扦插后及时灌水。

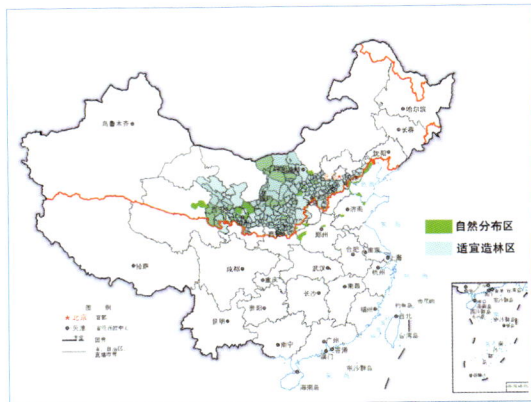

223

柽柳属 *Tamarix*

刚毛柽柳

Tamarix hispida

别名：毛红柳

形态特征 灌木或小乔木，高 1.5~6m。老枝树皮红棕色，密被短直毛。木质化生长枝上的叶卵状披针形或狭披针形，抱茎达一半；绿色营养枝上的叶阔心状卵形至阔卵状披针形，渐尖，具短尖头，背面向外隆起，基部具耳，半抱茎，被密柔毛。总状花序集成顶生大型紧缩圆锥花序；花瓣 5，紫红色或鲜红色。蒴果狭长锥形瓶状，含种子约 15 粒。花果期 7~9 月。

生态特性 泌盐植物，喜光，耐旱、耐寒、耐盐碱、耐水湿。生于荒漠区域河漫滩冲积、淤积平原和湖盆边缘、盐碱化草甸、沙丘间。

适生区域 产新疆、青海、甘肃、宁夏和内蒙古等地。上述"三北"工程区适宜造林。

主要用途 水土保持林、防风固沙林、薪材、盐碱地改良。

育苗技术 采用播种和扦插育苗。播种育苗：采用小畦落水播种法。7~8月上旬播种。播种量50~100kg/hm²。扦插育苗：将种条剪截成长20~25cm且上平下斜的插穗。扦插株距10~20cm，行距35~40cm。春插时插穗露出地面

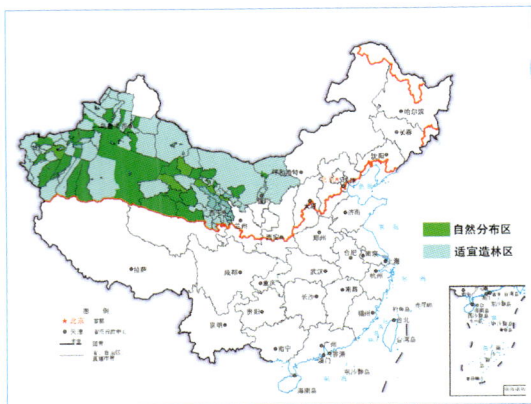

1~2cm，扦插后踏实，覆土2~3cm，及时灌透水。

造林技术 采用植苗造林。株行距2m×4m或2m×3m。

225

多花柽柳　*Tamarix hohenackeri*

别名：霍氏柽柳

形态特征　灌木或小乔木，高 1~6m。叶边缘干膜质，半抱茎。春、夏季均开花；春季总状花序侧生于去年老枝上，常 1~5 簇生；夏、秋季开花，总状花序在当年生枝顶形成大型圆锥花序；花玫瑰色或粉红色，常互相靠合致花冠呈鼓形或球形；花盘多型，肥厚，暗紫红色。蒴果。花期 5~6 月，果期 6~9 月。

生态特性　泌盐植物，喜光，耐旱、耐寒、耐水湿。主要生长在干旱、半干旱地区的冲积、淤积、盐碱化平原和滩地、河流中下游河岸冲积平原、盐化河岸、荒漠地区河谷阶地、干河床和沙丘上。

适生区域　产新疆、青海、甘肃、宁夏、内蒙古。上述"三北"工程区适宜造林。

主要用途　水土保持林、防风固沙林、

薪材、盐碱地改良，管花肉苁蓉寄主。

育苗技术 采用播种育苗和扦插育苗。播种育苗：6月上旬至8月下旬采种，随采随晾晒。如隔年播种，果实存放于干燥通风处，时间不能超过1年。采用落水播种法播种。播种量（带果壳种子）90~150kg/hm²。扦插育苗：秋季采条，剪成长18~22cm，粗不小于0.5cm，上平下斜的插穗。扦插前在50mg/L 三根粉浸泡8~10小时，扦插行距40cm，株距10cm，插后灌透水。

造林技术 采用扦插造林。选择生长健壮、无病虫害母树中上部2~3年枝条或萌生的1~2年生枝条，直径1~2cm，长30~40cm，扦插深度20~25cm，插穗垂直于地面。株行距2m×4m 或2m×3m。

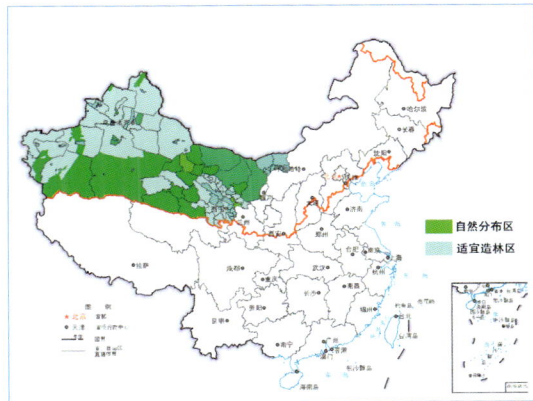

自然分布区
适宜造林区

227

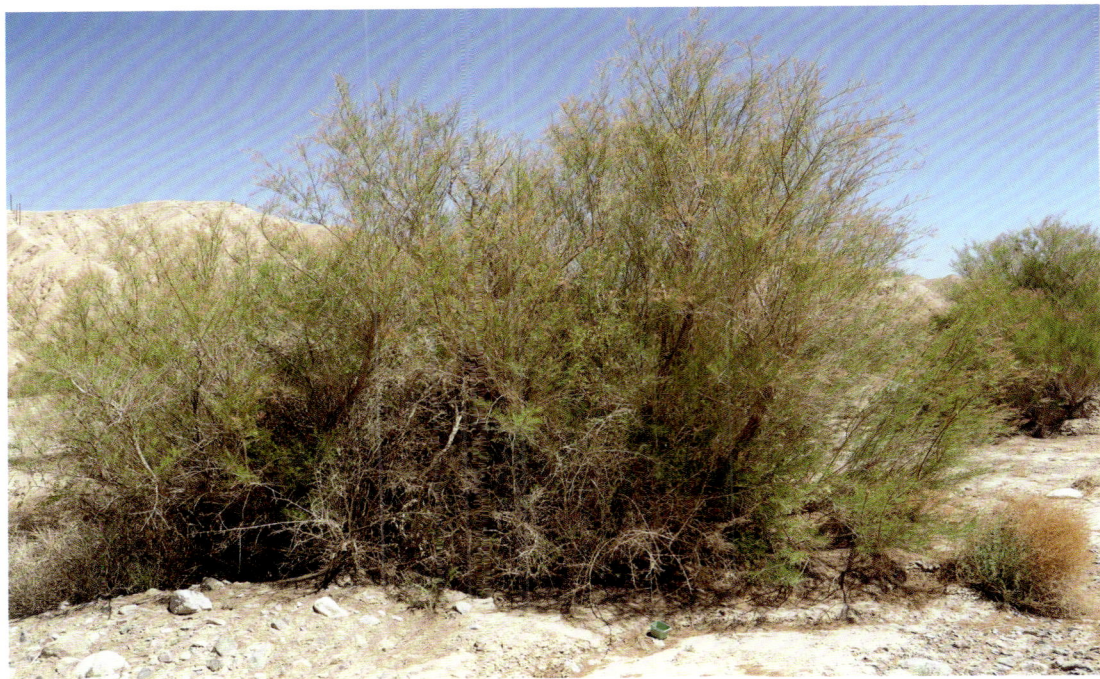

短穗柽柳　　*Tamarix laxa*

形态特征　灌木，高达 3m。老枝灰色；幼枝淡紫灰色，短而直伸，脆而易折断。叶黄绿色，披针形、卵状长圆形至菱形。总状花序早春侧生于 2 年生枝上，着花稀疏，短而粗；花 4 数，萼片 4，卵形，钝；花瓣 4，粉红色，稀白色。蒴果草质。花期 3~4 月，果期 5 月。

生态特性　泌盐植物，喜光，耐旱、耐寒、耐水湿。生于盐碱沙地、湖岸、河流阶地、河漫滩。

适生区域　产新疆、青海、甘肃、宁夏、陕西、内蒙古等。上述"三北"工程区适宜造林。

主要用途　水土保持林、防风固沙林、

薪材、盐碱地改良，管花肉苁蓉寄主。

育苗技术 采用播种和扦插育苗。播种育苗：应适时采收，通风晾干，果实开裂散出带毛的种子即可播种。育苗地以沙质壤土为宜。将种子均匀撒在苗床上，使种子随水下渗贴附于地表，苗距 15cm×30cm 或 20cm×30cm。前期要及时浇水；生长后期要控水。扦插育苗：硬枝扦插可在春秋两季进行。春季扦插插穗在春季或上一年冬季剪插穗均可，冬季插穗需窖藏，扦插株行距 10cm×20cm。

造林技术 采用植苗或扦插造林。扦插造林时选择生长健壮、无病虫害母树中上部 2~3 年枝条或 1~2 年生枝条，直径 1~2cm，长 30~40cm，扦插深度 20~25cm，插穗垂直于地面。株行距 2m×4m 或 2m×3m。

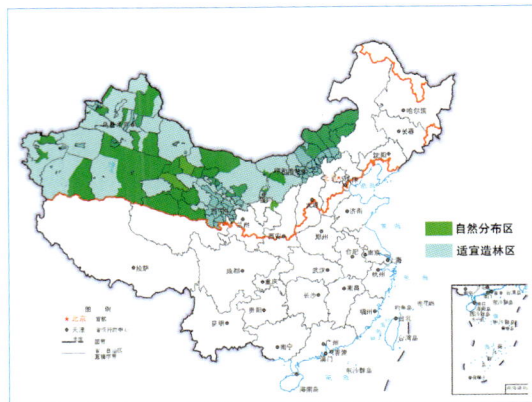

自然分布区
适宜造林区

细穗柽柳 *Tamarix leptostachya*

形态特征 灌木，高 1~3（6）m。老枝黑褐色或红灰色；木质化 1 年生枝灰紫色或黄色。叶狭卵形至卵状披针形。总状花序细长；花 5 数，小；花瓣倒卵形，紫色或玫瑰色；早落。花丝细长，伸出花冠之外。蒴果长圆锥形。花期 6~7 月，果期 7~8 月。

生态特性 泌盐植物，喜光，耐旱、耐寒、耐水湿。生于荒漠区丘间低地、河湖沿岸、河漫滩。

适生区域 产新疆、青海、甘肃、宁夏、内蒙古。上述"三北"工程区适宜造林。

主要用途 水土保持林、防风固沙林、薪材、盐碱地改良。

育苗技术 采用扦插育苗。6 月中下旬

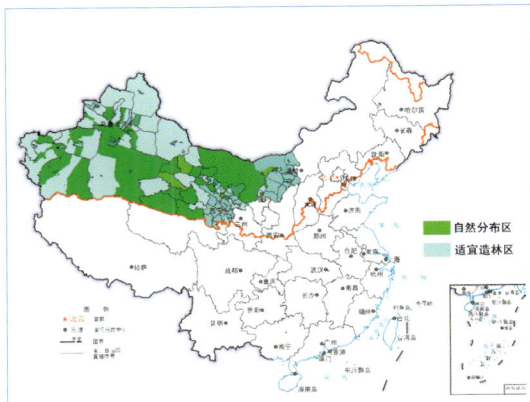

扦插。选择 5 年生以上植株作为母树，选取当年生半木质化枝条作插穗，剪口上平下斜。穗条在扦插前用 1000mg/L 吲哚乙酸或吲哚丁酸溶液浸泡。株行距 10cm×10cm 插后立即喷水，并搭建遮阳网。

造林技术　常采用扦插造林。选择中上部 2~3 年枝条或萌生的 1~2 年生枝条，直径 1~2cm，长度 30~40cm，扦插深度 20~25cm，插穗垂直于地面。株行距 2m×4m 或 2m×3m。也可采用植苗造林。

多枝柽柳　*Tamarix ramosissima*

形态特征　灌木至小乔木，高 1~3m。深根性，根系发达。木质化生长枝上的叶披针形，基部短，半抱茎，微下延；营养枝上的叶短卵圆形或三角状心脏形，互生，急尖，略向内倾，几抱茎，下延。总状花序生于当年生枝顶，集成顶生圆锥花序；花瓣粉红色或紫色，形成闭合的酒杯状花冠，果时宿存。蒴果三棱圆锥形瓶状。花果期 5~9 月。

生态特性　泌盐植物，喜光，耐旱、耐寒、耐水湿。生于荒漠区河漫滩、河流阶地、沙土和黏质盐碱化平原。

适生区域　产新疆、青海，甘肃、陕西、内蒙古和宁夏等地。上述"三北"工程区适宜造林。

主要用途　水土保持林、防风固沙林、薪材、盐碱地改良，管花肉苁蓉寄主。

育苗技术　采用播种和扦插育苗。播种

育苗：种子采集后晾晒，厚度 8~10cm，进行脱粒，精选。育苗地尽量选择沙壤土。采用有引水沟的平床，苗床长 6~8m，宽 2m，床面中间开一条沟，沟深 15cm，宽 20~30cm，将种子撒播于床面，播后覆盖风沙土 0.5cm 以下或者不覆盖。播种量 100kg/hm²。扦插育苗：春季扦插。选择 1 年生萌条或苗干枝条作插穗，粗 1~1.5cm，剪成长 15~20cm 的插穗，扦插行距 40cm，株距 10cm，插后灌透水。

造林技术 采用植苗造林。株行距 2m×4m 或 2m×3m。

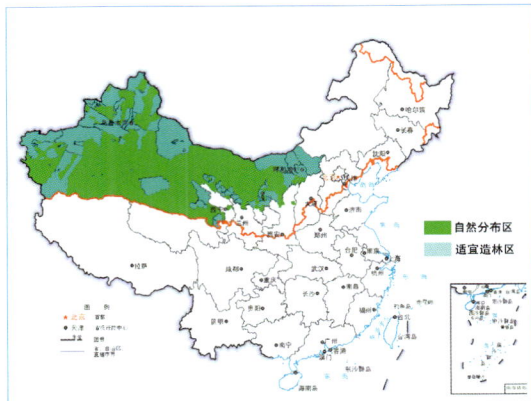

自然分布区
适宜造林区

沙木蓼

Atraphaxis bracteata

别名：宽叶沙木蓼

形态特征 灌木，高 1~2m。老枝皮灰褐色，直立；1 年生枝伸长。叶互生，厚革质，鲜绿色，圆卵形或长倒卵形。花生于 1 年生枝上部苞腋，成总状花序；花被片 5，绿白色或粉红色。瘦果卵状三棱形，深褐色，有光泽。花果期 5~8 月。

生态特性 喜光，耐旱、耐寒、耐瘠薄，抗风蚀。生于流动沙丘及丘间低地。

适生区域 产内蒙古、宁夏、甘肃、青海、陕西等地。新疆等"三北"工程区亦适宜造林。

主要用途 固沙保土、饲用。

育苗方式 采用播种、扦插育苗。播种育苗：春季 4 月中下旬至 5 月上旬播种。播种前，将颗粒饱满种子置于清水中浸泡 24 小时后沥干水分，再将种子与沙子按 1：10 混匀，撒入播种沟，覆沙 0.5cm。播种量 11~13kg/hm^2。扦插育苗：扦插深度 10~12cm，插穗高出地面 1cm~2cm。株行距 10cm×30cm。

造林技术 采用植苗造林。流动沙丘造林前需要设置草方格或行列式沙障，草方格沙障规格 1（~2）m×1（~2）m；造林株行距 2m×4m。

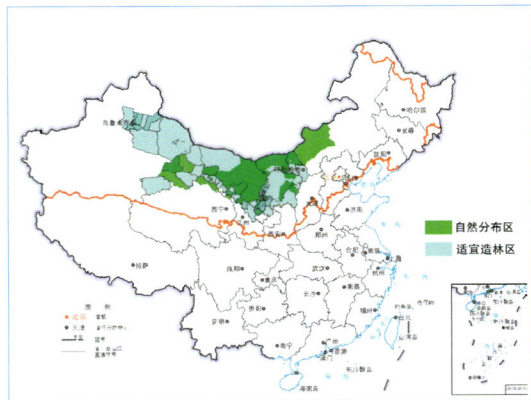

淡枝沙拐枣

Calligonum leucocladum

别名：白皮沙拐枣

形态特征 灌木，高 50~120cm。自基部多分枝，老枝灰色或淡黄灰色，拐曲；同化枝直，灰绿色。叶退化成鳞片状，条形。花两性，稠密，通常单生或 2~4 朵生同化枝叶腋；花被片 5。果（包括翅）呈宽椭圆形，瘦果窄椭圆形或卵形，4 条肋各具 2 翅；翅稍近膜质，较软。花期 4~5 月，果期 5~6 月。

生态特性 喜光，抗旱、抗风蚀、耐沙埋、耐瘠薄。易繁殖。生于固定沙丘、半固定沙丘及戈壁。

适生区域 沿新疆天山北麓广泛分布。甘肃、内蒙古、宁夏等"三北"工程区亦适宜造林。

主要用途 固沙保土、饲用。

育苗技术 采用播种育苗。春播或秋播均可，以秋播为好。春播时，待土壤解冻，催芽种子吐芽后播种；秋播随采随播。通常采用开沟条播，沟深 6cm，行距 30cm。播种量 90~120kg/hm²。也可采用扦插育苗，

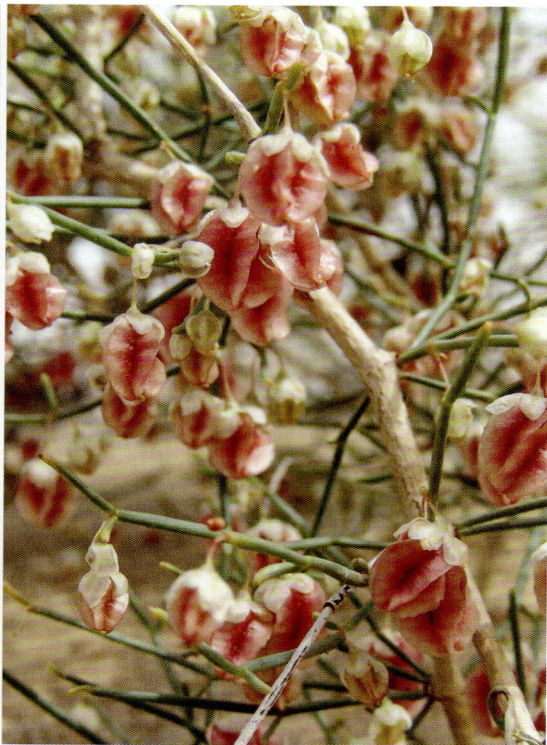

通常选取 1~2 年生枝条，插穗长 15cm 为宜。行距 30~40cm，株距 10cm。

造林技术　采用植苗或扦插造林。植苗造林：多在春季和秋季造林，春季 4 月上中旬造林。选用 2 年生苗，穴规格 30cm×30cm×30cm。扦插造林：春季 4 月中下旬，选取 1 年生、粗 1cm 左右的枝条，截成长 40~50cm 的插穗。插前将插穗浸水催根 1 天，再用湿沙分层覆盖 2~3 天后扦插。造林株行距 2m×3m 或 2m×4m。

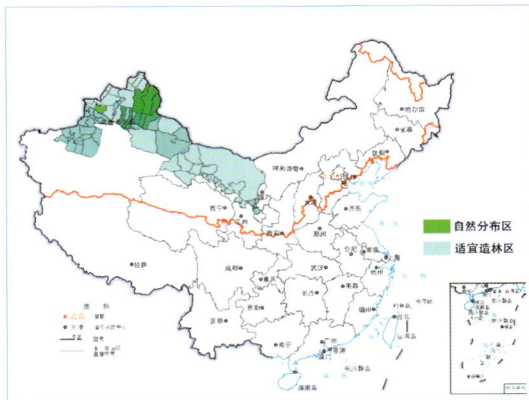

沙拐枣

Calligonum mongolicum

别名：蒙古沙拐枣

形态特征 灌木，高 25~150cm。基部多分枝，枝"之"字形弯曲；同化枝细长，有关节。叶对生，细鳞片状。花白色或淡红色；花被片卵圆形，粉红色；子房具 4 肋。果（包括刺）宽椭圆形，瘦果条形、窄椭圆形或宽椭圆形；刺细弱，毛发状，质脆，易折断。花果期 5~8 月。

生态特性 耐旱、耐寒、抗风蚀、耐沙埋、

耐瘠薄。生于流动沙丘、半固定沙丘、戈壁。

适生区域　产内蒙古、青海、甘肃、新疆等地。宁夏等"三北"工程区亦适宜造林。

主要用途　固沙保土、饲用。

育苗技术　采用播种、扦插育苗。播种育苗：低温层积催芽 1~2 个月，翌年种子露白时播种。采用平床开沟条播，沟深 3~5cm，行距 30cm，覆土 3~4cm，播种后及时灌水。播种量 75kg/hm²。扦插育苗：选择 1~2 年生枝条在 3~5 月扦插，插穗长 15cm，扦插时插穗与地面齐平或略高。

造林技术　采用植苗造林。春秋季均可造林，春季为宜。干沙层厚的地方要铲除干沙层后造林，株行距 2m×3（~4）m。也可与梭梭等双行带间混交。

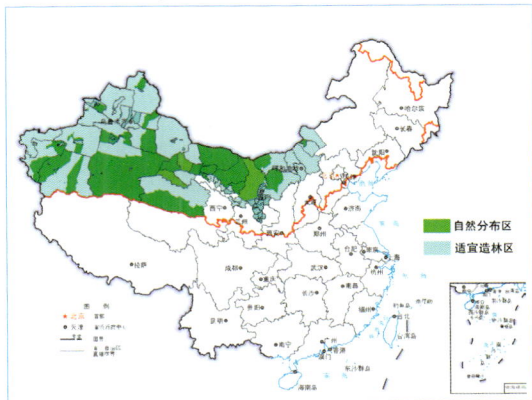

自然分布区
适宜造林区

239

四翅滨藜 *Atriplex canescens*

形态特征　半常绿灌木，高 1.5m。分枝较多，当年生嫩枝绿色或绿红色，半木质化枝白色，老枝条白色或灰白色，表面有裂纹。叶互生，条形或披针形，全缘。雌雄同株或异株，花单性或两性；雄花数个成簇，在枝端集成穗状花序；雌花数个着生于叶腋。果实倒卵形，种皮坚硬，具 4 翅，宿存。花果期 6~9 月。

生态特性　耐旱、耐寒、耐盐碱。

适生区域　原产美国中西部。内蒙古、宁夏、甘肃、青海、陕西、山西、河北、新疆、北京、天津等"三北"工程区适宜造林。

主要用途　固沙保土、饲用、盐碱地改良，肉苁蓉寄主。

育苗方式　采用播种育苗。4 月中下旬育苗。选择排水良好、灌溉便利的沙质壤土地作为播种育苗地。土壤解冻后，将育苗地全面深翻，深度 30~40cm，碎土平整。

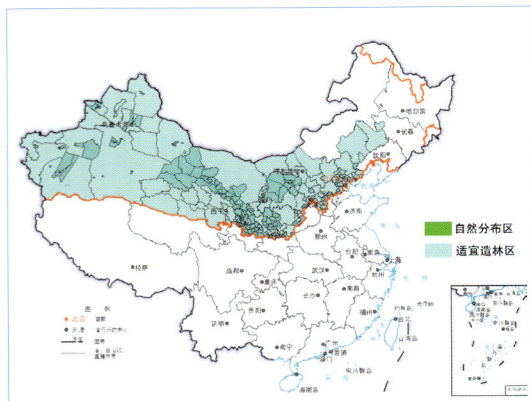

自然分布区
适宜造林区

用 40℃ 左右的温水浸种 12 小时。将种子混沙盖湿麻袋催芽，每天适时翻动洒水，20%~30% 种子露白时播种。开沟条播，深度 1~2cm，行距 10~15cm，播后覆盖风沙土，厚度 1cm。

造林技术 采用植苗造林。造林时间一般在 4 月中上旬。挖直径 30cm，深 40cm 的栽植穴。选择 1 年生根系完整的苗木，将苗木放入定植坑，埋土至定植坑 2/3 高度时，将苗木往上拔一点，然后踩实，再将土填满踩实。株行距 2m×3m 或 3m×3m。

　　形态特征　小半灌木，高 10~90cm。浅根性，主根粗壮发达。枝的木质茎通常低矮，有分枝；当年枝有微条棱，无色条。叶互生，条形，常数片集聚于腋生短枝而呈簇生状。花两性兼有雌性，通常 2~3 个团集叶腋；花被球形，有密绢状毛，花紫褐色。胞果扁球形。花期 7 月，果期 9~10 月。

生态特性　耐旱、耐寒。生于沙地、干山坡、荒漠、轻盐碱地。

适生区域　产黑龙江、辽宁、内蒙古、河北、山西、陕西、宁夏、甘肃、新疆等地。"三北"工程区适宜造林。

主要用途　固沙保土、饲用。

育苗技术　采用播种育苗。播种期4月底至5月初，条播，行距40~50cm。播种量30kg/hm^2。

造林技术　采用植苗造林。多在春秋两季进行，春季在4月初，秋季在10月上中旬。移栽时避免窝根，根颈部分要全部埋在土中，株行距0.5m×1m。种子顶二能力弱，播深不超过2cm，最适宜的播种深度1cm。播种量6~13kg/hm^2。新疆荒漠草原生态修复常用木地肤与伊犁绢蒿种子在冬季降雪前混播。

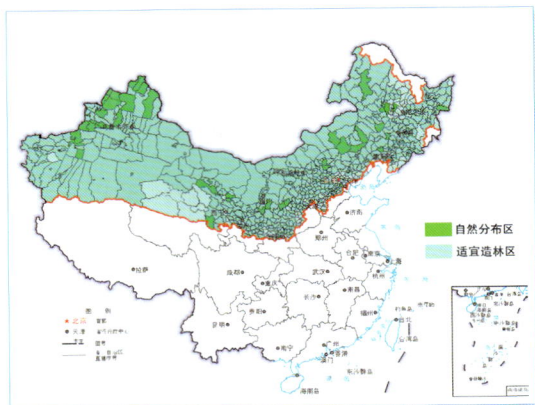

自然分布区
适宜造林区

盐穗木

Halostachys caspica

形态特征 灌木，高 50~100cm。茎丛生，直立，基部多分枝，枝条交互对生，密集成丛状；同化枝肉质，多汁，关节隆起。叶退化，肉质，鳞片状。穗状花序圆柱形，着生于老枝枝端，花序柄有关节。胞果卵形，果皮膜质；种子卵形或矩圆状卵形，胚半环形。花果期 7~9 月。

生态特性 喜光，耐旱、耐寒、喜湿，

极耐盐碱。生于冲积洪积扇、盐碱滩地、河谷及盐湖边。

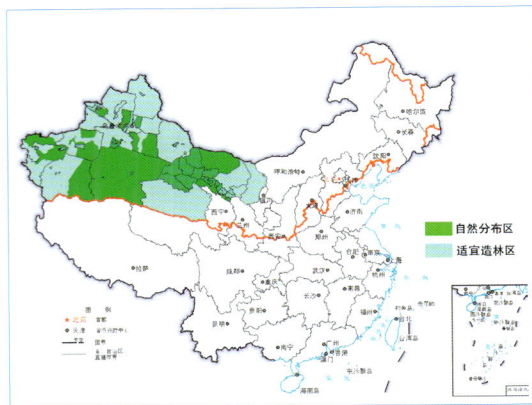

适生区域　产新疆、内蒙古额济纳旗、甘肃北部。青海等"三北"工程区亦适宜造林。

主要用途　固沙保土、饲用、杀虫剂、盐碱地改良。

育苗技术　采用播种育苗。将沙土、蛭石和腐熟牛粪按 8∶2∶1 混合均匀后装入营养钵。种子浸入 30℃ 水中，浸泡 48 小时后播种。出苗前保持土壤表层湿润。苗高 8~9cm 时移栽到露地。

造林技术　采用植苗造林。苗高 30~50cm 时出圃，起苗前充分灌水一次，起苗后应立即定植，株行距 2m×3m。

灌木

梭 梭

Haloxylon ammodendron

别名：梭梭柴

形态特征　灌木或小乔木，高 1~4（9）m。老枝淡黄褐色，通常具有环状裂隙；当年生枝条鲜绿色，味咸，光滑，具关节；幼枝有 1~2 次分枝。叶退化为鳞片状短三角形。花矩圆形，果期背部具翅状附属物，翅半圆形，膜质，褐色至淡黄褐色。胞果黄褐色；种子黑褐色。花期 5~6 月，果期 9~10 月。

生态特性　耐旱、耐寒、耐盐碱、抗风蚀沙埋。生于戈壁、沙丘、轻度盐碱地等。

苋科 Amaranthaceae

适生区域　产甘肃西部、青海、新疆、内蒙古。上述"三北"工程区适宜造林。

主要用途　防风固沙林、薪材、饲用，肉苁蓉寄主。

育苗技术　采用播种育苗。10~11月果实由绿色变为淡黄色或褐黑色时采收种子，脱翅。选择含盐量不超过1‰的沙土和轻沙壤土地育苗。早春开沟条播。行距20~25cm，沟深1~1.5cm，播后覆盖风沙土，厚度1cm以下。播种后及时灌溉，全年灌溉2~3次。播种量150~200kg/hm²。

造林技术　采用植苗造林。秋季或雨季均可造林，以春季早春3月上旬至4月上旬为主。用苗高20cm以上、主根长30cm以上、根幅30cm以上的1年生健壮苗木造林。造林尽量深栽，深度可根据苗根长短而定，但要比苗根深10~15cm，定植后灌水。干旱区一般在沙障内造林，可与沙拐枣、沙木蓼行间混交。株行距2m×4m或2m×3m。

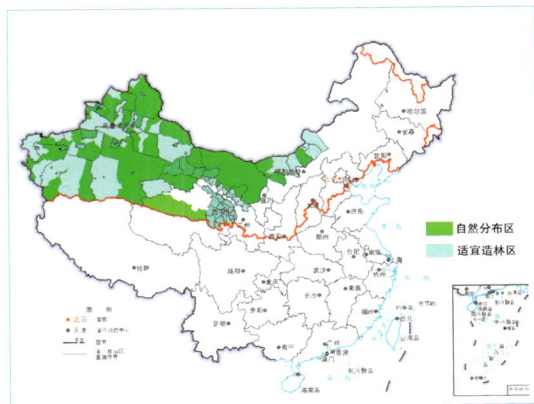

自然分布区
适宜造林区

247

白梭梭

Haloxylon persicum

别名：波斯梭梭

形态特征 灌木或小乔木，高 1~4（7）m。树冠卵形。浅根性，根系庞大，耐沙压。老枝灰褐色或淡黄褐色，通常具环状裂隙；当年枝弯垂。单叶对生，鳞片状，三角形，先端具芒尖。花生于 2 年生枝条的侧生短枝上；小苞片舟状，卵形，淡黄色。胞果淡黄褐色。花期 5~6 月，果期 9~10 月。

生态特性 耐旱、耐寒、耐盐碱、抗风蚀沙埋。生于荒漠地区的半固定沙丘、固定沙丘。

适生区域 产新疆北部。新疆北部区域适宜造林。

主要用途 防风固沙林、薪材、饲用；肉苁蓉寄主。

育苗技术 采用播种育苗。春播和秋播均可，春播宜在早春土壤解冻后进行，秋播宜在11月初至封冻前进行。单行式条播，行距25~30cm，覆盖风沙土，厚度1cm以下。去翅纯种播种量30kg/hm²，不去翅播种量120~150kg/hm²。

造林技术 采用植苗造林。春、秋两季均可，春季为宜。挖坑深植，坑深50cm左右，秋植时应挖到湿沙层，并用湿沙埋苗，踏实。株行距2m×4m或2m×3m。

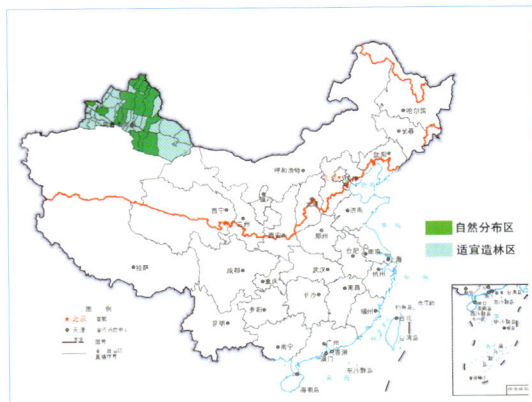

华北驼绒藜

Krascheninnikovia arborescens

形态特征　半灌木，高 1~2m。茎呈灰白色，密被短茸毛，自中上部分枝。叶互生，呈簇生状，叶脉羽状，披针形或矩圆状披针形；叶柄短，被茸毛。花单性，雌雄同株；雄花序细长柔软，花被片 4，雄蕊 4；雌花腋生。胞果狭倒卵形，直立，扁平，上部被毛，果皮膜质；胚半环形。花果期 7~9 月。

生态特性　耐旱、耐寒、耐瘠薄。在浅覆沙地上生长良好。生于草原和半荒漠地

区的固定沙丘、荒地和山坡。

适生区域　我国特有种，产吉林、河北、内蒙古、山西、陕西、甘肃、青海等地。宁夏、辽宁、北京、天津等"三北"地区亦适宜造林。

主要用途　固沙保土、饲用。

育苗技术　采用播种育苗。4月下旬至5月上旬开沟播种，覆盖风沙土，厚度1cm，轻压。播种量20~38kg/hm²，留苗90万~120万株/hm²。

造林技术　采用植苗造林。春季选用1年生实生苗造林，株行距1.5m×3m或2m×4m。

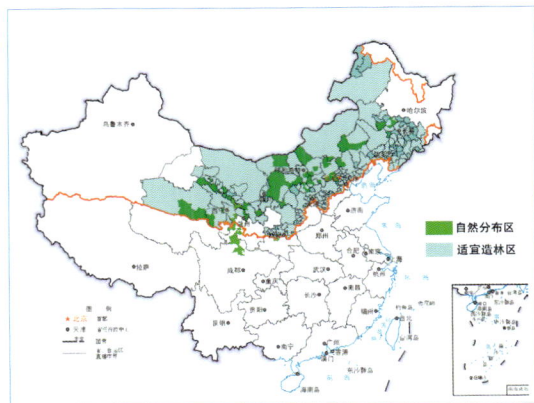

自然分布区
适宜造林区

灌木

251

驼绒藜
Krascheninnikovia ceratoides

形态特征　半灌木，高 50~100cm。分枝多集中于下部，斜升或平展。叶互生，较小，条形至矩圆形，先端急尖或钝，基部渐狭，1 脉，有时近基处有 2 侧脉，极稀为羽状。雄花序短穗状，紧密；雌花管椭圆形，花管裂片角状，较长。胞果直立，椭圆形，被毛。花果期 6~9 月。

生态特性　耐旱、耐寒、耐瘠薄。各类土壤均能生长。生于戈壁、干旱山坡和草原等。

适生区域　产新疆、青海、甘肃、内蒙古、宁夏等地。陕西等"三北"工程区亦适宜造林。

主要用途　固沙保土、饲用。

育苗技术　采用播种育苗。10月上旬采种，4月下旬至5月中上旬播种。条播和撒播，播种前用凉水浸泡，播后立即喷灌。播种量30~35kg/hm²。

造林技术　采用直播造林。春季播种在4月初进行，干旱区秋季播种效果较好。株行距1（~2）m×2（~4）m。也可采用植苗或扦插造林。

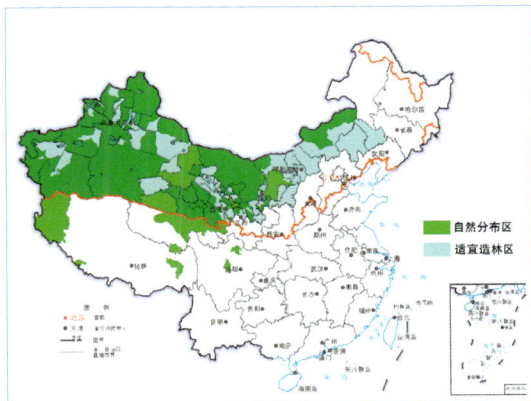

灌木

253

木猪毛菜 *Xylosalsola arbuscula*

别名：木本猪毛菜

形态特征　小灌木，高 40~100cm。老枝坚硬，粗糙；小枝平展，乳白色。小枝上叶互生，老枝上叶簇生于短枝的顶部；叶半圆柱形，肉质，无毛。花单生于苞腋；小苞片狭卵形，背面肉质，先端草质，两侧边缘膜质；花被片 5，背部具 1 中脉，果期背面中下部生翅；花被片在翅以上部分呈莲座状；花药附属物狭披针形。种子横生。花期 6~8 月，果期 8~10 月。

生态特性　喜光，耐旱、耐寒、耐盐

碱、耐瘠薄，能够在碱性沙质土壤上生长。生于戈壁、沙丘边缘、干旱山坡、山前平原。

适生区域 产新疆、宁夏、内蒙古、青海、甘肃。上述"三北"工程区适宜造林。

主要用途 固沙保土、饲用。

育苗技术 采用播种育苗。4月中旬播种，条播。播种量90kg/hm^2。

造林技术 采用植苗造林。株行距2m×2（~3）m。

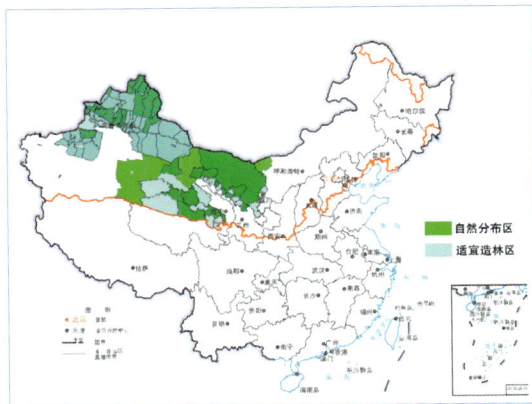

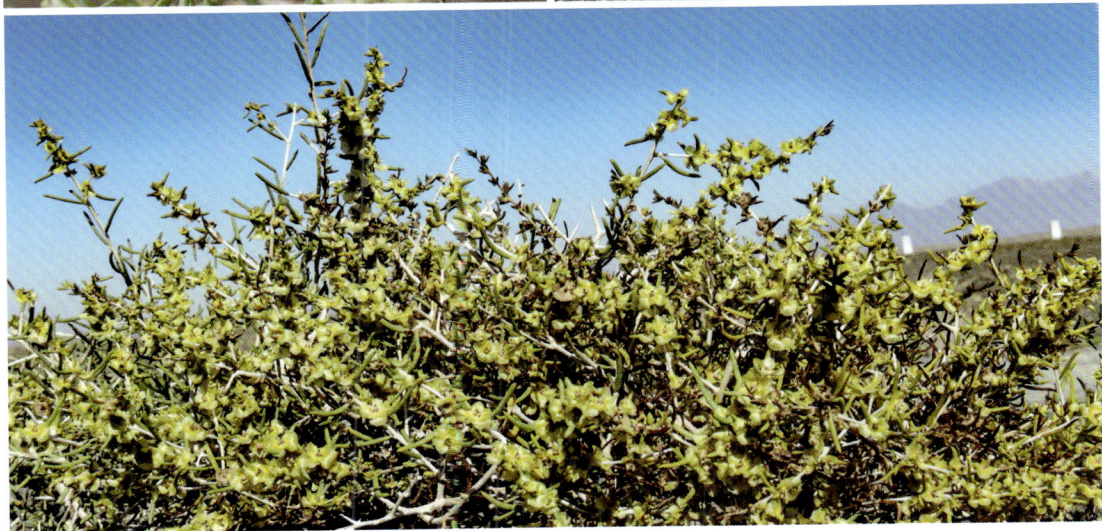

白 麻

Apocynum pictum

别名：大花罗布麻、大叶白麻

形态特征 半灌木，高 0.5~2m，具乳汁。茎直立，多分枝。叶椭圆状披针形，常互生。圆锥状聚伞花序顶生；花萼 5 裂，花冠筒钟形，外面粉红色或白色，内面稍带紫色，具粒状突起；副花冠着生在冠筒基部，裂片 5；花药箭头状，花被白茸毛。蓇葖果 2，圆筒状；种子卵状矩圆形，顶端具白色绢毛。花期 5~8 月，

果期 7~9 月。

生态特性 耐旱、耐盐碱。生于沙漠边缘、丘间低地、盐渍化沙地及河岸、渠边。

适生区域 产内蒙古阿拉善盟、甘肃河西走廊、青海西部、新疆等地。宁夏等"三北"工程区亦适宜造林。

主要用途 固沙保土、药用、蜜源、纤维。

种植技术 采用播种育苗。8 月下旬种子成熟可采集。播前深翻土壤，浇透水。将种子用 0.5% 高锰酸钾溶液消毒 2 小时，再放入清水中浸泡，期间换水 2~3 次，部分种子露白时播种。播前挖穴，将催芽的种子拌入干净细沙，播入穴中，每穴约 20 粒种子，株行距 30cm×45cm，覆盖风沙土，厚度 0.5cm，播后及时灌水。

造林技术 采用根茎埋条、分株造林。根茎埋条造林：选取 2 年生以上的根茎，切成 10~15cm 长的小段，按株距 30cm、行距 25cm、深 10~15cm 开穴，穴口宽 15cm，每穴平栽 2~3 个根段，覆土 10cm，浇水。分株造林：在植株枯萎后或在春季萌动前，将根茎及根从株丛中挖出栽植。也可采用植苗造林。

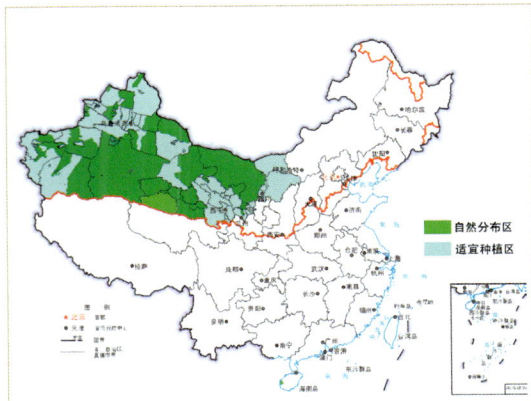

257

罗布麻 *Apocynum venetum*

形态特征 半灌木，高 1~2m，具乳汁。主根粗壮，暗褐色。枝紫红色或淡红色。叶对生或近对生，椭圆状披针形。圆锥状聚伞花序生于枝顶；花萼 5 深裂，花冠圆筒状钟形，粉红色至紫红色，5 裂；雄蕊着生在花冠筒基部，与副花冠裂片互生；花药箭头状，隐藏在喉内。蓇葖果 2；种子卵圆状矩圆形。花期 6~7 月，果期 8~9 月。

生态特性 耐旱、耐盐碱、抗风沙。生于丘间低地、盐渍化沙地、河漫滩、湖边、渠边、河岸。

适生区域 产新疆、甘肃、陕西、山西、河北、辽宁、内蒙古等地。"三北"工程区适宜造林。

主要用途 固沙保土、药用、蜜源、纤维。

育苗技术 采用播种育苗。播种前用 50℃左右温水浸泡 30 分钟，室温浸泡直至种子充分吸涨，用浸湿的纱布覆盖，30% 种子露白时播种。播种时将种子和细沙按 1∶10 混合均匀，开沟条播，行距 30cm，沟深 0.5cm，将伴有细沙的种子均匀撒入播种沟，覆土 0.5cm 左右。也可采用分株和埋条育苗。

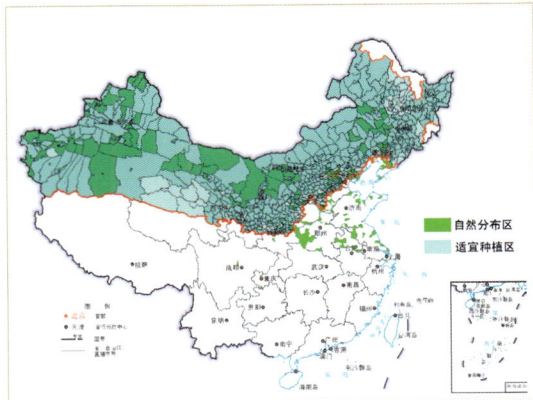

造林技术 采用根茎埋条、分株造林。根茎埋条造林：选取 2 年生以上的根茎，切成 10~15cm 长的小段，按株距 30cm、行距 25cm、深 10~15cm 开穴，穴口宽 15cm，每穴平栽 2~3 个根段，覆土 10cm，浇水。分株造林：在植株枯萎后或在春季萌动前，将根茎及根从株丛中挖出栽植。也可采用植苗造林。

宁夏枸杞

Lycium barbarum

别名：中宁枸杞

形态特征　灌木，高 60~200cm。茎分枝较密，具纵条纹，灰白色，有棘刺。单叶互生或簇生，披针形，全缘，顶端短渐尖或急尖。花在长枝上 1~2 朵腋生，在短枝上 2~6 朵同叶簇生，花萼通常 2 中裂；花冠漏斗状，淡紫红色。浆果红色，果皮肉质，多汁液；种子近肾形，扁压，棕黄色。花期 5~9 月，果期 7~10 月。

生态特性　耐旱、耐寒、耐盐碱、耐瘠薄。生于沙区向阳山坡、河岸、渠边和盐碱地。

适生区域　产河北、内蒙古、山西、陕

西、甘肃、宁夏、青海、新疆等地。天津、北京、辽宁等"三北"工程区亦适宜造林。

主要用途 经济林、水土保持林。

育苗技术 采用播种和扦插育苗。播种育苗：6 月下旬至 10 月上旬采种。播前用 40℃温水浸种 10~12 小时后混沙拌匀，30% 种子露白时播种。条播，沟间距 15cm、 沟深 2~3cm，宽 4~5cm，覆细土 1.5~2cm，覆膜增温保湿或遮阴。扦插育苗：春季选择 1 年生枝作插条，插穗长 10~13cm，扦插时地上部分出土 1~3cm。

造林技术 采用植苗造林。3 月下旬至 4 月上旬进行。选择地势平坦，地下水埋深 1.2m 以下的地块。选用地径 0.6cm、苗高 60cm 以上的 1~2 年生苗木造林。株行距 2m×3m。

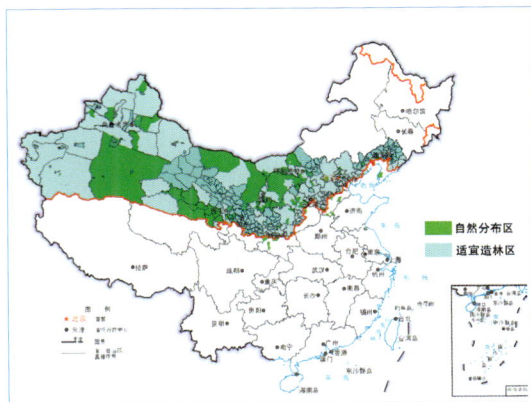

图例
自然分布区
适宜造林区

黑果枸杞
Lycium ruthenicum

别名：苏枸杞

形态特征 灌木，高 20~70cm。茎直立，多棘刺和分枝，白色，具不规则的纵条纹。小枝顶端成棘刺状，每节具短棘刺。叶 2~6 枚簇生于短枝上，在幼枝上则单叶互生，肥厚肉质，近无柄，条形、条状披针形或条状倒披针形。花 1~2 朵生于短枝上；花冠漏斗状，淡紫色。浆果球形，成熟后黑紫色；种子肾形，褐色。花果期 5~10 月。

生态特性 耐旱、耐寒、耐瘠薄、抗风蚀。生于盐碱地、盐化沙地、河湖沿岸、干河床或路旁。

适生区域 国家二级保护野生植物。产陕西、宁夏、甘肃、青海、新疆、内蒙古等地。上述"三北"工程区适宜造林。

主要用途 固沙保土、盐碱地改良、食用、药用。

育苗技术 采用播种和扦插育苗。播种育苗：4月中旬条播。播种量约20kg/hm²，产苗60万~75万株/hm²。扦插育苗：选择定植2年后的植株，采集1年生、直径0.6~0.8cm的枝条，剪成长10~12cm的插穗，将插穗插入覆有地膜的插床，深6~7cm，封湿土压实，插后及时灌水。苗高70~90cm时，剪去顶芽，促进枝条木质化。

造林技术 采用植苗造林。根径大于0.6cm时即可出圃造林，栽植穴规格30cm×30cm×25cm。株行距1.5m×2m或1m×3m。

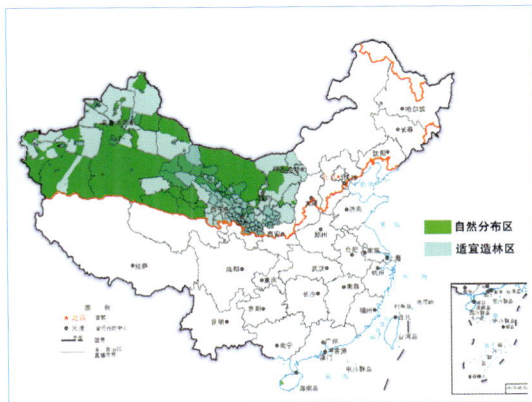

自然分布区
适宜造林区

263

盐 蒿

Artemisia halodendron

别名：差不嘎蒿、褐沙蒿

形态特征 小灌木，高 30~50cm。根状茎发达，纵棱明显。老枝灰褐色，皮剥裂；当年枝及不孕枝紫褐色。叶质稍厚，干时质硬；茎下部叶与营养枝叶宽卵形或近圆形，二回羽状全裂；中部叶宽卵形或近圆形，一至二回羽状全裂；上部叶与苞片叶 3~5 全裂或不分裂。头状花序卵形，在分枝上端排成复总状花序，并在茎上组成大型、开展的圆锥花序。瘦果矩圆形，黑褐色。花期 7~8 月，果期 8~9 月。

生态特性 耐旱、耐寒、抗风蚀。生于流动沙地、半固定沙地，也见于荒漠草原、砾质坡地等。

适生区域 产辽宁、内蒙古、河北、山西、陕西、宁夏。黑龙江、吉林等"三北"工程区亦适宜造林。

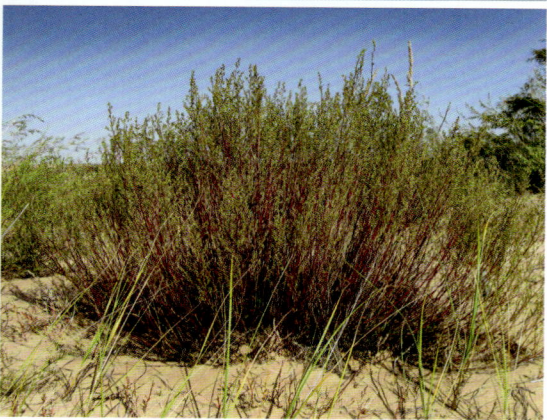

主要用途　固沙保土、药用、饲用。

育苗技术　采用播种或分株育苗。人工穴播或条播，覆土 0.5~1cm。

造林技术　采用植苗和飞播造林。植苗造林：春季选用 1~2 年生苗木造林，株行距 2m×3m。飞播造林：一般 5~6 月，与小叶锦鸡儿及沙打旺等混匀飞播。播种量约 7kg/hm²。

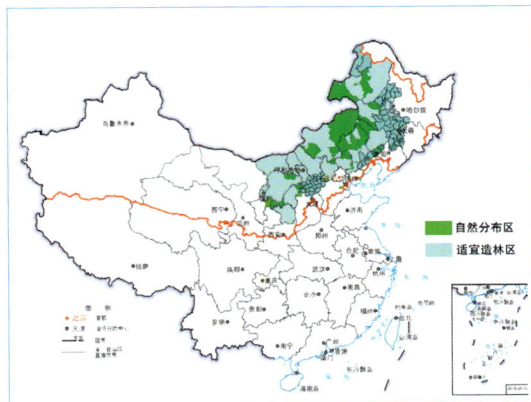

灌木

黑沙蒿 *Artemisia ordosica*

别名：油蒿

形态特征　小灌木，高 50~100cm。主根粗而长，木质，侧根多。茎多条，老枝暗灰白色或暗灰褐色；当年生枝紫红色或黄褐色。叶黄绿色，半肉质；茎下部叶宽卵形或卵形，一至二回羽状全裂，每侧有裂片 3~4 枚。头状花序多数，卵形，在分枝上排成总状或复总状花序，并在茎上组成开展的圆锥花序。瘦果倒卵形，果壁上具细纵纹和胶质物。花果期 7~10 月。

生态特性　耐旱、耐寒、抗风蚀。分布于干旱、半干旱的典型草原、荒漠草原、草原化荒漠及荒漠地带。生于固定、半固定沙地。

适生区域　产内蒙古、新疆、山西及甘肃。陕西、宁夏等"三北"工程区亦适宜造林。

主要用途 固沙保土、药用、饲用。

育苗技术 采用容器播种育苗。基质按黏土、沙子、有机肥 4.5∶4.5∶1 配置，春季播种，播种后覆土 0.5~1cm。

造林技术 采用直播和飞播造林。直播 6~7 月或雨季播种，人工下种、机械播种均可。多采用飞播造林，一般 5~6 月，与塔落木羊柴、花棒和沙打旺飞播，播种量 6~7.5kg/hm²。其中塔落木羊柴＋花棒播种量 4~6kg/hm²，黑沙蒿＋沙打旺 1.5~2.5kg/hm²。

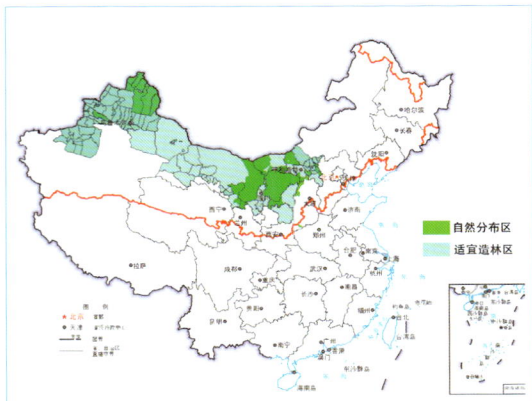

自然分布区
适宜造林区

圆头蒿

Artemisia sphaerocephala

别名：籽蒿

形态特征　小灌木，高 40~150cm。茎通常多枚，成丛，稀单一。老枝灰白色，条状剥落；当年枝淡黄色或黄褐色，具纵条棱。叶稍厚，半肉质，干后坚硬，黄绿色，短枝上常成簇生状；茎下部、中部叶宽卵形或卵形，二回或一至二回羽状全裂；上部叶羽状分裂或 3 全裂。头状花序近球形。瘦果卵形，黄褐色至黑色。花期 8 月，果期 9~10 月。

生态特性　耐旱、耐寒、抗风蚀。生于

荒漠、半荒漠带的流动沙丘、半固定沙丘。

适生区域 产内蒙古、山西、陕西、宁夏、甘肃、青海。新疆等"三北"工程区亦适宜造林。

主要用途 固沙保土、药用、食用、饲用。

育苗技术 采用播种育苗。播种期在春季至夏季7月底前。穴播或条播，覆土0.5~1cm。播种量8~19kg/hm^2。

造林技术 采用植苗和飞播造林。植苗造林：可按带状沟植或带状穴植，株行距0.5m×1m。如在流动沙丘地段移栽，应先从背风的沙丘下部开始栽植。飞播造林：一般5~6月，与塔落木羊柴、花棒和沙打旺飞播，播种量6~7.5kg/hm^2。其中塔落木羊柴＋花棒播种量4~6kg/hm^2，圆头蒿＋沙打旺1.5~2.5kg/hm^2。

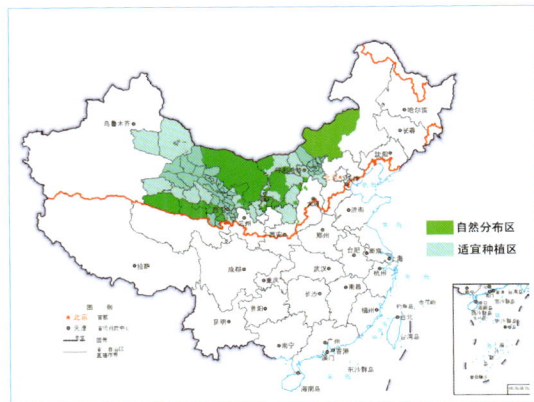

忍 冬

Lonicera japonica

别名：金银花、金银藤

形态特征　半常绿攀缘灌木。幼枝暗红褐色，密被黄褐色毛。叶纸质，卵形至矩圆状卵形，有糙缘毛，上面深绿色，下面淡绿色。花冠白色，有时基部向阳面呈微红，后变黄色。浆果圆形，熟时蓝黑色，有光泽；种子卵圆形或椭圆形，褐色。花期4~6月（秋季亦常开花），果期10~11月。

生态特性　喜光，耐旱、耐寒、耐水湿，对土壤要求不严。生于山坡灌丛或疏林中。

适生区域　产吉林、辽宁、河北、天津、北京、甘肃、山西、陕西等地。内蒙古、新疆、青海、宁夏等"三北"工程区亦适宜造林。

主要用途　药用、绿化观赏。

270

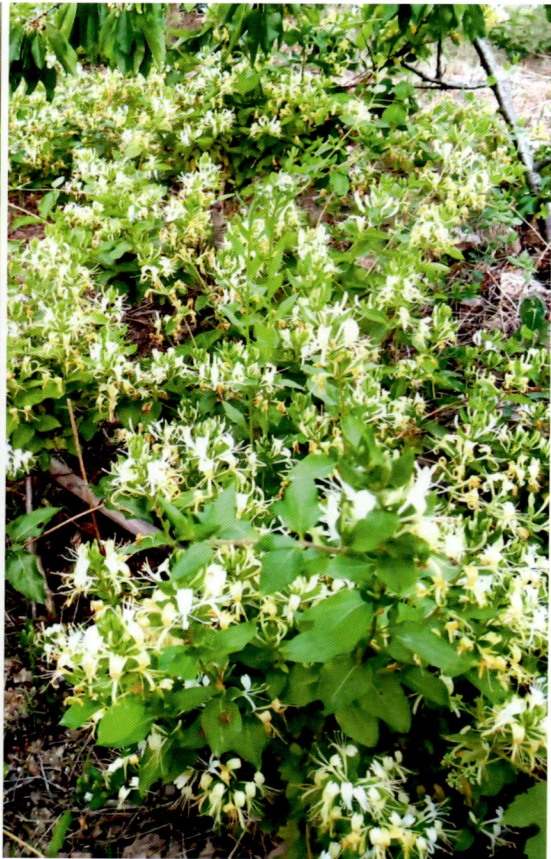

育苗技术 采用播种和扦插育苗。播种育苗：在春、秋两季均可，春季以3月为宜，秋季以9~10月为宜。随采随播，鲜种不需要浸泡处理，但贮藏后的种子播种前要用35℃的温水浸泡24小时催芽。播种后覆土1cm，用干草覆盖保持苗床湿润。扦插育苗：插条母株树龄一般为3~4年，选择长30cm左右枝条，插穗下端距底部第1节1cm左右，下端切成45°的斜面。株行距3cm×20cm。

造林技术 采用植苗造林。春季造林在土壤化冻后，秋季造林在9月下旬至10月上旬。选择苗高0.5~1m、冠幅0.3~ 0.5m的苗木，栽植后在根部以上覆土5~10cm。株行距2m×4m或2m×3m。

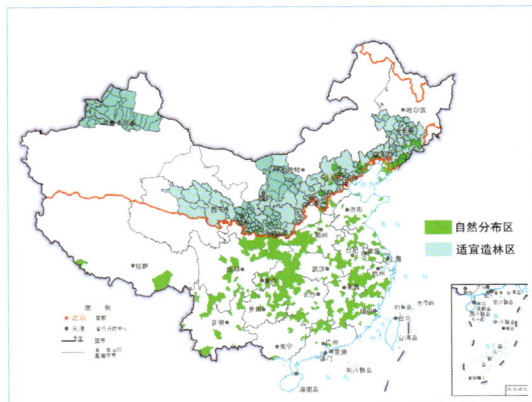

草本

菖 蒲

Acorus calamus

形态特征 多年生草本。根茎横走，外皮黄褐色，具毛发状须根。叶基生，基部两侧具膜质叶鞘；叶片剑状线形；中肋在两面均明显隆起，侧脉 3~5 对，平行。花序柄三棱形；肉穗花序斜向上或近直立，狭锥状圆柱形；花黄绿色；子房长圆柱形。浆果长圆形，红色。花期 6~9 月。

生态特性 喜湿润环境，耐寒，忌干旱。

喜富含腐殖质、水分充足的土壤。生于池塘、湖泊岸边浅水区、溪流边草丛或沼泽地中。

适生区域　产我国南北各地。适宜"三北"工程区湿地植被恢复使用。

主要用途　药用、观赏、水质净化。

种植技术　采用种子和分株种植。种子种植：收集成熟浆果洗净，在室内秋播，保持土壤潮湿或浅积水，在20℃左右条件下，早春会陆续发芽，后分离培养，待苗生长健壮时，可移栽定植。分株种植：早春或生长期内进行，将地下茎挖出洗净，切成若干块状，每块保留3~4个新芽。选择池边低洼地，栽植时要将主芽靠近土壤外面，浇透水，适当施肥。保持湿润，适时追肥除草。

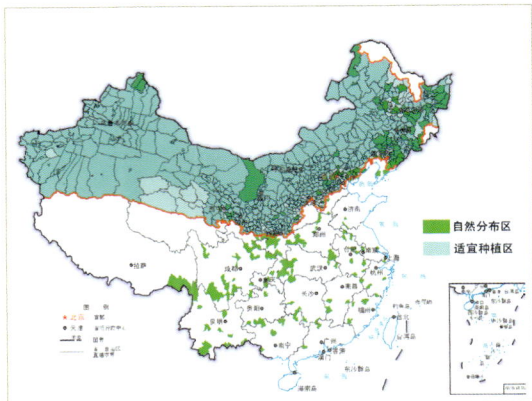

生态修复模式　单播，或与其他湿地草本混播。

草本

275

马 蔺　　*Iris lactea*

别名：马莲、马兰、马兰花

形态特征　多年生草本。根状茎短粗，木质，常聚集成团。叶基生，多数，坚硬，宽条形或剑形，灰绿色。花莛高 4~10cm；苞叶 3~5 枚，革质，边缘白色，披针形；花瓣蓝紫色；花冠筒短，花被片 6。蒴果长椭圆状柱形，两端尖，有 6 条棱；种子棕褐色，有棱。花期 5~6 月，果期 6~7 月。

生态特性　喜温、耐旱、耐寒、耐盐碱。生于盐化草甸、盐化沙地、河湖沿岸、田边和路旁。

适生区域　产黑龙江、吉林、辽宁、内蒙古、河北、山西、陕西、甘肃、宁夏、青海、新疆等地。"三北"工程区适宜种植。

主要用途　水土保持、绿化观赏、饲用、药用。

种植技术　采用大田播种和营养钵育苗。大田播种育苗：播前将种子倒入 30℃

276

左右温水中浸泡 24 小时，然后按湿沙与种子 2：1 比例混合，置于 2~7℃ 条件下沙藏 100~120 天，打破种子休眠，沙的湿度以手握成团，手松开能散开为宜。条播：行距 20cm，每 2m 用种量 20g 左右；穴播：株行距 15cm×15cm，每穴 10~15 粒，每 2m 用种量 20g 左右。营养钵育苗：采用 10cm×10cm 的营养钵育苗，每钵点播 10~15 粒种子，播深 3~5cm。播种量 700kg/hm²。

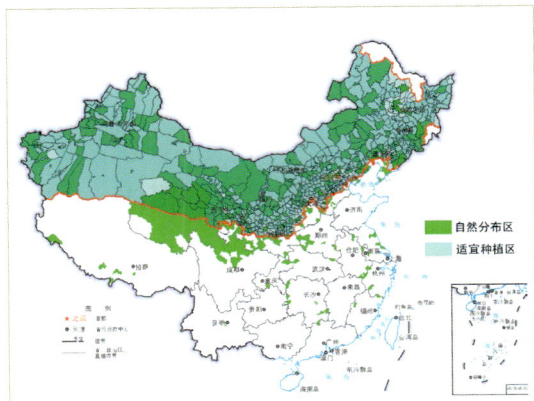

草本

277

蒙古韭

Allium mongolicum

别名：蒙古葱、沙葱

形态特征　多年生草本。地下鳞茎密集丛生，圆柱形，簇生根茎上，外皮褐黄色。叶基生，近半圆柱形。花莛圆柱形，具细纵棱；总苞单侧开裂，宿存，白色，膜质；伞形花序球成半球状；花淡紫色至紫红色，花被6片，长卵形，有深紫色脉1条；子房倒卵形至近球形。蒴果小；种子黑色。花期7~8月，果期8~9月。

生态特性　喜光，耐旱、抗寒、耐贫瘠，抗风沙。多生于荒漠、半荒漠地带的固定沙地、低山山坡、干河床。

适生区域　产新疆、青海、甘肃、宁夏、陕西、内蒙古、山西等地。上述"三北"工程区适宜种植。

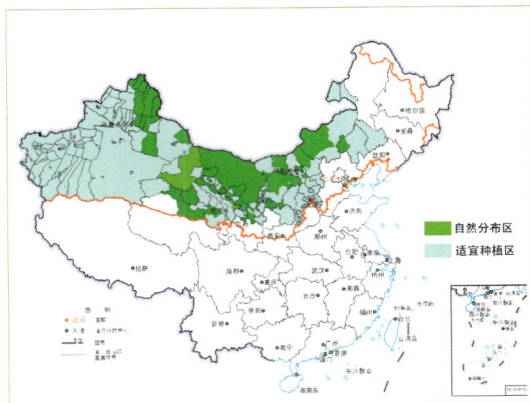

主要用途　固沙保土、饲用、食用、观赏。

种植技术　采用种子种植。春季播种4~5月，秋季9月上旬为宜。选择地势平坦，土质疏松的壤土作为种植地，深翻25cm以上。选籽粒饱满、发芽率高于85%的种子，播前将选好的种子在阳光下曝晒3天，用50℃左右的温水浸种24h，每间隔4小时换1次水。行距20cm、播宽3~5cm、播深1.5~2cm，覆沙后灌水；播种量150 kg/hm²~180 kg/hm²。穴播穴距10cm~12cm，行距20cm，每穴5~10粒种子，覆沙后灌水。

香 蒲 *Typha orientalis*

别名：水烛

香蒲科 Typhaceae

形态特征 多年生水生或沼生草本。地上茎粗壮，高 1.3~2m。根状茎乳白色。叶片条形，光滑无毛；叶鞘抱茎。雌雄花序紧密连接；雄花通常由 3 枚雄蕊组成，雄花序轴具白色弯曲柔毛，自基部向上具 1~3 枚叶状苞片；雌花序基部具 1 枚叶状苞片。小坚果椭圆形至长椭圆形；果皮具长形褐色斑点；种子褐色，微弯。花果期 5~8 月。

生态特性 喜光，耐寒，对环境条件要求不严，喜深厚肥沃的泥土。生于湖泊、坑塘、沟渠、沼泽及河流缓流带。

适生区域 产黑龙江、吉林、辽宁、内蒙古、北京、天津、河北、山西、陕西等地。

适宜新疆、青海、甘肃、宁夏等"三北"工程区湿地生态修复。

主要用途 观赏、水质净化、药用、食用。

种植技术 采用分株种植。春季发芽前取出地下根茎，切成约 10cm 长，每段带 2~3 个芽，种植到土壤中。也可采用种子种植。

生态修复模式 单播，或与其他湿地草本混播。

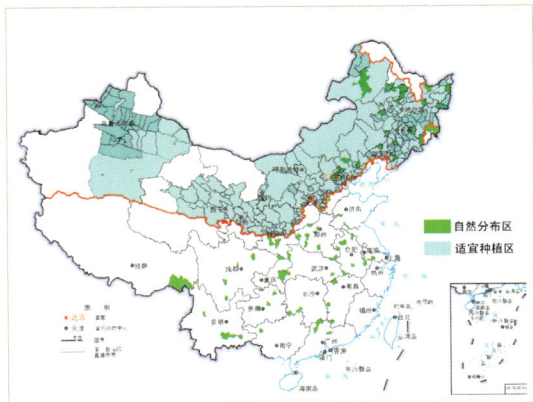

油莎草

Cyperus esculentus var. *sativus*

别名：油莎豆

形态特征 多年生草本，高达 1m。茎叶丛生，根状茎多而细长，先端有膨大的块茎，分蘖力极强；秆直立，粗壮，光滑，茎圆筒形，由叶片包裹而成。单叶互生，叶片表面光滑柔软。少数植株开花，穗状花序呈圆柱形或稍扁平；苞片长于花序，花长于主茎顶端；花两性，黄白色。茎果椭圆形；小坚果矩圆形，灰褐色。花期 7 月。

生态特性 耐旱、耐寒、耐瘠薄、耐盐碱，喜温暖湿润气候。生于排水良好、疏松的土壤或沙壤土，尤以疏松的沙质土壤为佳。

适生区域 原产地中海地区。新疆、甘肃、内蒙古、陕西、河北、山西、宁夏、北京、天津、辽宁、青海等"三北"工程区适宜

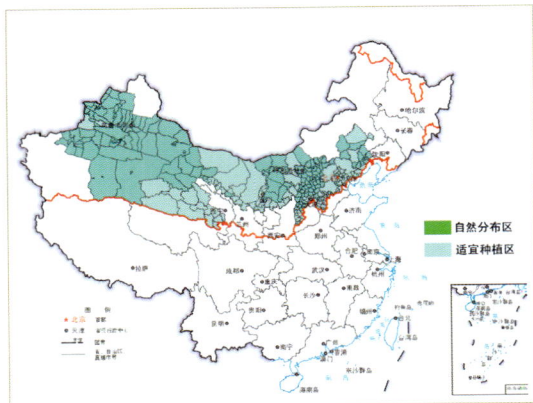

草本

283

种植。

主要用途 固沙保土、饲用、食用（油料）、药用。

种植技术 采用地下块茎种植。选择沙质土壤和沙壤土作为种植地。可春播或夏播，春播 3~4 月，平均气温达 18℃ 时播种；夏播 5~6 月。种植时要稀播，行距 45cm，株距 30cm，穴深 5cm，每穴 1~2 粒块茎。播种量 $75~90kg/hm^2$。可与速生杨、文冠果间作，条带状种植。

水 葱

Schoenoplectus tabernaemontani

形态特征 多年生草本。匍匐根状茎粗壮，具许多须根。茎高 1~2m，基部具 3~4 个叶鞘，最上面一个叶鞘具叶片。叶片线形。苞片 1 枚；长侧枝聚伞花序简单或复出，假侧生，具多个辐射枝；小穗单生或 2~3 个簇生于辐射枝顶端。小坚果倒卵形或椭圆形，双凸状。花果期 6~9 月。

生态特性 耐旱、耐寒、耐阴、耐盐碱。生长在沼泽、河岸、湖岸或浅水坑塘中。

适生区域 产黑龙江、吉林、辽宁、内蒙古、山西、陕西、甘肃、新疆、河北、北京、天津、青海、宁夏等地。"三北"工程区适宜种植。

主要用途 水质净化、药用、观赏。

种植技术 采用种子和分株种植。种子种植：3~4 月在室内播种。将培养土装盆整

平压实，撒播种子，覆盖一层细土，将盆浅沉水中保持湿透。室温控制在 20~25℃，20 天左右既可发芽生根。分株种植：春季，将成熟株丛分割，每丛保持 8~12 个芽。4~5 月可移苗定植，最好分级栽植。每穴 3~4 株，定植时用尖圆柱形木棒插孔，栽植深度以露心为宜。株行距 20cm×20（~25）cm。

生态修复模式 单播，或与其他湿地草本混播。

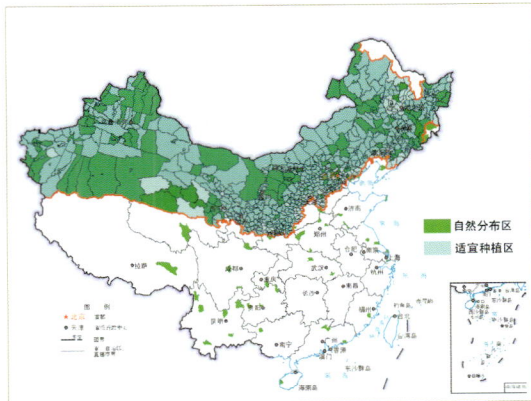

自然分布区
适宜种植区

冰 草

Agropyron cristatum

别名：扁穗冰草

形态特征 多年生草本，株高 15~75cm。茎秆丛生，上部被柔毛。叶鞘粗糙或边缘微具毛；叶片内卷，上面叶脉隆起并密被小硬毛。穗状花序长圆形或两端稍窄；小穗紧密排成两行，篦齿状；颖舟形，背部被长柔毛，或粗糙，稍无毛。颖果窄矩形。花果期 7~9 月。

生态特性 耐旱、耐寒、耐放牧、耐践

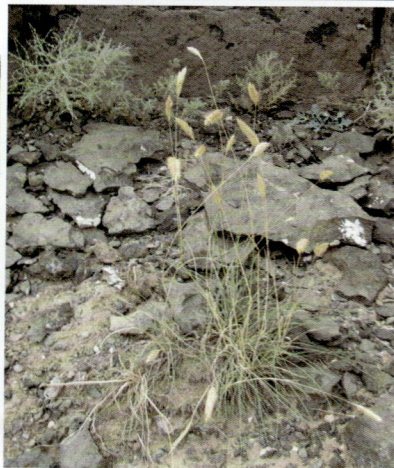

踏。适生于疏松、肥沃的沙质土壤。

适生区域 产黑龙江、吉林、辽宁、河北、山西、陕西、甘肃、青海、新疆、内蒙古等地。"三北"工程区适宜种植。

主要用途 饲用、药用、固沙保土。

种植技术 采用种子种植。将种子摊晒在地面，每天上下翻晒 3~4 次，暴晒 3~4 天后播种。春播和秋播均可。条播，行距 30cm，播深 3~5cm。根据发芽率和土壤墒情确定播种量，条播播种量 10~15kg/hm^2。

生态修复模式 单播，也可与羊茅、披碱草、沙打旺、胡枝子等禾本科和豆科草种混播。适宜在"三北"工程区典型草原、荒漠草原生态修复中应用。

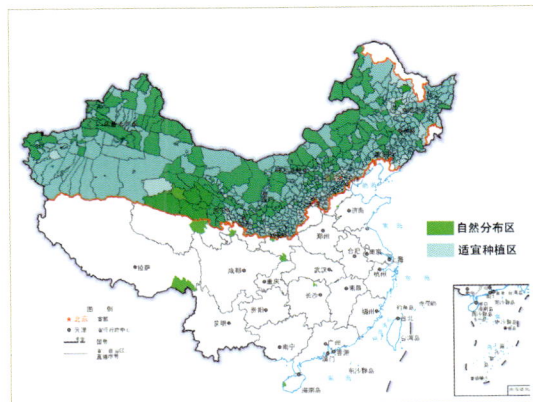

287

沙生冰草

Agropyron desertorum

形态特征 多年生草本。秆成疏丛，直立，光滑或紧接花序下被柔毛，高20~70cm。叶片多内卷成锥状。穗状花序直立；小穗含4~7小花；颖舟形，脊上具稀疏短柔毛；外稃舟形，先端具芒尖；内稃脊上疏被短纤毛。花期5~6月，果期6~8月。

生态特性 耐旱、耐寒、抗风沙。适生于干旱草原、荒漠草原和沙地。

适生区域 产内蒙古、山西、甘肃、宁

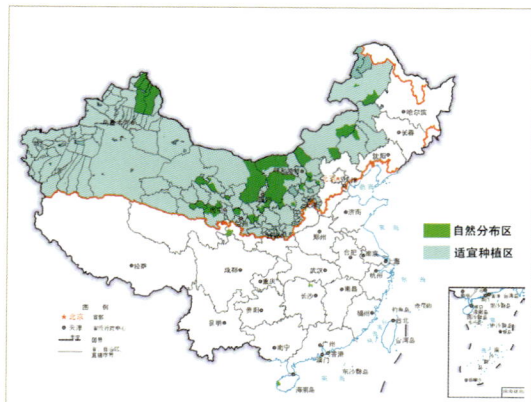

自然分布区
适宜种植区

夏、新疆、青海、陕西等地。上述"三北"工程区适宜种植。

主要用途 饲用、固沙保土。

种植技术 采用种子、根茎种植。播种期4~8月，6~7月雨季播种最佳。条播可采用圆盘式播种机播种，行距30cm，播深2~4cm。播种量30kg/hm²。

生态修复模式 单播，可与黄花苜蓿等豆科牧草进行混播，用于干旱草原、沙地生态修复。

沙芦草

Agropyron mongolicum

别名 蒙古冰草

形态特征 多年生草本，具根状茎。秆直立，成疏丛，高 20~60cm，有时基部横卧而节生根成匍茎。叶片内卷成针状，叶脉隆起成纵沟，脉上密被微细刚毛。穗状花序宽 4~6mm，穗轴节光滑或生微毛；颖两侧不对称，具 3~5 脉，外稃无毛或具稀疏微毛，具 5 脉；内稃脊具短纤毛。花果期 6~9 月。

生态特性 耐旱、耐寒、抗风沙。适生于干旱草原、荒漠草原和沙地。

适生区域 国家二级保护野生植物。产内蒙古、山西、陕西、甘肃、新疆、青海、黑龙江、宁夏等地。青海等"三北"工程区亦适宜种植。

主要用途 饲用、固沙保土、药用。

种植技术 采用根茎、种子种植。可选择春播或秋播，播深 3~5cm。播种量 10~20kg/hm²。

生态修复模式 单播，也可与锦鸡儿属等豆科牧草混播。

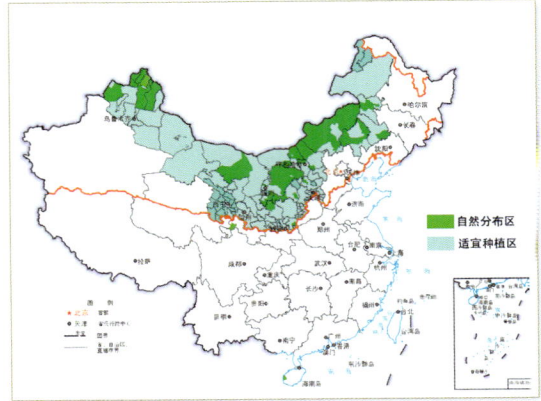

自然分布区
适宜种植区

草 本

291

无芒雀麦

Bromus inermis

别名：普康雀麦

形态特征　多年生草本，具横走根状茎。秆直立，疏丛生，无毛或节下具倒毛。叶鞘闭合；叶片扁平，先端渐尖，两面与边缘粗糙。圆锥花序开展，较密集；分枝细长，微粗糙；小穗轴节间具小刺毛；颖披针形，先端渐尖，边缘膜质；外稃长圆状披针形，无毛；内稃膜质，脊具纤毛。颖果长圆形，褐色。花果期 7~9 月。

生态特性　耐旱、耐寒、耐放牧。生于草甸、山坡、谷地、路旁。

适生区域　产黑龙江、吉林、辽宁、内蒙古、河北、山西、陕西、甘肃、青海、新疆等地。"三北"工程区适宜种植。

主要用途　饲用、水土保持。

种植技术　采用种子种植。播种前将种子脱打成单粒，去除杂质。条播，行距 30~40cm，播后镇压 1~2 次。播种量 15~22.5kg/hm²。

生态修复模式　单播，也可与苜蓿、红豆草等豆科牧草混播，用于人工草地建植以及沙化草地改良。

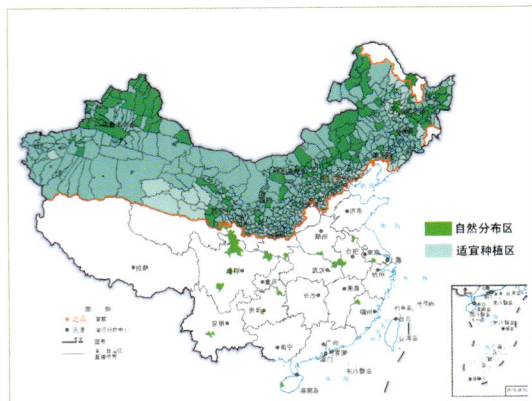

草
本

293

野牛草

Buchloe dactyloides

形态特征 多年生低矮草本，具匍匐茎，植株纤细，高 5~25cm。叶鞘疏生柔毛；叶舌短小，具细柔毛；叶片线形，粗糙，两面疏生白柔毛。雄花序有 2~3 枚总状排列的穗状花序，草黄色；雌花序常呈头状。花期 5~6 月，果期 6 月。

生态特性 耐旱、耐寒、耐盐碱、耐瘠薄。适宜在黏性土或偏碱性沙质土壤上

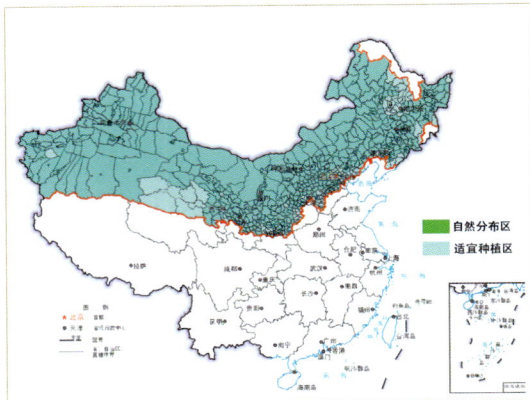

生长。

适生区域　原产美洲中南部，在我国西北、华北及东北地区引种栽培。"三北"工程区适宜种植。

主要用途　水土保持、饲用、绿化观赏。

种植技术　采用种子和分株种植。种子种植：因种子结实率低，常采用分株繁殖或用匍匐茎埋压繁育。一般春秋季繁殖栽培均可，春季较好，条播，播深 1~2cm。播种量 200kg/hm^2。分株种植：分栽面积比为 1∶10，穴栽距离 10cm，分栽后立即浇水，通常 5~7 天即可成活。

无芒隐子草

Cleistogenes songorica

形态特征 多年生草本。秆丛生，高 15~50cm，基部具密集枯叶鞘。叶鞘长于节间，无毛，鞘口有长柔毛；叶舌具短纤毛；叶片线形，上面粗糙。圆锥花序开展，分枝开展或稍斜上，分枝腋间具柔毛；小穗含 3~6 小花，绿色或带紫色；颖卵状披针形，近膜质，先端尖，具 1 脉。颖果。花果期 7~9 月。

生态特性 耐旱、耐寒、耐瘠薄。多生于干旱草原、荒漠或半荒漠沙地。

适生区域 产内蒙古、宁夏、甘肃、新疆、陕西、青海等地。河北、山西等"三北"

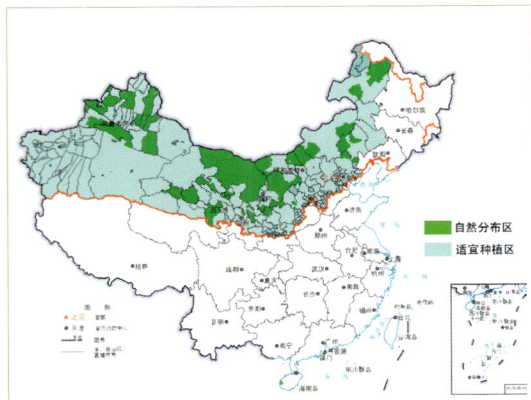

工程区亦适宜种植。

主要用途 饲用、固沙保土。

种植技术 采用种子种植。种子存在休眠现象，20~30℃变温可有效破除种子休眠。

生态修复模式 单播，也可与牛枝子按种子量 2∶1 隔行条播进行生态修复。

糙隐子草

Cleistogenes squarrosa

形态特征　多年生草本。秆直立或铺散，密丛，纤细，具多节，干后常呈蜿蜒状或回旋状弯曲。植株绿色，秋季经霜后常变成紫红色。叶鞘无毛，层层包裹直达花序基部；叶舌具短纤毛；叶片线形，扁平或内卷，粗糙。圆锥花序狭窄，绿色或带紫色；颖具1脉，边缘膜质；外稃披针形；先端常具较稃体为短或近等长的芒。花果期7~9月。

生态特性　耐旱、耐寒、耐盐碱。多生于干旱草原、丘陵坡地、固定或半固定沙丘。

适生区域　产黑龙江、吉林、辽宁、内

蒙古、宁夏、甘肃、新疆、河北、山西、陕西等地。"三北"工程区适宜种植。

主要用途　饲用、固沙保土。

种植技术　采用种子种植。种子存在休眠现象，20~30℃变温可有效破除种子休眠。

生态修复模式　单播，也可与苜蓿、黑麦草等混播。

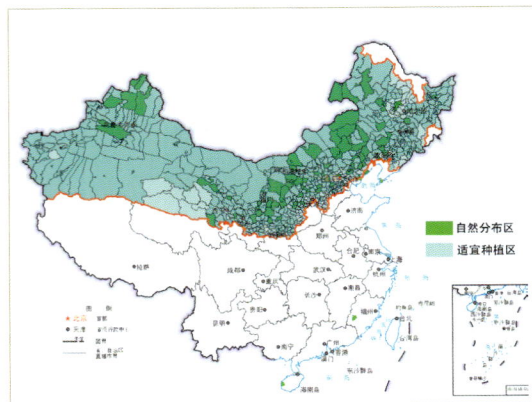

299

披碱草

Elymus dahuricus

形态特征　多年生草本，株高 70~140cm。秆疏丛，直立，基部膝曲。叶鞘光滑无毛；叶片扁平，上面粗糙，下面光滑，有时呈粉绿色。穗状花序较紧密，直立；穗轴边缘具小纤毛；小穗绿色，成熟后草黄色；颖披针形或线状披针；外稃披针形，两面密被短小糙毛，内稃先端截平，脊上具纤毛，脊间被稀少短毛。花期 7~9 月，果期 9~11 月。

生态特性　耐旱、耐寒、耐碱、耐风沙。多生于山坡草地、高海拔地区或路边。

适生区域　分布于我国东北、西北、华北等地。"三北"工程区适宜种植。

主要用途　饲用、水土保持。

种植技术　采用种子种植。春、夏、秋均可播种。条播，行距 20cm，播深 2~

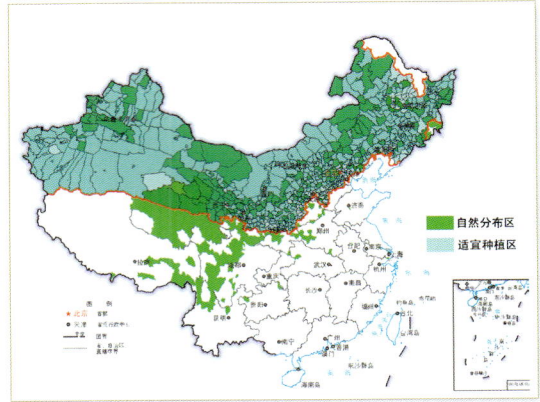

自然分布区
适宜种植区

3cm。播种量 30~45kg/hm²。

　　生态修复模式　单播，也可与冰草、沙打旺、胡枝子、羊柴、小叶锦鸡儿等草本和灌木混播。

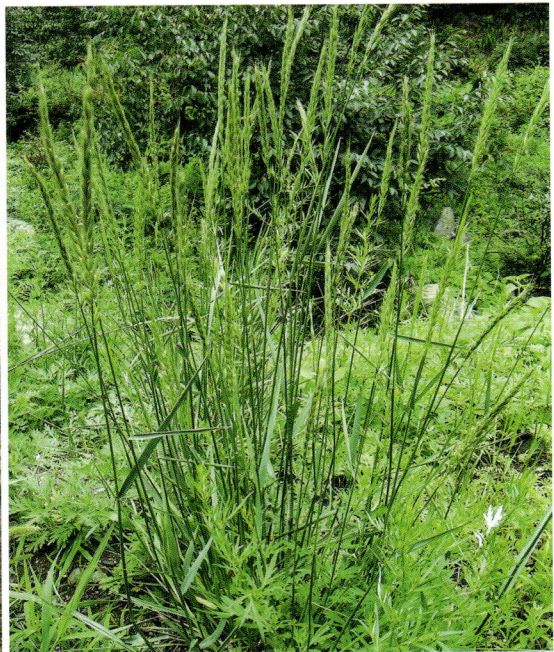

老芒麦

Elymus sibiricus

形态特征 多年生丛生草本。秆单生或成疏丛，直立或基部稍倾斜，高60~90cm，下部的节稍呈膝曲状。叶鞘光滑无毛；叶片扁平。穗状花序较疏松而下垂；小穗灰绿色或稍带紫色；外稃披针形；内稃先端2裂，脊上密被小纤毛。花期8月，果期9月。

生态特性 耐寒、耐湿，抗旱力稍差。在年降水量400~600mm的地区可旱作栽培。适宜在弱酸性或微碱性腐殖质土壤生长。

适生区域 产黑龙江、吉林、辽宁、内蒙古、河北、山西、陕西、甘肃、宁夏、青海、新疆等地。"三北"工程区适宜种植。

主要用途 饲用、水土保持。

种植技术 采用种子种植。可春播、夏播、秋播，以夏播或秋播为宜。播种前对种子采用碾压等方式断芒。条播或撒播，条播行距15~30cm。播种量22.5kg/hm^2。

生态修复模式 单播，也可与紫花苜蓿、中华羊茅、垂穗披碱草等禾本科、豆科牧草混播。

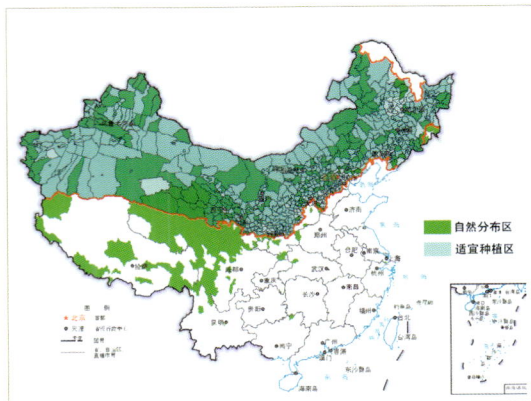

"三北"工程常用植物

自然分布区
适宜种植区

草本

赖草属 *Leymus*

羊 草

Leymus chinensis

别名：碱草

形态特征 多年生草本，具下伸或横走根茎。秆散生，直立，高 40~90cm，具 4~5 节。叶鞘光滑，基部残留叶鞘呈纤维状，枯黄色；叶舌截平，顶具裂齿，纸质；叶片扁平或内卷，上面及边缘粗糙，下面较平滑。穗状花序直立；小穗轴节间光滑，质地较硬，背面中下部光滑，上部粗糙，边缘微具纤毛。花果期 6~8 月。

生态特性 耐旱、耐寒、耐盐碱、耐践踏，不耐涝。在年降水量 250mm 的地区生长良好，最适宜在年降水量 400~600mm 的地区种植。

适生区域 欧亚大陆草原区东部草甸草原及干旱草原上的重要建群种之一。我国

东北部松嫩平原及内蒙古东部为其分布中心。"三北"工程区适宜种植。

主要用途 饲用、水土保持。

种植技术 采用种子和根茎种植。种子成熟不一，播前必须严加清选。春、夏、秋季均可播种。在低温条件下浸种 20 天可有效提高种子发芽率。播种量 37.5~45kg/hm²，覆土深度 2~3cm。飞播最好将种子丸粒化。也可用根茎种植，将根茎切分成含有节的小段，埋入播种沟内，覆土后及时灌水。

生态修复模式 单播，也可与苜蓿、披碱草等混合播种，用于退化、沙化、盐渍化草地改良，水土流失地区生态治理。

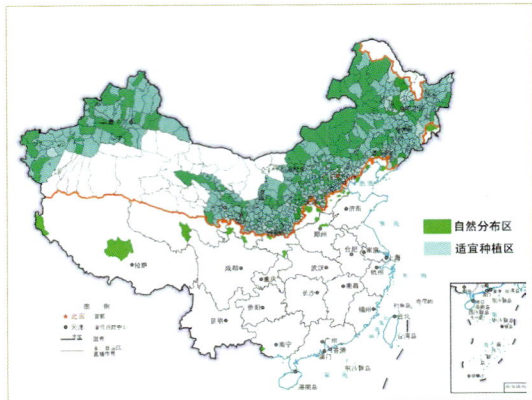

草本

305

赖 草

Leymus secalinus

形态特征 多年生草本，具下伸和横走的根茎。秆单生或丛生，直立。叶鞘光滑无毛，或在幼嫩时边缘具纤毛；叶舌膜质，截平；叶片扁平或内卷，上面及边缘粗糙或具短柔毛，下面平滑或微粗糙。穗状花序直立，灰绿色；穗轴被短柔毛，节与边缘被长柔毛；颖线状披针形，先端狭窄如芒，不覆盖第一外稃的基部；外稃披针形，边缘膜质。花果期 6~10 月。

生态特性 耐旱、耐寒，耐轻度盐渍化。生于沙地、平原绿洲及山地草原带。

适生区域 产新疆、甘肃、青海、陕西、内蒙古、河北、山西、黑龙江、吉林、辽宁等地。"三北"工程区适宜种植。

主要用途 饲用、药用、水土保持。

种植技术 采用种子种植。春播、夏播和秋播均可，播种最佳时期 4 月上旬至 5 月上旬。选择排水良好、土层深厚、中性

306

或微碱性沙壤土或壤土地块作为育苗地。深耕 20cm 以上，耕后耙平，要求地面平整，土块细碎均匀。条播、撒播和穴播均可，条播行距 30~60cm。播种深度沙性土壤不超过 3cm，黏性土壤不超过 2cm。播种量 20~35kg/hm²。

生态修复模式　单播，可用于"三北"工程区荒漠和退化草原生态修复。

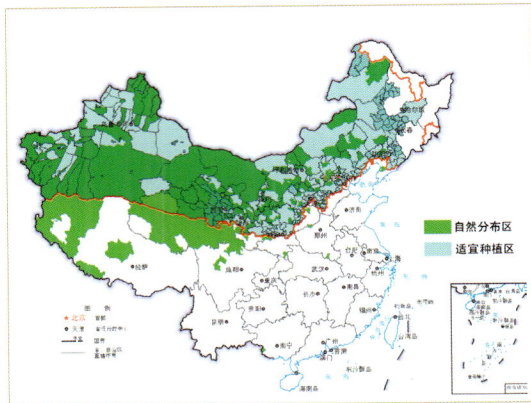

自然分布区
适宜种植区

芦苇

Phragmites australis

形态特征 多年生草本，有粗壮匍匐根状茎。秆高 1~3m，节下通常具白粉。叶鞘圆筒形；叶舌有毛；叶片扁平，顶端长渐尖成丝形。花圆锥花序微向下垂，下部枝腋间有白柔毛；小穗通常含 4~6 朵小花；颖有 3 脉；第一不孕外稃常为雄性，第二外稃具 3 脉；内稃脊上粗糙；雄蕊 3，花药黄色。颖果。花果期 6~11 月。

生态特性 耐旱、耐寒、耐盐碱。生于沙地、盐渍化土地以及沼泽、湖岸和河岸。

适生区域 产全国各地。适宜"三北"工程区湿地生态修复。

主要用途 固沙保土、水质净化、编织。

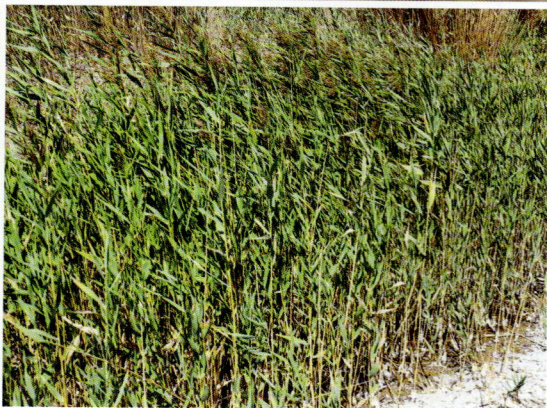

种植技术　采用种子、分株移植和营养体平压种植。种子种植：选择地势平坦、排灌水方便、土壤含盐量低、无杂草的地块作育苗地，深翻土地，施有机肥 0.3~4.5kg/hm²，与土壤充分混合耙平，整地作床。将种子均匀撒在苗床，覆盖稻草，适时喷水保持湿润。分株移植：选取健康植株分株，移植至适宜区域。刚进入生长盛期须施肥。营养体平压繁育：选当地旱生或水生高大粗壮且无病虫害的野生芦苇作种茎，每根种茎保留数个芽，削去嫩尖，捆成直径 12~15cm 的小捆。按 50cm 行距，将种茎摆放于地表，头尾相接，覆沙后灌水。

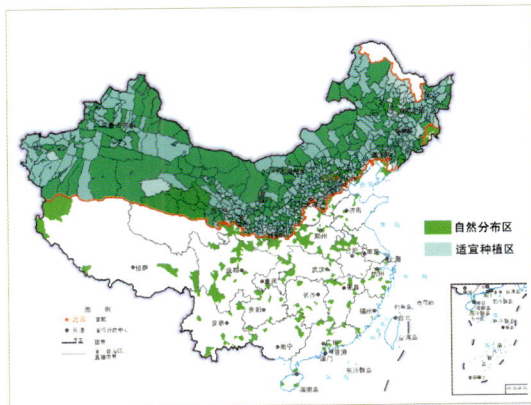

生态修复模式　单播，或与其他湿地草本混播，用于退化湿地生态修复。

草地早熟禾　　*Poa pratensis*

形态特征　多年生草本，具发达匍匐根茎。秆疏丛生，直立，高 50~90cm，2~4 节。叶鞘平滑或糙涩；叶舌膜质；叶片线形。圆锥花序金字塔形或卵圆形；小穗卵圆形；颖卵圆状披针形；外稃膜质，脊与边脉中部以下密生柔毛，基盘具稠密长绵毛。颖果纺锤形，具三棱。花期 5~6 月，果期 7~9 月。

生态特性　喜光，耐旱、耐寒，喜温暖湿润环境和微酸性土壤。质地细软，绿期长，耐践踏。常生于湿润草甸、沙地、草坡及海拔 500~4000m 的山地。

适生区域　广泛分布于欧亚大陆温带和北美地区。产黑龙江、吉林、辽宁、内蒙古、河北、山西、陕西、甘肃、青海、新疆等地。"三北"工程区适宜种植。

主要用途　饲用、绿化观赏、水土保持。

种植技术　采用种子种植。温暖地区春、夏、秋季均可播种，最适宜秋播；高寒地区，春播宜在 4~5 月，秋播可在 7 月。条播，行距 30cm，播深 2~3cm。播种量 7.5~12kg/hm^2。

生态修复模式　单播，也可与中华羊茅、老芒麦、黑麦草等禾本科牧草混播。

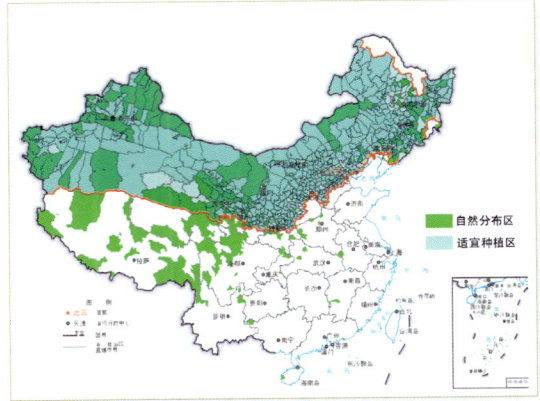

草 本

311

沙 鞭 *Psammochloa villosa*

别名：沙竹

形态特征 多年生草本，具长而横走的根茎。秆直立，光滑，基部具有黄褐色枯萎的叶鞘。叶鞘光滑，几包裹全部植株；叶舌膜质，披针形；叶片坚硬，扁平，常先端纵卷，平滑无毛。圆锥花序紧密直立；小穗淡黄白色；两颖近等长或第一颖稍短，披针形；外稃背部密生长柔毛，芒直立，易脱落；内稃近等长于外稃，背部被长柔毛。花果期 5~9 月。

生态特性 耐旱、耐寒、耐瘠薄。多生于流动沙丘。

适生区域 产内蒙古、甘肃、青海等地。上述"三北"工程区适宜种植。

主要用途 固沙保土、饲用。

种植技术　采用根状茎繁育。不能每年结实，种子成熟后短期内脱落，不易采集，常用根状茎繁育。

生态修复模式　采用根状茎繁育苗木移植，用于沙地生态修复。

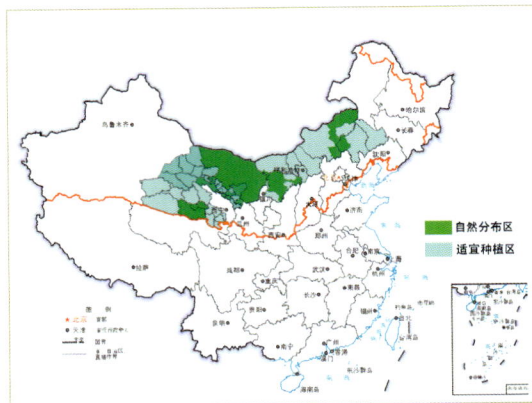

草本

碱茅属 *Puccinellia*

碱 茅

Puccinellia distans

形态特征 多年生草本。秆直立，丛生或基部偃卧，节着土生根，高20~30cm。叶鞘长于节间，平滑无毛；叶片线形，扁平或对折。圆锥花序开展；小穗含5~7小花；颖质薄，顶端钝，具细齿裂。颖果纺锤形。花果期5~7月。

生态特性 耐旱、耐寒、耐盐碱。多生于轻度盐碱性湿润草地、田边、水溪、河谷、低草甸盐化沙地。

适生区域 产黑龙江、吉林、辽宁、内蒙古、山西、河北、陕西、甘肃、青海、新疆等地。"三北"工程区适宜种植。

主要用途 饲用、水土保持、盐碱地改良。

314

种植技术 采用种子种植。4~10月均可播种。要求整地精细，条播，行距30~45cm，覆土1cm。播种量40~50kg/hm²。若整地较晚，立即播种可不覆土。

生态修复模式 单播，也可与披碱草、老芒麦等禾本科牧草混播。

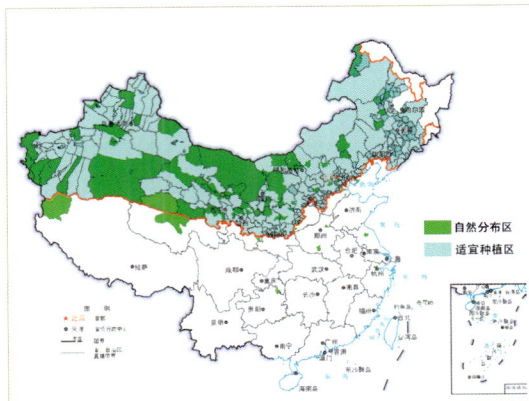

图例
自然分布区
适宜种植区

草本

315

短花针茅

Stipa breviflora

形态特征　多年生草本。须根坚韧，细长。秆基部有时膝曲，宿存枯叶鞘。叶鞘短于节间，基部者具短柔毛；基生叶舌钝，秆生叶舌顶端常两裂，均具缘毛；叶片纵卷如针状。圆锥花序狭窄，基部常为顶生叶鞘所包藏，分枝细而光滑，孪生，上部可再分枝而具少数小穗；小穗灰绿色或呈浅褐色，芒二回膝曲，全芒着生柔毛。颖果长圆柱形，绿色。花期 5~7 月，果期 6~7 月。

生态特性　耐旱、耐寒、耐瘠薄。多生于石质山坡、干山坡或河谷阶地上。

适生区域　产内蒙古、宁夏、甘肃、新疆、青海、陕西、山西等地。河北等"三北"工程区亦适宜种植。

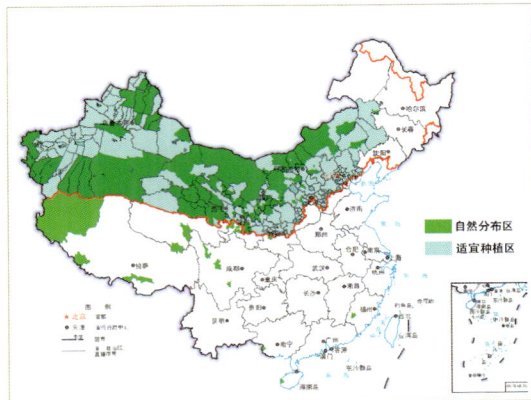

草本

主要用途　饲用、水土保持。

种植技术　采用种子种植。将种子在 -20℃冷冻 12 小时后常温放置 12 小时，如此反复 4 次，再用 40~60℃温水浸泡 24 小时后捞出沥干水分，用浓度 70mg/L 赤霉素溶液浸泡 24 小时。将种子穴播到苗地中，播后覆盖粉沙土，厚 0.5cm，在苗地上覆盖一层遮阳网，并浇水保湿。

生态修复模式　单播，可用于荒漠草原地区生态修复。

317

长穗薄冰草

Thinopyrum elongatum

别名：高冰草、长穗偃麦草

形态特征　多年生草本。具直伸的根茎，须根坚韧。秆直立，坚硬，被白霜，基部残存枯死叶鞘，具3~4节，高70~120cm。叶鞘通常短于节间，边缘膜质，平滑；叶舌质硬，顶具细毛；叶耳膜质，褐色；叶片灰绿色，上面粗糙或被长柔毛，下面无毛。穗状花序直立。颖长圆形，顶端钝圆或稍平截。花果期5~8月。

生态特性　抗寒、耐旱、耐盐碱。适宜冷凉干燥的气候条件。

适生区域　原产欧洲，引入我国后，用作小麦远缘杂交的野生亲本。内蒙古、新疆、河北、宁夏、陕西、山西、天津、北京、黑龙江和甘肃等"三北"工程区适宜种植。

主要用途　饲用、水土保持、盐碱地改良。

种植技术　采用种子种植。在土壤墒情

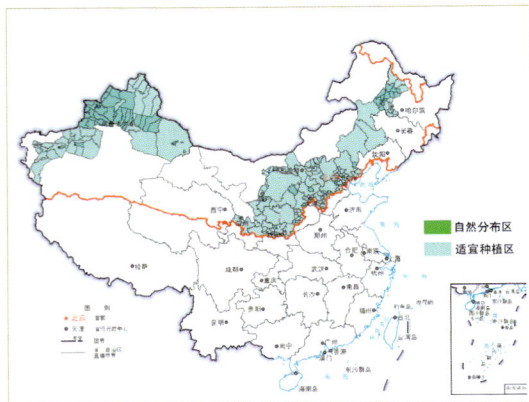

适宜的条件下，可春播也可秋播。条播，行距 30cm，播深 2~3cm，播后覆土镇压。播种量 15~22.5kg/hm²。每年秋末或春季施入氮肥，可提高产量和改善品质。

生态修复模式 单播，也可与紫花苜蓿、红豆草、无芒雀麦等豆科和禾本科牧草混播。

莲

Nelumbo nucifera

别名：荷花、芙蓉

形态特征　多年生水生草本。根状茎横生，内有多数纵行通气孔道。叶圆形，全缘稍呈波状，具白粉；叶柄圆柱形，中空。花瓣红色、粉红色或白色，矩圆状椭圆形至倒卵形；花柱极短，柱头顶生。坚果椭圆形或卵形；种子卵形或椭圆形，种皮红色或白色。花期 6~8 月，果期 8~10 月。

生态特性　喜光，不耐阴，喜湿润环境，不耐干旱。生于水体稳定，且基底有一定厚度淤泥的坑塘中。

适生区域　产黑龙江、吉林、辽宁等地。适宜"三北"工程区湿地生态修复。

主要用途　食用、药用、观赏、水质净化。

种植技术　采用播种、排种、扦插种植。播种种植：在种脐（凹进处）一端破

小口（注意勿伤胚芽），在 15~25℃清水中浸泡催芽，每天换水 1 次，3~5 天绿色胚芽露出后即可育苗。先将水田耕翻耙平，做宽 1~1.2m 苗床。将种子平卧，播入泥中，约一莲子深，然后在苗床四周插竹架，上盖塑料薄膜，苗床灌水 3~5cm 深。株行距 10~15cm。排种种植：即牵绳定位栽植，选择母藕或至少有 2 节以上充分成熟的子藕，株行距 1（~2）m×2m。用种藕量 2250~3750kg/hm²。扦插种植：5 月底至 6 月上旬，选择径约 20cm，有 2 片直立叶及 2 条侧枝的莲鞭，莲鞭与侧枝入土深 10~15cm，用泥土压实。株行距 1m×2m。生长期间施足基肥，田间水层

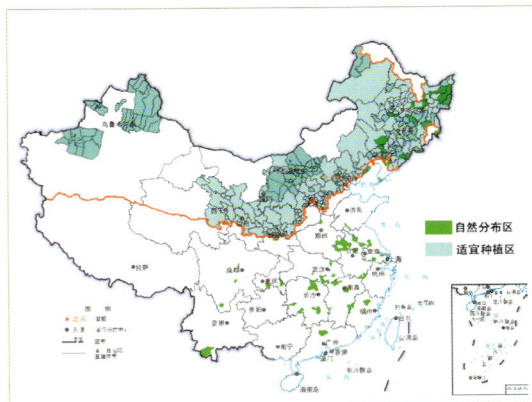

保持在 10~15cm。

生态修复模式 单一片状种植或点状种植，用于水域美化和水质净化。

芍 药　　*Paeonia lactiflora*

别名：野芍药、白芍

形态特征　多年生草本，高 30~70cm。根粗壮，长圆柱形。茎无毛，基部生数枚鞘状鳞片。茎下部叶为二回三出复叶；顶生小叶倒卵形或宽椭圆形；侧生小叶比顶生小叶小；茎上部叶为三出复叶或单叶。单花顶生；萼片 3~5，宽卵形；花瓣白色或粉红色，倒卵形。蓇葖果卵圆形，成熟时果皮反卷，呈红色。花期 5~6 月，果期 9 月。

生态特性　喜光，耐寒。生于山坡草地及林缘。

适生区域　产黑龙江、吉林、辽宁、内蒙古、山西、河北、陕西、甘肃等地。"三北"工程区适宜种植。

主要用途　药用、观赏。

种植技术　采用块根种植。秋季采挖根，

芍药科 Paeoniaceae

将芽头根据大小、数量切成块，每块留粗壮芽头 2~3 个，芽头下留根 3cm 左右。随挖随种，若不能及时种植，可沙藏。栽种前用 70% 甲基硫菌灵可湿性粉剂 700 倍液加 50% 辛硫磷乳油 50 倍液的混合液浸泡 15~30 分钟杀菌消毒，晾干后种植。最佳种植时间 9 月中旬至 10 月中旬。株行距 40cm×70cm。

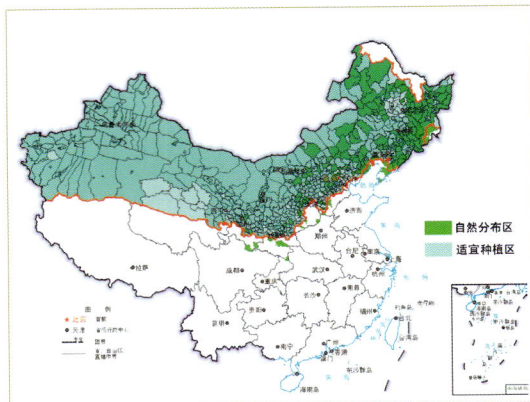

锁 阳

Cynomorium songaricum

形态特征 多年生肉质寄生草本，大部分埋于土中。茎直立，圆柱形，高 10~100cm，基部略增粗。叶呈鳞片状，先端尖，呈螺旋状排列，下部较密集。穗状花序生于茎顶，矩圆状棍棒形，暗紫红色，散生有鳞片状叶；蜜腺近倒圆锥状，半抱花丝；花药紫红色；两性花较少。小坚果卵状球形；种子近球形，种皮坚硬。花期 5~6 月，果期 6~8 月。

生态特性 生于荒漠、半荒漠地带的沙丘、丘间低地、湖盆边缘、河流沿岸阶地、山前洪积冲积扇等。常寄生在白刺、霸王根部。

适生区域 国家二级保护野生植物。产新疆、青海、甘肃、宁夏、内蒙古、陕西等地。上述"三北"工程区适宜种植。

主要用途 药用、食用。

种植技术 在寄主外根系密集区，挖长 1m、宽 30cm、深 50~70cm 的坑穴，施入腐熟有机肥 1kg，覆土 10cm，将种子掺沙撒播，之后回填适量细土，留 10~15cm 灌水穴。播种量 0.1g/ 穴。

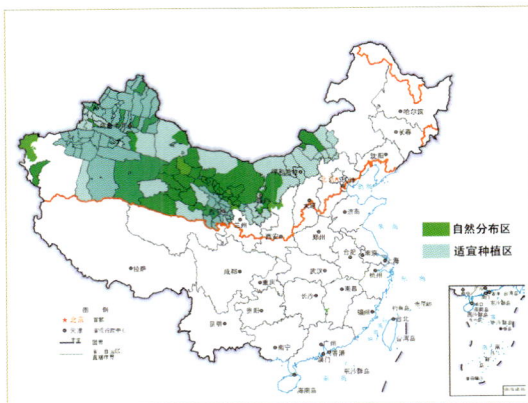

草本

斜茎黄芪

Astragalus laxmannii

别名：沙打旺

形态特征 多年生草本，高20~100cm。深根性，主根明显，侧根多而长，具根瘤。茎丛生，有条棱。奇数羽状复叶；小叶长圆形、近椭圆形或狭长圆形。总状花序长圆柱状、穗状；花冠近蓝色或红紫色；子房被密毛；荚果长圆形。花期6~8月，果期8~10月。

生态特性 耐旱、耐寒、耐瘠薄。生于固定沙地、盐渍化沙地、河滩、向阳山坡灌丛及林缘等。

适生区域 产黑龙江、吉林、辽宁、内蒙古、山西、河北、陕西、甘肃、青海、新疆等地。"三北"工程区适宜种植。

主要用途 水土保持、饲用、药用。

种植技术 采用种子种植。在气候温暖的地区，春播、秋播均宜；在气候寒冷，生长季节短的地区宜春播。在干旱、风沙地区，一般在雨季前播种。宜浅播，播深1~2cm。播种量：撒播7.5kg/hm²，条播2.25~3.75kg/hm²。也可采用飞播，一般

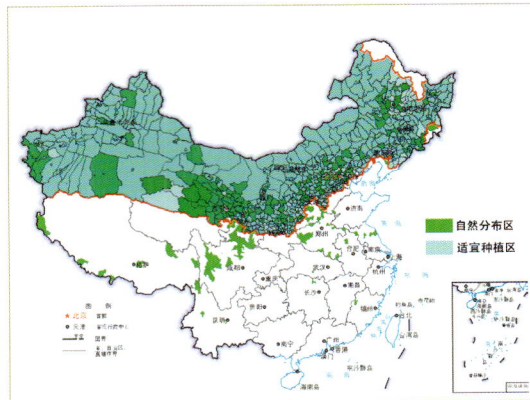

5~6月，与塔落木羊柴、花棒、籽蒿飞播，播种量6~7.5kg/hm²。其中塔落木羊柴+

花棒播种量4~6kg/hm²，籽蒿+沙打旺1.5~2.5kg/hm²。

蒙古黄芪

Astragalus membranaceus var. *mongholicus*

别名：蒙古黄耆、黄芪、黄耆、膜荚黄芪

形态特征 多年生草本，高50~100cm。主根肥厚，木质，常分枝。茎直立，有细棱，被白色柔毛。羽状复叶；小叶椭圆形或长圆状卵形。总状花序；花梗连同花序轴稍密被柔毛；花萼钟状，外面被柔毛；花冠黄色或淡黄色。荚果薄膜质，半椭圆形。花期6~8月，果期7~9月。

生态特性 喜光，耐盐碱。多生于林缘、灌丛、山坡草地或草甸。

适生区域 产黑龙江、吉林、辽宁、内

蒙古、山西、河北、陕西、甘肃、青海、新疆等地。"三北"工程区适宜种植。

主要用途 药用、固沙保土。

种植技术 采用穴播、条播、撒播种植。北方地区4~5月进行播种。播前常用机械碾压与沸水催芽相结合的方法进行种子处理。穴播种植：在起好的种植地畦面上按株行距30cm×30cm开浅穴，每穴4~5粒种子，覆土2cm。播种量15~22.5kg/hm²。条播种植：在畦面按行距15~20cm开横沟，沟深3cm 播种时将种子与农家肥拌匀后，均匀撒入沟内，播后覆盖细土1~2cm，稍加压实。播种量75~90kg/hm²。撒播种植：将种子均匀播于地表面，覆细土盖住种子，厚度1~2cm，稍加压实。播种量120~180kg/hm²。

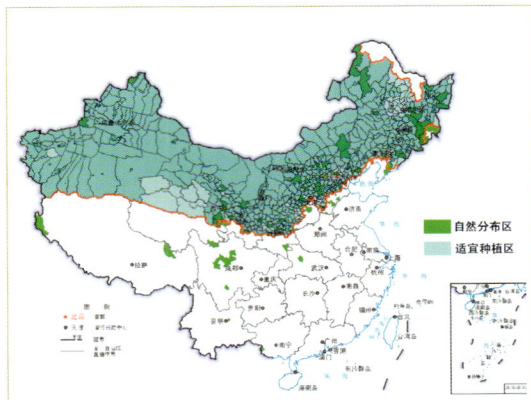

329

甘草

Glycyrrhiza uralensis

别名：乌拉尔甘草

形态特征　多年生草本。根与根状茎粗壮，极深。茎直立，多分枝，密被鳞片状腺点、刺毛状腺体及白色或褐色茸毛。奇数羽状复叶，具小叶 5~17 枚；小叶卵形、长卵形或近圆形，两面均密被黄褐色腺点及短柔毛。总状花序腋生，具多数花；花冠紫色、白色或黄色。荚果弯曲呈镰刀状或呈环状，密集成球，密生瘤状突起和刺毛状腺体；种子圆形或肾形。花期 6~8 月，果期 7~10 月。

生态特性　喜光，耐旱、耐盐碱、耐涝性差。适宜土层深厚、排水良好的沙质土壤。

适生区域　国家二级保护野生植物。产黑龙江、吉林、辽宁、内蒙古、山西、河北、陕西、甘肃、青海、新疆等地。"三北"工程区适宜种植。

主要用途　药用、水土保持。

种植技术　采用种子、种苗分级移栽或根茎种植。种子种植：春季日均气温升至 10℃ 以上即可播种，播种行距 30cm，深度不超过 3cm。播种量 30~45kg/hm^2。

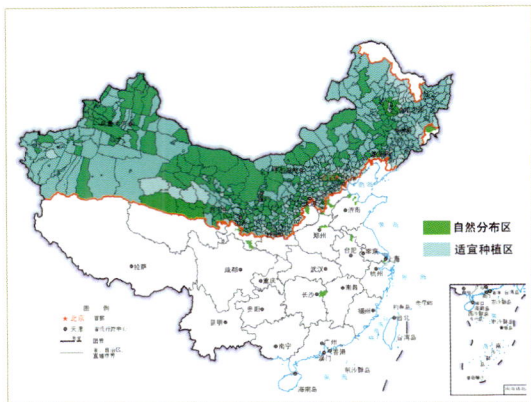

自然分布区
适宜种植区

种苗分级移栽种植：秋季在土壤封冻前进行移栽；春季在土壤温度达 20℃ 以上时进行移栽。将种苗挖出后，保留芽头，去掉根尾，剪成 30~40cm 长的根条，分级移栽。根茎种植：春秋采收时，粗根及根茎入药，将没有损伤、直径 0.5~0.8cm 的根茎剪成 10~15cm 长、带有 2~3 个芽眼的根茎段。按行距 30cm、深度 15cm 开沟，将根茎段平放沟底，株距 15cm，覆土压实后及时灌水。

花苜蓿
Medicago ruthenica

别名：扁蓿豆

形态特征　多年生草本，高20~100cm。深根性，主根深入土中，根系发达。茎直立或上升，四棱形，基部分枝。羽状三出复叶；小叶倒披针形、楔形至线形，先端截平，上面近无毛，下面被贴伏柔毛。花序伞形；苞片刺毛状；萼钟形，被柔毛，萼齿披针状锥尖；花冠黄褐色，中央深红色至紫色条纹；子房线形，无毛。荚果长圆形或卵状长圆形，扁平。花期6~9月，果期8~10月。

生态特性　耐旱、较耐寒、耐贫瘠。生于干旱山坡、河滩沙地、固定沙地、草原。

豆科 Fabaceae

332

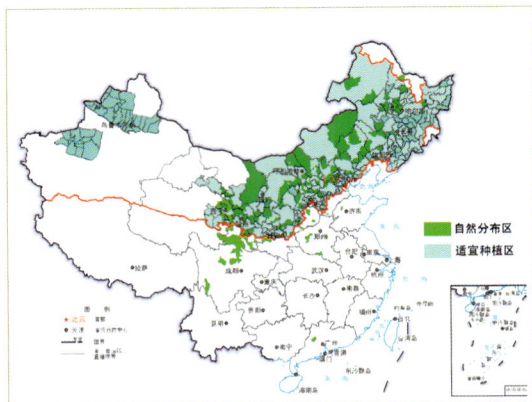

图例
自然分布区
适宜种植区

草
本

适生区域 产黑龙江、吉林、辽宁、内蒙古、山西、河北、北京、天津、陕西、青海、宁夏等地。新疆等"三北"工程区亦适宜种植。

主要用途 饲用、水土保持。

种植技术 采用种子种植。播种期 8~9 月。播前种子进行丸衣化处理。条播，行距 30cm，播深 0.5~1cm。播种量 15kg/hm²。

生态修复模式 单播，或与无芒雀麦等禾本科牧草混播。

苜蓿

Medicago sativa

别名：紫苜蓿、紫花苜蓿

形态特征　多年生草本，株高 0.3~1m。茎直立、丛生以至平卧。羽状三出复叶；托叶大，卵状披针形；小叶长卵形、倒长卵形或线状卵形；顶生小叶柄比侧生小叶柄稍长。花序总状或头状；苞片线状锥形；花冠淡黄色、深蓝色或暗紫色。荚果螺旋状；种子卵圆形，平滑。花期 5~7 月，果期 6~8 月。

生态特性　适应性广，喜土质松软的沙质壤土，不宜种植在低洼及易积水的地上，轻度盐碱地上也可种植。

适生区域　产黑龙江、吉林、辽宁、内蒙古、山西、河北、陕西、甘肃、青海、新疆等地。各地均有栽培或逸散为半野生状态。"三北"工程区适宜种植。

主要用途　饲用、食用、药用、水土保持。

334

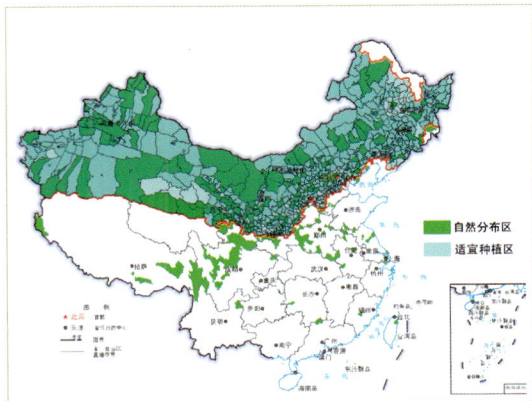

种植技术 采用种子种植。秋播种期 8 月中旬至 9 月初。条播，行距 25~30cm，播深 1.0~1.5cm。播种量 30kg/hm² 左右。盐碱地可适当增加播种量。

生态修复模式 单播，也可与草地早熟禾、无芒雀麦和苇状羊茅等禾本科牧草，以及红豆草等豆科牧草混播。

草木樨属 *Melilotus*

黄香草木樨

Melilotus officinalis

别名：黄花草木樨、草木犀

形态特征 二年生草本，高 40~250cm。茎直立，粗壮，多分枝，具纵棱，微被柔毛。羽状三出复叶；托叶镰状线形；小叶倒卵形、阔卵形、倒披针形至线形。总状花序腋生，花序轴在花期中显著伸展；苞片刺毛状，萼钟形，萼齿三角状披针形；花冠黄色；子房卵状披针形，胚珠 6 粒。荚果卵形，棕黑色；种子卵形，黄褐色，平滑。花期 5~9 月，果期 6~10 月。

生态特性 喜潮湿，耐干旱、耐盐碱、

抗寒，耐瘠薄。对土壤要求不严，一般土壤都可种植，以石灰性黏土生长最好。多生于山坡、河岸、路旁、沙质草地及林缘。

适生区域 产黑龙江、吉林、辽宁、北京、天津、河北、内蒙古、山西等地。"三北"工程区适宜种植。

主要用途 饲用、药用、水土保持。

种植技术 采用种子种植。条播、撒播、点播均可。播前划伤种皮。条播量 11.5~19kg/hm^2，留种播量 8~14kg/hm^2。

生态修复模式 单播，也可与燕麦等禾本科牧草混播。

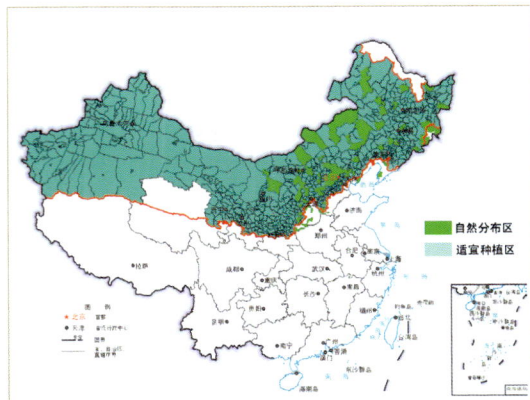

自然分布区
适宜种植区

337

田 菁

Sesbania cannabina

别名：向天蜈蚣

豆科 Fabaceae

形态特征 一年生草本，高 3~3.5m。茎绿色，微被白粉，平滑。幼枝疏被白色绢毛，折断有白色黏液。羽状复叶；小叶对生或近对生，线状长圆形。总状花序疏松；苞片线状披针形；花萼斜钟状，无毛；花冠黄色。荚果长圆柱形；种子绿褐色，短圆柱状。花果期 7~12 月。

生态习性 喜温、喜湿，耐盐碱、耐涝、

338

耐瘠薄。

适生区域 产我国南方各省区。"三北"工程区适宜种植。

主要用途 饲用、绿肥、盐碱地改良、药用。

种植技术 采用条播、撒播、沟播、穴播种植。条播以宽窄行为宜，宽行 100cm，窄行 30cm。植株顶土力较差，覆土不宜太深，一般以 2cm 左右为宜。播种量 30~75kg/hm^2。

生态修复模式 单播，也可与羊草、老芒麦、星星草等多种牧草混播。

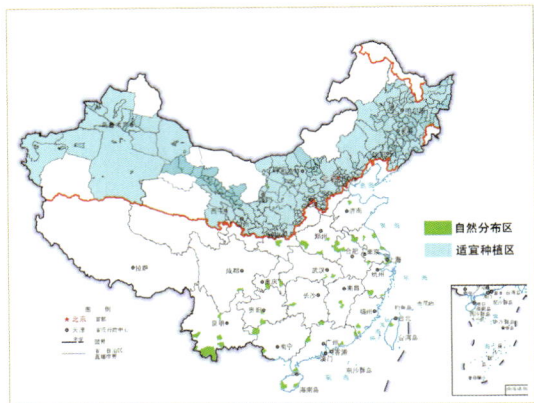

自然分布区
适宜种植区

苦豆子　*Sophora alopecuroides*

形态特征　多年生草本，高 60~100cm。深根性，根系深而广。羽状复叶；小叶纸质，披针状长圆形或椭圆状长圆形。总状花序顶生；花多数，密生；花萼斜钟状，5萼齿；花冠白色或淡黄色；雄蕊 10；子房密被白色近贴伏柔毛。荚果串珠状，具多

数种子；种子卵球形，稍扁，褐色或黄褐色。花期 5~6 月，果期 8~10 月。

生态特性　耐旱、耐盐碱、耐瘠薄，生于荒漠、半荒漠带沙地、荒滩。

适生区域　产内蒙古、山西、陕西、宁夏、甘肃、青海、新疆、河北等地。上述"三北"工程区适宜种植。

主要用途　固沙保土、药用、盐碱地改良、绿肥。

种植技术　采用种子种植。4 月下旬至 5 月上旬播种。翻耕土地，深度 25cm，以秋翻为宜，翻后耙磨平整、压实。播前每 100g 种子用 50mL 浓硫酸处理 25 分钟左右，用水冲洗 6~7 次，置于通风处晾干备用。条播深度 1~2cm，行距 40~60cm，

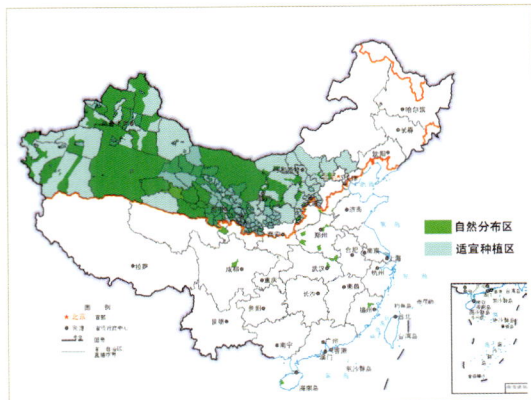

自然分布区
适宜种植区

覆土 1cm。播种量 60~70kg/hm^2。

生态修复模式　单播，也可与沙蒿、骆驼蓬等混播。

蕨 麻

Argentina anserina

别名：鹅绒委陵菜、人参果

形态特征　多年生草本。根木质，圆柱形。茎匍匐，红色，细长，节上生不定根、叶和花。奇数羽状复叶，基生叶有小叶 11~25；茎生叶有少数小叶。花单生于匍匐枝上的叶腋间；花梗纤细，被长柔毛；花萼被绢毛状长柔毛；花瓣 5，黄色，宽倒卵形或近圆形；花柱侧生，小枝状。瘦果肾形。花果期 5~9 月。

生态特性　喜湿，耐寒。生于湿润沙地、湖盆边缘、河滩湿草地及轻度盐渍化草甸。

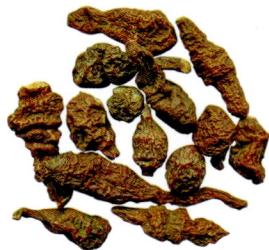

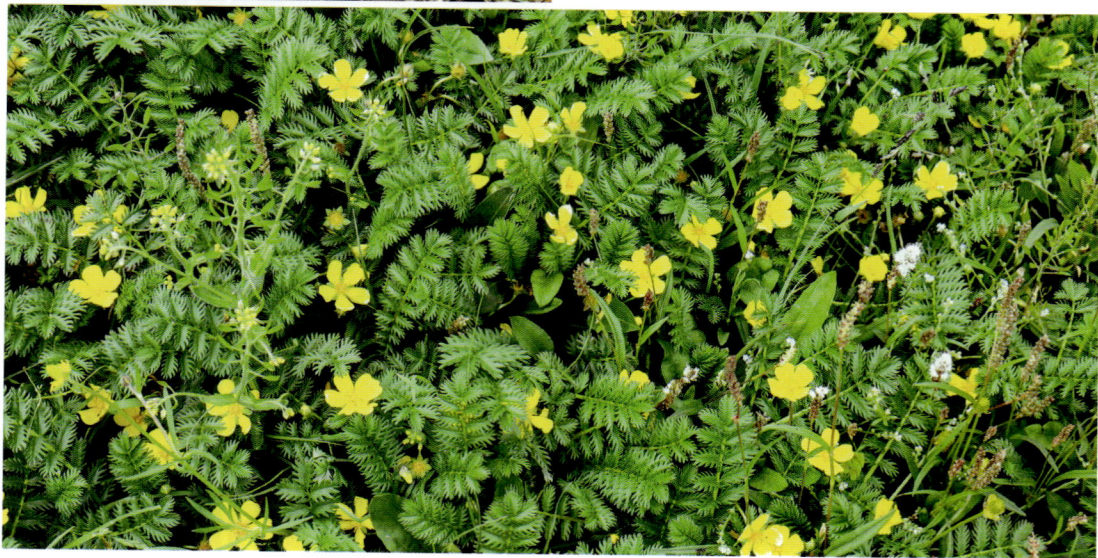

适生区域　产黑龙江、吉林、辽宁、内蒙古、河北、山西、陕西、甘肃、宁夏、青海、新疆等地。"三北"工程区适宜种植。

主要用途　药用、食用、饲用。

种植技术　采用块根种植。选择土质疏松，有机质含量丰富，光照充足，灌溉方便，排水良好的土壤。开沟条播，播深 5~10cm。株行距 20cm×20cm 至 50cm×50cm。播种量 45~75kg/hm²。

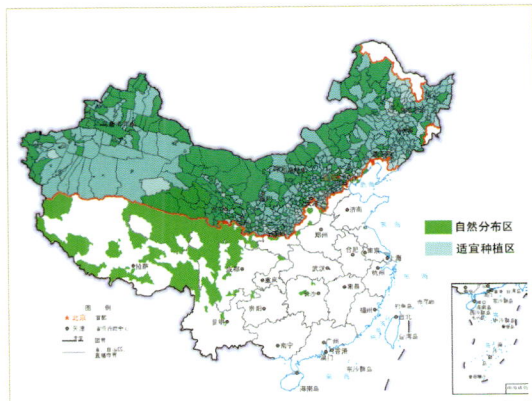

草本

343

黄花补血草

Limonium aureum

别名：黄花矾松

形态特征　多年生草本，高 10~30cm。茎丛生，叉状分枝，密被疣状突起。基生叶矩圆状匙形，花期枯萎；茎生叶退化成鳞片状。穗状花序位于枝端，再形成伞房状圆锥花序；花萼金黄色，漏斗状；花瓣黄色至橘黄色，雄蕊和花柱各 5，离生。蒴果倒卵状矩圆形，包于萼内。花期 6~8 月，果期 7~8 月。

生态特性　耐旱、耐寒、耐瘠薄。生于固定半固定沙丘、盐碱滩地、湖盆、戈壁、

黄土坡地和石质山坡。

适生区域 产内蒙古、甘肃、陕西、宁夏、青海、山西、新疆、河北等地。上述"三北"工程区适宜种植。

主要用途 药用、观赏、固沙保土。

种植技术 采用种子和育苗移栽。穴播，5月上旬播种。前一年秋季，深翻土地30cm，灌足冬水。翌年3月上旬耙磨平整，镇压保墒。播种前用0.4%硝酸钾溶液浸泡种子4分钟，再用0.4%高锰酸钾溶液浸种1.5小时，捞出晾干。每穴3~5粒种子，株行距50cm×50cm，覆盖风沙土，厚度0.3cm。播种量7.5kg/hm²。也可采用容器育苗。

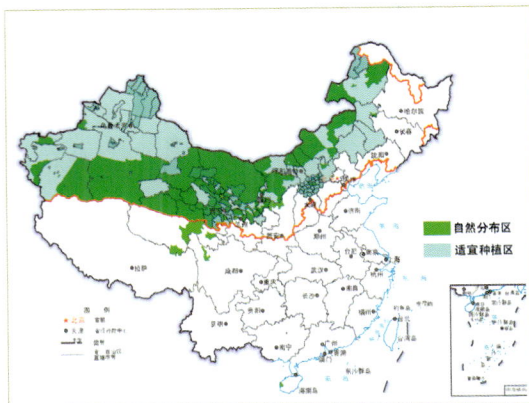

345

二色补血草

Limonium bicolor

别名：补血草

形态特征 多年生草本，高20~50cm。直根，红褐色。叶基生，呈莲座状，叶片倒卵状匙形或倒披针形，边缘具波状齿。花序轴粗糙，具棱角条纹；2~6花组成小穗，3~5小穗组成穗状花序，于花序分枝顶端形成聚伞圆锥花序；花萼淡紫色或粉红色，干后变白色，漏斗状；花冠黄色，裂片5；雄蕊5。蒴果。花期5~7月，果期6~8月。

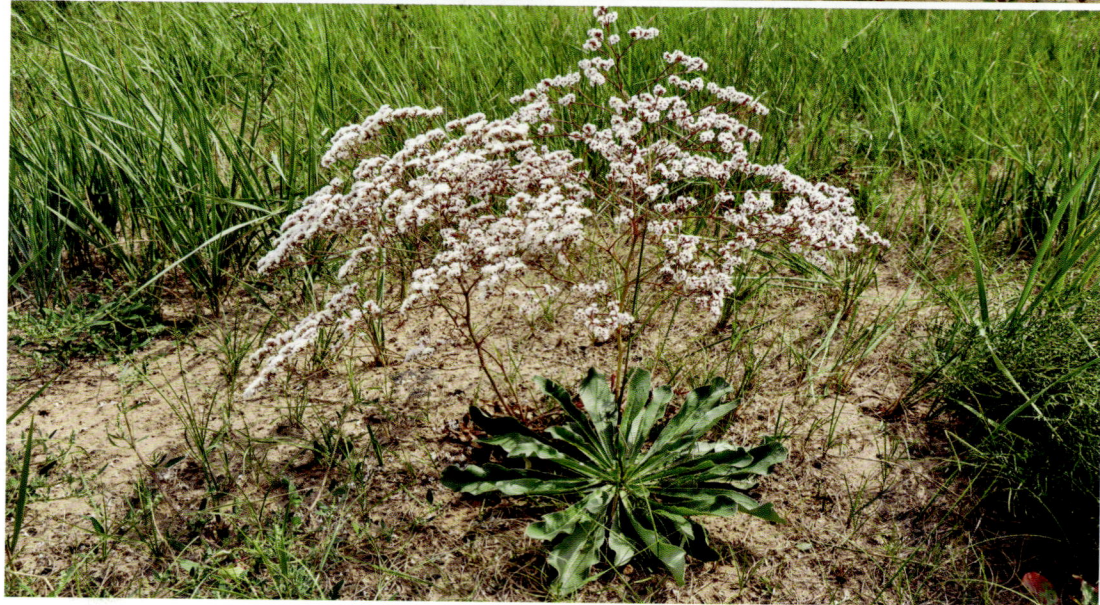

生态特性　耐旱、耐盐碱。生于平坦沙地、固定沙丘、砂砾质地和轻盐化草甸、沙质草原，喜生于含盐碱的钙质土或沙地。

适生区域　产内蒙古、黑龙江、吉林、辽宁、河北、北京、天津、山西、陕西、甘肃、宁夏、青海等地。"三北"工程区适宜种植。

主要用途　药用、观赏、固沙保土。

种植技术　采用种子和育苗移栽。9月采收种子，并进行人工净种。开沟点播，行距20cm，株距15cm，覆土0.5~1cm，用脚踩实后灌水。含盐碱量高的土壤，可带土移栽。

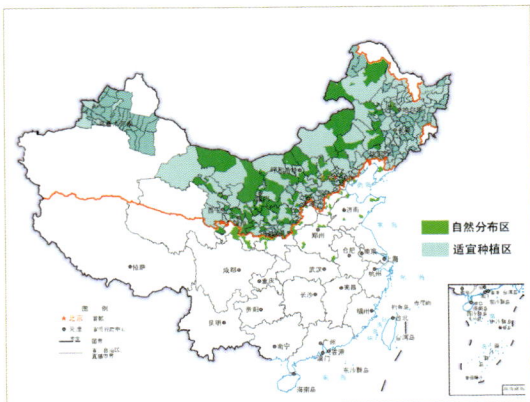

草本

347

沙 蓬

Agriophyllum pungens

别名：沙米

苋科 Amaranthaceae

形态特征 一年生草本，高 20~100cm。浅根性，侧根十分发达。叶无柄，披针形或披针状条形。穗状花序紧密，卵圆状或椭圆状；苞片宽卵形；花被片 1~3，膜质；雄蕊 2~3。胞果卵圆形或椭圆形；果喙深裂成两个扁平的条状小喙；种子近圆形。花果期 8~10 月。

生态特性 耐旱、耐寒、耐瘠薄，喜流沙环境。生于流动沙丘、半固定沙丘。

适生区域 产辽宁、河北、山西、内蒙古、陕西、甘肃、宁夏、青海、新疆等地。"三北"工程区适宜种植。

主要用途 固沙保土、食用、饲用。

种植技术 采用种子种植。播种时间 4月下旬至 5 月中上旬。种子需低温冷藏或用 2000mg/L 的赤霉素处理。播前浇足水，待沙土用手捏指缝间无滴水现象，松开手掌湿润时即可播种。多采用穴播，穴深 1~2cm，穴距 50~80cm，每穴播 3~5粒种子，覆盖风沙土，厚 0.5~1cm。可覆膜种植。播种量 7~15kg/hm^2。

生态修复模式 单播，也可与圆头蒿、黑沙蒿、沙拐枣等混播。

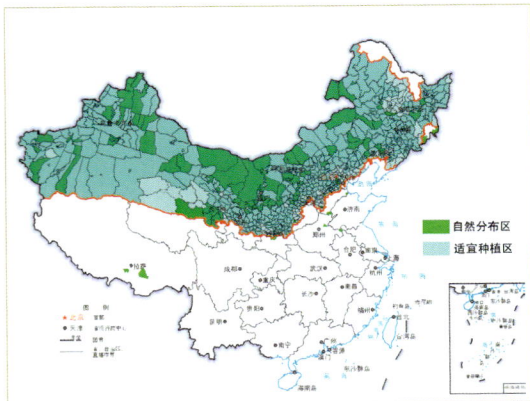

自然分布区

适宜种植区

草本

349

碱 蓬

Suaeda glauca

形态特征 一年生草本，高 30~70cm。茎直立，圆柱形，粗壮，有条棱。叶丝状条形，半圆柱状，肉质。花两性或兼有雌性，单生或 2~5 花团集于叶腋的短柄上；花被杯状，雌花花被近球形，较肥厚；花被片裂片 5，肉质；雄蕊 5。胞果包于花被内，果皮膜质；种子横生或斜生，双凸镜形，黑色，表面具清晰的颗粒状点纹。花期 6~8 月，果期 8~9 月。

生态特性 耐盐、耐湿、耐瘠薄。多生于海滨、荒地、渠岸、田边等含盐碱的土壤上。在河谷、渠边潮湿地和土壤瘠薄的盐滩均能正常生长。

适生区域 产黑龙江、内蒙古、河北、山西、陕西、宁夏、甘肃、青海、新疆等地。"三北"工程区适宜种植。

主要用途　水土保持、食用、盐碱地改良。

种植技术　采用种子种植。土地深翻30cm，将地整成宽1.2m的平畦，留宽30cm的作业行。条播，挖深5cm、底宽15cm的播种沟，间距20cm。气温稳定在15℃以上时播种，播前浸种6~8小时，然后将种子与干细土拌匀后撒播于播种沟，覆盖风沙土，厚度0.5cm左右。播种量30kg/hm²。播种后及时灌溉。

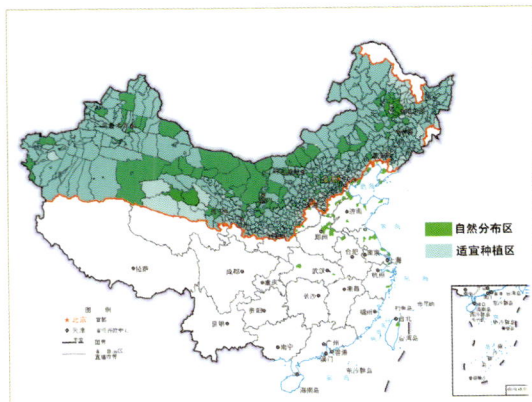

自然分布区
适宜种植区

盐地碱蓬　*Suaeda salsa*

别名：黄须菜、翅碱蓬

形态特征　一年生草本，高 20~80cm，植株呈绿色或紫红色。茎直立，圆柱状，黄褐色，有微条棱，无毛。叶条形，半圆柱状。团伞花序通常含 3~5 花，腋生，在分枝上排列成有间断的穗状花序；小苞片卵形；花两性；花被半球形；裂片卵形；柱头 2，有乳头。胞果包于花被内；果皮膜质，果实成熟后常常破裂而露出种子；种子横生，双凸镜形或歪卵形，黑色，有光泽，周边钝，表面具不清晰的网点纹。花果期 7~10 月。

生态特性　耐旱、耐盐碱、耐瘠薄。生于盐碱土，在海滩及湖边常形成单种群落。

适生区域　产黑龙江、吉林、辽宁、内蒙古、河北、山西、陕西、宁夏、甘肃、青海、新疆等地。"三北"工程区适宜种植。

主要用途　水土保持、湿地修复、食用、盐碱地改良。

种植技术　采用种子种植。春季、秋季

苋科 Amaranthaceae

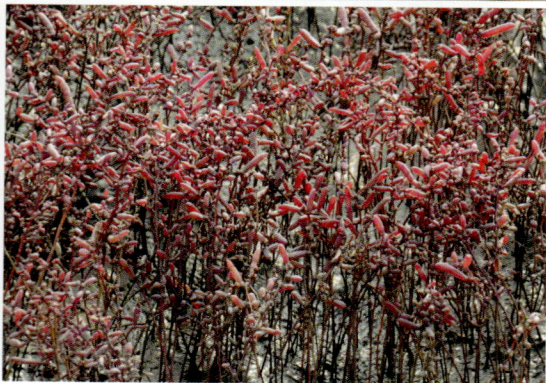

播种均可，春季播种前施腐熟农家肥，施肥量 22.5 t/hm²，配合尿素施肥后翻耕入土壤 20~30cm 深度。播种可采用机械播种，行距 10~15cm。播种量 15 kg/hm²。多采用条播，在盐碱较重的土地采用机械开沟播种，深度 3~5cm，播种后覆土，厚度 1.5cm 以下。播种后根据土壤墒情和土壤盐渍化程度适时补充出苗水，并进行中耕松土，施肥灌溉。

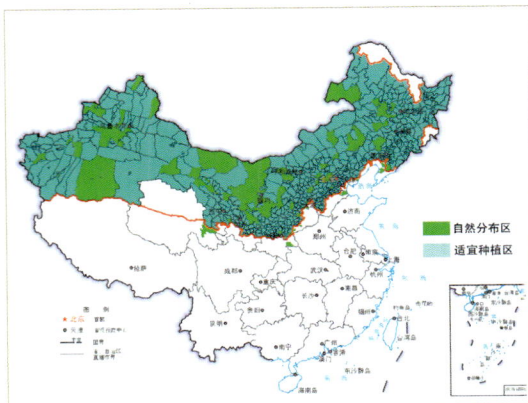

自然分布区
适宜种植区

草本

353

黄 芩

Scutellaria baicalensis

别名：空心草、黄金茶

形态特征　多年生草本。根粗大，暗褐色。茎方形，多分枝，高 25~60cm。叶对生，披针形。总状花序顶生，常偏向一侧；苞片草质，披针形，具短柄；花冠蓝紫色，花冠唇形，下唇 3 裂。小坚果卵圆形，表面具瘤。花期 7~8 月，果期 8~9 月。

生态特性　喜光，喜温、耐旱、抗严寒。生于固定沙地、石质山坡、硬梁地、草甸草原及山地丘陵。

适生区域　产黑龙江、辽宁、内蒙古、河北、甘肃、陕西、山西等地。吉林、新疆、青海、北京、天津等"三北"工程区亦适

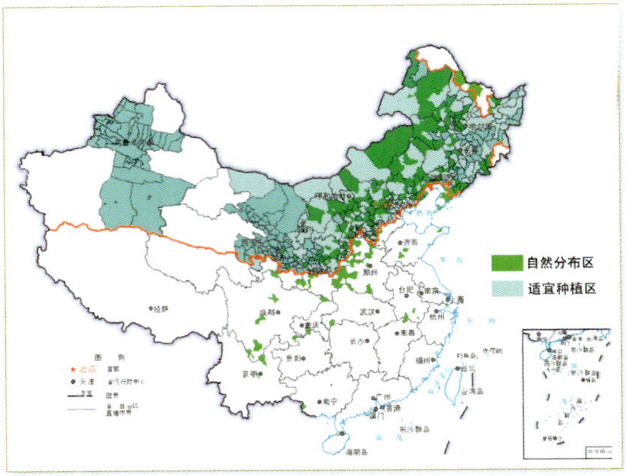

宜种植。

主要用途 药用、食用、观赏、水土保持。

种植技术 采用种子种植，可撒播或条播。育苗地应选择地势平坦、排水良好、土层深厚的沙质壤土。4~5 月播种。采用畦播，畦面宽 1m，畦间距 15~20cm，整地后及时覆黑色农用薄膜，铺平膜，覆膜后盖土压实。用直径 4~5cm 的圆筒形薄壁器械，按孔距 6~7cm，每行打孔 9~10 个，每穴 20~30 粒种子，覆盖细沙，厚 1cm。播种量 75~90kg/hm^2。

肉苁蓉　*Cistanche deserticola*

形态特征　多年生寄生草本。茎肉质，圆柱形，下部较粗，多埋于沙中，不分枝。叶鳞片状，螺旋排列。穗状花序，花密集；苞片条状披针形；花萼钟形，5 浅裂；花冠管状钟形，裂片 5；雄蕊 4，2 强，近内藏；子房椭圆形，白色，基部有蜜腺，花柱细长，柱头近球形，花丝基部、花药被长柔毛。蒴果卵形，2 瓣裂；种子多，椭圆状卵形，表面网状。花期 4~6 月，果期 6~7 月。

生态特性　生于荒漠带流沙、山前平原或半固定沙地。常寄生于梭梭、白梭梭根部。

适生区域　国家二级保护野生植物。产贺兰山以西各沙漠。内蒙古、宁夏、甘肃、新疆、青海等"三北"工程区适宜种植。

主要用途　药用、食用。

种植技术　采用种子接种。4 月下旬至 10 月中上旬，在梭梭、四翅滨藜向阳一

侧距植株 50cm 左右，挖深 40~50cm、径 30cm 的接种穴。把 0.05~0.1g 种子倒入 1kg 细沙中，种子和沙子混合均匀，以土堆顶部为界，将拌好的种子均匀撒在靠近接种坑一侧的土堆表面，从土垄两侧把含有种子的表土填入接种坑，然后用地面剩余的土回填接种坑，回填至距地表面 10~15cm 处。也可用接种纸接种，在距植株 30~50cm 处开穴，深 50~60cm，穴径 30cm 左右，将 1~2 张将接种纸在站近梭梭一侧的接种坑垂直放置，放入接种纸后覆土，留 10~15cm 坑，以便浇灌和存储雨水。

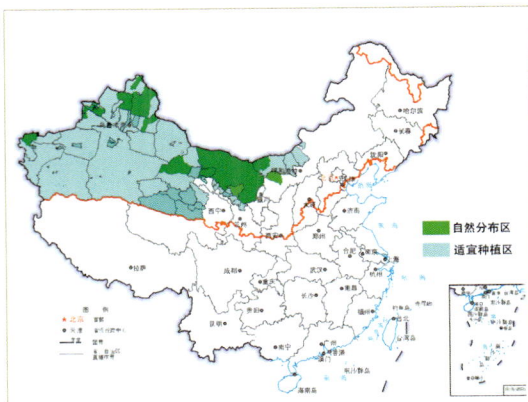

管花肉苁蓉 *Cistanche mongolica*

别名：蒙古肉苁蓉

形态特征　多年生寄生草本，高 20~100cm。茎肉质，粗壮。鳞片状叶多数，三角状披针形，淡黄色。穗状花序筒状，花密集；花萼筒状；花冠管状漏斗形。黄色，檐部蓝紫色；雄蕊 4，基部膨大，花药卵形，基部钝圆；雄蕊及花药密被黄白色柔毛。蒴果长圆形，2 瓣裂；种子多数，近圆形，黑褐色。花期 5~6 月，果期 6~7 月。

生态特性　生于河漫滩沙地、湖盆边缘沙地。常寄生于柽柳属植物根部。

适生区域　国家二级保护野生植物。产新疆南部。内蒙古、甘肃等"三北"工程区亦适宜种植。

主要用途　药用、食用。

种植技术　采用种子接种。5 月接种。在距离寄主植株 20cm 处，挖深 50~80cm、宽 30~40cm 的接种穴。将坑穴底土壤细耙整平后，人工撒入厚 2cm 的沙子，把种子点播于接种穴，可施入适量有机肥，覆土 30~50cm，最上面留浇水穴或积水穴。

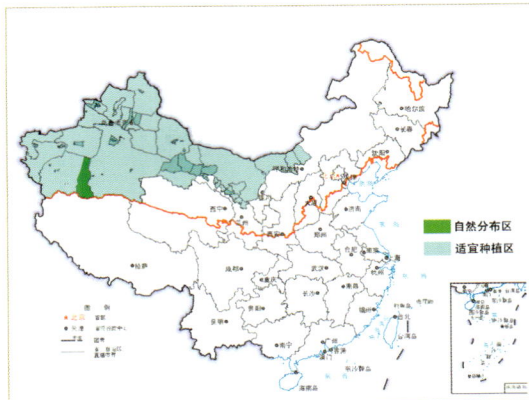

草本

荇 菜　　*Nymphoides peltata*

别名：莕菜

形态特征　多年生水生草本。茎圆柱形，多分枝，密生褐色斑点，节下生根。上部叶对生，下部叶互生；叶柄圆柱形。花常多数，簇生节上，5数；花梗圆柱形；花冠金黄色；雄蕊着生于冠筒上，整齐，花丝基部疏被长毛。蒴果无柄，椭圆形；种子大，褐色，椭圆形，边缘密生睫毛。花果期4~10月。

生态特性　喜光，不耐阴。喜多腐殖质的底泥和富营养的水体，适生于静止或流动缓慢的湖泊、河流等。

适生区域　产北京、河北、天津、内蒙古、陕西、山西、新疆、辽宁、吉林、黑龙江等地。适宜用于上述"三北"工程区湿地生态修复。

主要用途　药用、食用、观赏、水质净化。

种植技术　采用种子种植。播前将种子

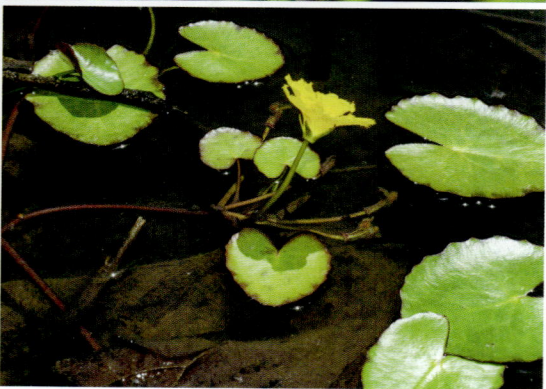

放入温水中浸泡 1~2 天，促进种子吸水膨胀。在 20℃的温度条件下，使用透气性好的育苗盘和营养土进行育苗，同时保持适宜湿度。当幼苗长到3~4片真叶时，可移栽。选择根系发达、健壮的幼苗，在日照适宜的晨间或傍晚移栽。

生态修复模式 单播，或与其他湿地草本混播。对藻类生长有较好的抑制作用，适宜在人工湿地应用。

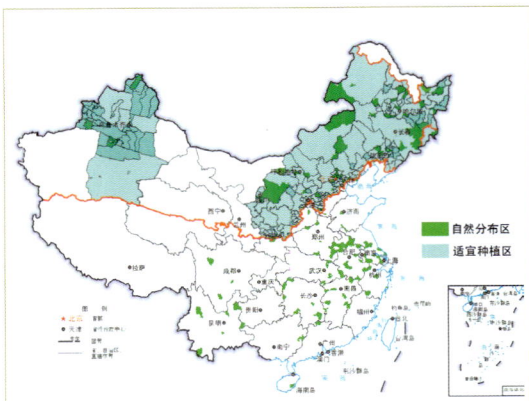

草本

361

伊犁绢蒿 *Seriphidium transiliense*

形态特征 半灌木状草本或近小灌木状。主根明显，稍粗，木质。茎多数或少数，直立或下部弯曲上升；幼时茎、枝密被灰白色或灰绿色蛛丝状茸毛。叶两面被灰绿色蛛丝状柔毛；茎下部与营养枝叶长圆形，二至三回羽状全裂；中部叶小，叶一至二回羽状全裂；上部叶羽状全裂。头状花序椭圆状卵形或长圆形；总苞片4~5层；两性花3~5朵，花冠管状，黄色或檐部红色。瘦果倒卵形。花果期8~10月。

生态特性 喜光、耐旱、耐寒。生于中低海拔山谷、砾质或黄土质的坡地、河岸边、草原及路旁等。

适生区域 分布于新疆乌鲁木齐、玛纳斯、塔城、托里、巩留、尉犁、库车等地。新疆北部适宜种植。

主要用途 饲用、固沙保土、药用。

种植技术 采用种子种植。临冬播种最好，春播越早越好。撒播于表土，覆盖厚度不超过1cm。播种量3~4.5kg/hm^2。出苗期间及时清除杂草。

生态修复模式 单播，或与木地肤混播，用于荒漠草原生态修复，冬季降雪前播种。

草本

363

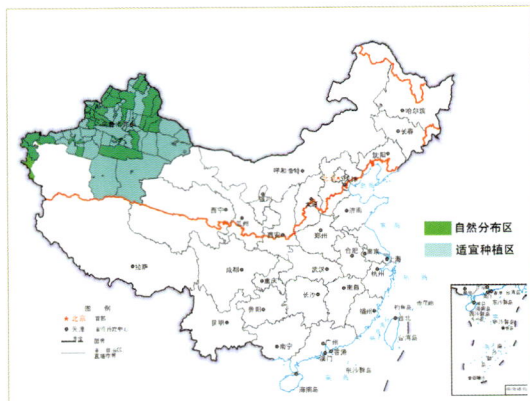

北柴胡

Bupleurum chinense

别名：柴胡、韭叶柴胡

形态特征 多年生草本，高 50~85cm。主根较粗大，棕褐色，质坚硬。茎实心，上部多回分枝。基生叶倒披针形或狭椭圆形，早枯落；茎中部叶倒披针形或长线状披针形，基部收缩成叶鞘抱茎，常有白霜。复伞形花序，花序梗水平伸出；总苞片 2~3，小总苞片 5；花 5~10 朵，花瓣鲜黄色，花柱基深黄色。果实广椭圆形，棕色。花期 9 月，果期 10 月。

生态特性 耐寒、耐旱、怕涝，喜温暖湿润、阳光充足、营养丰富的环境。生于向阳山坡、路边、岸旁或草丛。

适生区域 产我国东北、华北、华东和华中地区。甘肃、宁夏、内蒙古、陕西、山西、河北、辽宁、吉林、黑龙江、北京、天津等"三北"工程区适宜种植。

主要用途　药用、水土保持。

种植技术　采用种子种植。种植时间5~6月。播种前对种子进行沸水处理、酸浸处理或盐处理等以提高发芽率。按15~20cm的行距开沟条播，沟深1~2cm，将种子撒入沟内，覆盖风沙土，厚度1~1.5cm，稍镇压后浇水。播种量30kg/hm²左右。

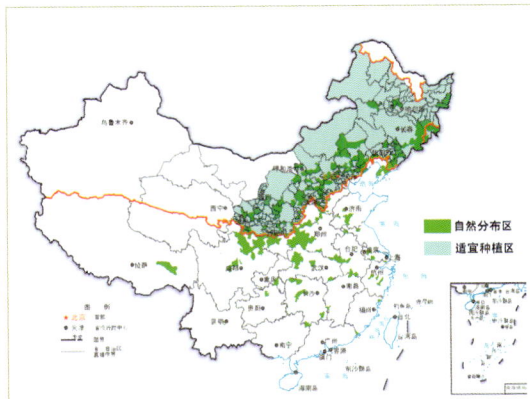

参考文献

樊辉，降初，陶吉兴，等，2015. 中国湿地资源（共 32 册）[M]. 北京：中国林业出版社 .

国家林业和草原局，2023. 造林技术规程：GB/T 15776—2023 [S]. 北京：国家市场监督管理总
　　局、国家标准化管理委员会 .

国家林业和草原局，2024. "三北" 工程建设主要造林技术规定（试行）[A].

国家林业和草原局造林绿化管理司，2018. 旱区造林绿化技术模式选编 [M]. 北京：中国林业
　　出版社 .

江泽平，李慧卿，李清河，等，2016. 沙区木本植物繁殖技术 [M]. 北京：科学出版社 .

林秦文，2023. 北方树木 [M]. 北京：中国林业出版社 .

卢琦，王继和，褚建民，2012. 中国荒漠植物图鉴 [M]. 北京：中国林业出版社 .

罗伟祥，刘广全，李嘉钰，等，2007. 西北主要树种栽培技术 [M]. 北京：中国林业出版社 .

马全林，莫保儒，柴春山，等，2024. 甘肃省造林乡土树种 [M]. 甘肃：甘肃科学技术出版社 .

潘志刚，游应天，等，1994. 中国主要外来树种引种栽培 [M]. 北京：北京科学技术出版社 .

沈国舫，2020. 中国主要树种造林技术（第二版）[M]. 北京：中国林业出版社 .

张炜等，2018. 三北地区林木良种 [M]. 北京：中国林业出版社 .

中国科学院北京植物研究所，1972. 中国高等植物图鉴：第 1-5 册 [M]. 北京：科学出版社 .

中国科学院兰州沙漠研究所，1985—1992. 中国沙漠植物志 [M]. 北京：科学出版社 .

中国科学院植物研究所，2019. 植物智 [DB/OL]. (11-23) [2025-4] http：//www.iplant.cn.

中国科学院植物研究所 . 2010. 中国自然标本馆 [DB/OL]. [2025-4] http：//www.cfh.ac.cn/.

中国科学院中国植物志编辑委员会，2005—2019. 中国植物志 [M]. 北京：科学出版社 .

中国树木志编辑委员会，1983—2004. 中国树木志：第 1-4 卷 [M]. 北京：中国林业出版社 .

"三北"工程建设主要植物名录（500 种）

乔　木

序号	中文名	学名	科名	属名	功能用途
1	银杏	*Ginkgo biloba*	银杏科 Ginkgoaceae	银杏属 *Ginkgo*	经济林（药用、单宁）、绿化观赏、用材林
2	杉松（沙松、白松、辽东冷杉）	*Abies holophylla*	松科 Pinaceae	冷杉属 *Abies*	水源涵养林、用材林
3	臭冷杉（臭松、白松）	*Abies nephrolepis*	松科 Pinaceae	冷杉属 *Abies*	水源涵养林、用材林
4	雪松（塔松、香柏）	*Cedrus deodara*	松科 Pinaceae	雪松属 *Cedrus*	用材林、绿化观赏
5	落叶松（兴安落叶松）	*Larix gmelinii*	松科 Pinaceae	落叶松属 *Larix*	用材林、水源涵养林、水土保持林
6	华北落叶松	*Larix gmelinii* var. *principis-rupprechtii*	松科 Pinaceae	落叶松属 *Larix*	用材林、水源涵养林
7	日本落叶松	*Larix kaempferi*	松科 Pinaceae	落叶松属 *Larix*	用材林、水源涵养林
8	黄花落叶松（长白落叶松）	*Larix olgensis*	松科 Pinaceae	落叶松属 *Larix*	用材林、水源涵养林
9	新疆落叶松（西伯利亚落叶松）	*Larix sibirica*	松科 Pinaceae	落叶松属 *Larix*	用材林、水源涵养林、四旁绿化
10	云杉（粗枝云杉）	*Picea asperata*	松科 Pinaceae	云杉属 *Picea*	用材林、水源涵养林、四旁绿化
11	青海云杉	*Picea crassifolia*	松科 Pinaceae	云杉属 *Picea*	用材林、水源涵养林、四旁绿化
12	鱼鳞云杉	*Picea jezoensis*	松科 Pinaceae	云杉属 *Picea*	水源涵养林
13	红皮云杉（红皮臭、虎尾松、高丽云杉）	*Picea koraiensis*	松科 Pinaceae	云杉属 *Picea*	用材林、水源涵养林、四旁绿化
14	白杆（沙地云杉、白扦）	*Picea meyeri*	松科 Pinaceae	云杉属 *Picea*	用材林、水源涵养林、水土保持林、四旁绿化
15	青杆（青扦、青杆云杉）	*Picea wilsonii*	松科 Pinaceae	云杉属 *Picea*	用材林、水源涵养林、四旁绿化

序号	中文名	学名	科名	属名	功能用途
16	华山松（白松、五针松）	*Pinus armandi*	松科 Pinaceae	松属 *Pinus*	用材林、水源涵养林、四旁绿化
17	北美短叶松（班克松）	*Pinus banksiana*	松科 Pinaceae	松属 *Pinus*	用材林、防护林、四旁绿化
18	白皮松（三针松）	*Pinus bungeana*	松科 Pinaceae	松属 *Pinus*	用材林、水源涵养林、四旁绿化
19	赤松（日本赤松、崂山松）	*Pinus densiflora*	松科 Pinaceae	松属 *Pinus*	用材林、水源涵养林、水土保持林、四旁绿化
20	红松	*Pinus koraiensis*	松科 Pinaceae	松属 *Pinus*	用材林、水源涵养林、经济林
21	西黄松（美国黄松）	*Pinus ponderosa*	松科 Pinaceae	松属 *Pinus*	用材林、四旁绿化
22	新疆五针松（西伯利亚五针松、西伯利亚红松）	*Pinus sibirica*	松科 Pinaceae	松属 *Pinus*	水源涵养林、水土保持林、经济林、用材林
23	樟子松（海拉尔松、蒙古赤松）	*Pinus sylvestris* var. *mongholica*	松科 Pinaceae	松属 *Pinus*	用材林、防风固沙林、水源涵养林、四旁绿化
24	长白松（美人松、长白赤松）	*Pinus sylvestris* var. *sylvestriformis*	松科 Pinaceae	松属 *Pinus*	防风固沙林、水源涵养林、绿化观赏
25	油松	*Pinus tabuliformis*	松科 Pinaceae	松属 *Pinus*	用材林、水源涵养林、水土保持林、四旁绿化
26	黑松（日本黑松）	*Pinus thunbergii*	松科 Pinaceae	松属 *Pinus*	防护林、用材林、四旁绿化
27	圆柏（柏木、桧柏）	*Juniperus chinensis*	柏科 Cupressaceae	刺柏属 *Juniperus*	水土保持林、水源涵养林、四旁绿化
28	刺柏	*Juniperus formosana*	柏科 Cupressaceae	刺柏属 *Juniperus*	水土保持林、用材林、四旁绿化
29	祁连圆柏	*Juniperus przewalskii*	柏科 Cupressaceae	刺柏属 *Juniperus*	水土保持林、水源涵养林、用材林、四旁绿化
30	杜松（刺松）	*Juniperus rigida*	柏科 Cupressaceae	刺柏属 *Juniperus*	水土保持林、用材林、四旁绿化
31	北美圆柏	*Juniperus virginiana*	柏科 Cupressaceae	刺柏属 *Juniperus*	水土保持林、四旁绿化
32	水杉	*Metasequoia glyptostroboides*	柏科 Cupressaceae	水杉属 *Metasequoia*	用材林、四旁绿化

序号	中文名	学名	科名	属名	功能用途
33	侧柏（扁柏、扁桧）	*Platycladus orientalis*	柏科 Cupressaceae	侧柏属 *Platycladus*	水土保持林、用材林、药用、四旁绿化
34	东北红豆杉	*Taxus cuspidata*	红豆杉科 Taxaceae	红豆杉属 *Taxus*	用材林、药用、绿化观赏
35	二球悬铃木	*Platanus acerifolia*	悬铃木科 Platanaceae	悬铃木属 *Platanus*	四旁绿化
36	一球悬铃木	*Platanus occidentalis*	悬铃木科 Platanaceae	悬铃木属 *Platanus*	四旁绿化
37	三球悬铃木	*Platanus orientalis*	悬铃木科 Platanaceae	悬铃木属 *Platanus*	四旁绿化
38	合欢	*Albizia julibrissin*	豆科 Fabaceae	合欢属 *Albizia*	药用、食用、四旁绿化、用材林
39	山皂荚	*Gleditsia japonica*	豆科 Fabaceae	皂荚属 *Gleditsia*	药用、食用、四旁绿化、用材林
40	皂荚（皂角）	*Gleditsia sinensis*	豆科 Fabaceae	皂荚属 *Gleditsia*	水土保持林、工业、药用、绿化观赏
41	香花槐	*Robinia × ambigua* 'Idahoensis'	豆科 Fabaceae	刺槐属 *Robinia*	四旁绿化、防护林、药用
42	毛洋槐（毛刺槐）	*Robinia hispida*	豆科 Fabaceae	刺槐属 *Robinia*	四旁绿化
43	刺槐（洋槐）	*Robinia pseudoacacic*	豆科 Fabaceae	刺槐属 *Robinia*	水土保持林、用材林、蜜源、四旁绿化
44	槐（国槐）	*Styphnolobium japonieum*	豆科 Fabaceae	槐属 *Styphnolobium*	用材林、药用、四旁绿化、防护林
45	甘肃山楂	*Crataegus kansvensiz*	蔷薇科 Rosaceae	山楂属 *Crataegus*	经济林、四旁绿化
46	山楂（山里红、红果）	*Crataegus pinnatifida*	蔷薇科 Rosaceae	山楂属 *Crataegus*	经济林、绿化观赏
47	花红（沙果）	*Malus asiatica*	蔷薇科 Rosaceae	苹果属 *Malus*	经济林（食用）、四旁绿化
48	山荆子（山丁子、山定子）	*Malus baccata*	蔷薇科 Rosaceae	苹果属 *Malus*	水土保持林、砧木、蜜源
49	楸子	*Malus prunifolia*	蔷薇科 Rosaceae	苹果属 *Malus*	经济林（砧木、食用、药用）、四旁绿化
50	苹果	*Malus pumila*	蔷薇科 Rosaceae	苹果属 *Malus*	经济林
51	紫叶李	*Prunus cerasifera* 'Atropurpurea'	蔷薇科 Rosaceae	李属 *Prunus*	四旁绿化

序号	中文名	学名	科名	属名	功能用途
52	山桃（野桃、山毛桃）	*Prunus davidiana*	蔷薇科 Rosaceae	李属 *Prunus*	水土保持林、四旁绿化
53	扁桃（巴旦杏、巴旦木）	*Prunus dulcis*	蔷薇科 Rosaceae	李属 *Prunus*	经济林（食用、药用）
54	稠李（臭李子）	*Prunus padus*	蔷薇科 Rosaceae	李属 *Prunus*	四旁绿化、蜜源、用材林、药用
55	桃	*Prunus persica*	蔷薇科 Rosaceae	李属 *Prunus*	经济林
56	樱桃	*Prunus pseudocerasus*	蔷薇科 Rosaceae	李属 *Prunus*	经济林
57	李	*Prunus salicina*	蔷薇科 Rosaceae	李属 *Prunus*	经济林、四旁绿化
58	杏	*Prunus vulgaris*	蔷薇科 Rosaceae	李属 *Prunus*	经济林
59	梨	*Pyrus × michauxii*	蔷薇科 Rosaceae	梨属 *Pyrus*	经济林
60	杜梨（土梨、棠梨、野梨子）	*Pyrus betulifolia*	蔷薇科 Rosaceae	梨属 *Pyrus*	水土保持林、四旁绿化、药用、用材林
61	白梨	*Pyrus bretschneideri*	蔷薇科 Rosaceae	梨属 *Pyrus*	经济林、四旁绿化、用材林
62	秋子梨	*Pyrus ussuriensis*	蔷薇科 Rosaceae	梨属 *Pyrus*	经济林、四旁绿化
63	沙枣	*Elaeagnus angustifolia*	胡颓子科 Elaeagnaceae	胡颓子属 *Elaeagnus*	防风固沙林、经济林（食用、药用、蜜源）、用材林
64	翅果油树（柴禾）	*Elaeagnus mollis*	胡颓子科 Elaeagnaceae	胡颓子属 *Elaeagnus*	水土保持林、经济林（食用、药用）
65	尖果沙枣	*Elaeagnus oxycarpa*	胡颓子科 Elaeagnaceae	胡颓子属 *Elaeagnus*	防护林、经济林（食用、药用、蜜源）、用材林
66	胡颓子（羊奶子、三月枣）	*Elaeagnus pungens*	胡颓子科 Elaeagnaceae	胡颓子属 *Elaeagnus*	经济林（药用、食用）、四旁绿化
67	枣（大枣、红枣、中国枣）	*Ziziphus jujuba*	鼠李科 Rhamnaceae	枣属 *Ziziphus*	经济林（食用、药用、蜜源）、防护林
68	刺榆	*Hemiptelea davidii*	榆科 Ulmaceae	刺榆属 *Hemiptelea*	防护林、经济林、四旁绿化
69	春榆（日本榆、白皮榆、光叶春榆）	*Ulmus davidiana* var. *japonica*	榆科 Ulmaceae	榆属 *Ulmus*	防护林、用材林
70	旱榆	*Ulmus glaucescens*	榆科 Ulmaceae	榆属 *Ulmus*	用材林、防护林
71	裂叶榆（青榆、大青榆、麻榆）	*Ulmus laciniata*	榆科 Ulmaceae	榆属 *Ulmus*	防护林、经济林、用材林

序号	中文名	学名	科名	属名	功能用途
72	欧洲白榆（大叶榆、新疆大叶榆）	*Ulmus laevis*	榆科 Ulmaceae	榆属 *Ulmus*	用材林、防护林、四旁绿化
73	大果榆（黄榆、蒙古黄榆）	*Ulmus macrocarpa*	榆科 Ulmaceae	榆属 *Ulmus*	水土保持林、水源涵养林、用材林、四旁绿化
74	榆（白榆、家榆、榆树）	*Ulmus pumila*	榆科 Ulmaceae	榆属 *Ulmus*	防风固沙林、水源涵养林、用材林、食用、药用、四旁绿化
75	金叶榆	*Ulmus pumila* 'Jinye'	榆科 Ulmaceae	榆属 *Ulmus*	四旁绿化、用材林
76	榉（榉树）	*Zelkova serrata*	榆科 Ulmaceae	榉属 *Zelkova*	用材林、四旁绿化
77	大叶朴	*Celtis koraiensis*	大麻科 Cannabaceae	朴属 *Celtis*	用材林、四旁绿化、药用
78	朴树	*Celtis sinensis*	大麻科 Cannabaceae	朴属 *Celtis*	用材林、四旁绿化、药用
79	青檀	*Pteroceltis tatarinowii*	大麻科 Cannabaceae	青檀属 *Pteroceltis*	用材林、四旁绿化
80	构（构树、楮树）	*Broussonetia papyrifera*	桑科 Moraceae	构属 *Broussonetia*	水土保持林、饲用、药用、四旁绿化
81	桑（白桑、家桑、蚕桑）	*Morus alba*	桑科 Moraceae	桑属 *Morus*	经济林、用材林、四旁绿化
82	鲁桑（白桑）	*Morus alba* var. *multicaulis*	桑科 Moraceae	桑属 *Morus*	经济林（食用）、水土保持林
83	蒙桑	*Morus mongolica*	桑科 Moraceae	桑属 *Morus*	水土保持林、经济林、四旁绿化
84	栗（板栗、油栗）	*Castanea mollissima*	壳斗科 Fagaceae	栗属 *Castanea*	经济林、水土保持林、用材林
85	麻栎	*Quercus acutissima*	壳斗科 Fagaceae	栎属 *Quercus*	水源涵养林、用材林、四旁绿化、薪材
86	槲栎	*Quercus aliena*	壳斗科 Fagaceae	栎属 *Quercus*	用材林、水源涵养林、四旁绿化
87	槲树	*Quercus dentata*	壳斗科 Fagaceae	栎属 *Quercus*	用材林、水源涵养林、经济林
88	蒙古栎	*Quercus mongolica*	壳斗科 Fagaceae	栎属 *Quercus*	水源涵养林、水土保持林、用材林、防火林
89	夏栎（夏橡）	*Quercus robur*	壳斗科 Fagaceae	栎属 *Quercus*	用材林、经济林、防护林

序号	中文名	学名	科名	属名	功能用途
90	栓皮栎	*Quercus variabilis*	壳斗科 Fagaceae	栎属 *Quercus*	水土保持林、水源涵养林、用材林、四旁绿化
91	胡桃楸（核桃楸）	*Juglans mandshurica*	胡桃科 Juglandaceae	胡桃属 *Juglans*	水源涵养林、用材林、经济林
92	黑胡桃（美国黑核桃、黑核桃）	*Juglans nigra*	胡桃科 Juglandaceae	胡桃属 *Juglans*	用材林、经济林
93	胡桃（核桃）	*Juglans regia*	胡桃科 Juglandaceae	胡桃属 *Juglans*	用材林、经济林
94	枫杨（大叶柳、水槐树）	*Pterocarya stenoptera*	胡桃科 Juglandaceae	枫杨属 *Pterocarya*	水源涵养林、四旁绿化
95	桤木	*Alnus cremastogyne*	桦木科 Betulaceae	桤木属 *Alnus*	用材林、四旁绿化
96	辽东桤木	*Alnus hirsuta*	桦木科 Betulaceae	桤木属 *Alnus*	用材林、四旁绿化
97	红桦	*Betula albosinensis*	桦木科 Betulaceae	桦木属 *Betula*	水土保持林、四旁绿化
98	硕桦（风桦）	*Betula costata*	桦木科 Betulaceae	桦木属 *Betula*	防护林、水土保持林、用材林
99	黑桦	*Betula dahurica*	桦木科 Betulaceae	桦木属 *Betula*	用材林、水土保持林
100	垂枝桦（疣枝桦）	*Betula pendula*	桦木科 Betulaceae	桦木属 *Betula*	用材林、四旁绿化
101	白桦	*Betula platyphylla*	桦木科 Betulaceae	桦木属 *Betula*	水土保持林、用材林
102	糙皮桦	*Betula utilis*	桦木科 Betulaceae	桦木属 *Betula*	用材林、水土保持林
103	白杜（丝棉木、桃叶卫矛）	*Euonymus maackii*	卫矛科 Celastraceae	卫矛属 *Euonymus*	水土保持林、油料、药用、用材林、绿化观赏
104	群众杨（小美旱杨）	*Populus* 'Popularis'	杨柳科 Salicaceae	杨属 *Populus*	防护林、四旁绿化
105	北京杨	*Populus* × *beijingensis*	杨柳科 Salicaceae	杨属 *Populus*	防护林、用材林、四旁绿化
106	加杨（加拿大杨）	*Populus* × *canadensis*	杨柳科 Salicaceae	杨属 *Populus*	防护林、用材林、四旁绿化

序号	中文名	学名	科名	属名	功能用途
107	河北杨	*Populus × hopeiensis*	杨柳科 Salicaceae	杨属 *Populus*	防护林、用材林、四旁绿化
108	俄罗斯杨	*Populus × russkii*	杨柳科 Salicaceae	杨属 *Populus*	防护林、用材林、四旁绿化
109	小黑杨	*Populus × xiaohei*	杨柳科 Salicaceae	杨属 *Populus*	防护林、用材林、四旁绿化
110	二白杨（二青杨、甘肃杨、青白杨）	*Populus × xiaohei* 'Gansuensis'	杨柳科 Salicaceae	杨属 *Populus*	防护林、用材林、四旁绿化
111	银白杨	*Populus alba*	杨柳科 Salicaceae	杨属 *Populus*	防护林、用材林、四旁绿化
112	秦白杨	*Populus alba* × （*P. alba* × *P. glandulosa*）'Qinbaiyang'	杨柳科 Salicaceae	杨属 *Populus*	防护林、用材林、四旁绿化
113	银中杨	*Populus alba* × *berolinensis*	杨柳科 Salicaceae	杨属 *Populus*	防护林、用材林、四旁绿化
114	新疆杨	*Populus alba* var. *pyramidalis*	杨柳科 Salicaceae	杨属 *Populus*	防护林、用材林、四旁绿化
115	青杨	*Populus cathayana*	杨柳科 Salicaceae	杨属 *Populus*	水源涵养林、防风固沙林、用材林
116	山杨	*Populus davidiana*	杨柳科 Salicaceae	杨属 *Populus*	用材林、防护林、四旁绿化
117	北抗杨	*Populus deltoides* 'Beiyang'	杨柳科 Salicaceae	杨属 *Populus*	防护林、用材林、四旁绿化
118	胡杨（异叶杨、胡桐）	*Populus euphratica*	杨柳科 Salicaceae	杨属 *Populus*	防护林、用材林、四旁绿化
119	香杨（大青杨）	*Populus koreana*	杨柳科 Salicaceae	杨属 *Populus*	防护林、用材林
120	黑杨（欧洲黑杨）	*Populus nigra*	杨柳科 Salicaceae	杨属 *Populus*	防护林、用材林、四旁绿化
121	箭杆杨	*Populus nigra* var. *thevestina*	杨柳科 Salicaceae	杨属 *Populus*	防护林、用材林
122	灰胡杨	*Populus pruinosa*	杨柳科 Salicaceae	杨属 *Populus*	防护林、用材林
123	青甘杨（青海杨）	*Populus przewalskii*	杨柳科 Salicaceae	杨属 *Populus*	防护林、用材林、四旁绿化

序号	中文名	学名	科名	属名	功能用途
124	小叶杨	*Populus simonii*	杨柳科 Salicaceae	杨属 *Populus*	防护林、用材林、四旁绿化
125	合作杨	*Populus simonii × pyramibalis*	杨柳科 Salicaceae	杨属 *Populus*	防护林、用材林、四旁绿化
126	甜杨（西伯利亚白杨）	*Populus suaveolens*	杨柳科 Salicaceae	杨属 *Populus*	水源涵养林、用材林
127	毛白杨	*Populus tomentosa*	杨柳科 Salicaceae	杨属 *Populus*	防护林、用材林、四旁绿化
128	白柳（新疆长叶柳）	*Salix alba*	杨柳科 Salicaceae	柳属 *Salix*	防风固沙林、水土保持林、用材林、四旁绿化
129	垂柳	*Salix babylonica*	杨柳科 Salicaceae	柳属 *Salix*	用材林、水土保持林、四旁绿化
130	班公柳	*Salix bangongensis*	杨柳科 Salicaceae	柳属 *Salix*	防风固沙林、四旁绿化
131	朝鲜柳	*Salix koreensis*	杨柳科 Salicaceae	柳属 *Salix*	水源涵养林、用材林
132	旱柳（柳树）	*Salix matsudana*	杨柳科 Salicaceae	柳属 *Salix*	防护林、用材林、饲用、四旁绿化
133	馒头柳	*Salix matsudana* 'Umbraculifera'	杨柳科 Salicaceae	柳属 *Salix*	防护林、四旁绿化
134	大白柳	*Salix maximowiczii*	杨柳科 Salicaceae	柳属 *Salix*	水源涵养林、用材林
135	绦柳	*Salix matsudana* 'Pendula'	杨柳科 Salicaceae	柳属 *Salix*	水源涵养林、四旁绿化
136	黄连木	*Pistacia chinensis*	漆树科 Anacardiaceae	黄连木属 *Pistacia*	用材林、防护林、油料、食用、药用、四旁绿化
137	阿月浑子（开心果）	*Pistacia vera*	漆树科 Anacardiaceae	黄连木属 *Pistacia*	经济林（食用、药用）
138	盐麸木（盐肤木）	*Rhus chinensis*	漆树科 Anacardiaceae	盐麸木属 *Rhus*	水土保持林、药用、饲用、蜜源
139	火炬树	*Rhus typhina*	漆树科 Anacardiaceae	盐麸木属 *Rhus*	水土保持林、四旁绿化
140	漆树	*Toxicodendron vernicifluum*	漆树科 Anacardiaceae	漆树属 *Toxicodendron*	经济林（涂料、药用）

"三北"工程建设主要植物名录（500种）

序号	中文名	学名	科名	属名	功能用途
141	三角槭（三角枫）	*Acer buergerianum*	无患子科 Sapindaceae	槭属 *Acer*	水土保持林、四旁绿化
142	梣叶槭（复叶槭）	*Acer negundo*	无患子科 Sapindaceae	槭属 *Acer*	四旁绿化
143	色木槭（色木）	*Acer pictum*	无患子科 Sapindaceae	槭属 *Acer*	水土保持林、药用、四旁绿化
144	五角槭（五角枫）	*Acer pictum* subsp. *mono*	无患子科 Sapindaceae	槭属 *Acer*	用材林、经济林、水土保持林、四旁绿化。
145	茶条槭	*Acer tataricum* subsp. *ginnala*	无患子科 Sapindaceae	槭属 *Acer*	用材林、经济林、水土保持林、四旁绿化。
146	元宝槭（元宝枫、五角枫）	*Acer truncatum*	无患子科 Sapindaceae	槭属 *Acer*	用材林、水土保持林、绿化观赏、药用、油料
147	七叶树	*Aesculus chinensis*	无患子科 Sapindaceae	七叶树属 *Aesculus*	绿化观赏、药用、染料
148	栾（栾树、灯笼树）	*Koelreuteria paniculata*	无患子科 Sapindaceae	栾属 *Koelreuteria*	用材林、药用、染料、四旁绿化
149	文冠果	*Xanthoceras sorbifolium*	无患子科 Sapindaceae	文冠果属 *Xanthoceras*	经济林（油料、药用、蜜源）、防护林、四旁绿化
150	黄檗（黄柏、黄波罗）	*Phellodendron amurense*	芸香科 Rutaceae	黄檗属 *Phellodendron*	用材林、水源涵养林、药用
151	花椒（蜀椒、秦椒）	*Zanthoxylum bungeanum*	芸香科 Rutaceae	花椒属 *Zanthoxylum*	水土保持林、经济林（食用、药用）
152	臭椿	*Ailanthus altissima*	苦木科 Simaroubaceae	臭椿属 *Ailanthus*	水土保持林、用材林、药用、四旁绿化、
153	楝（苦楝）	*Melia azedarach*	楝科 Meliaceae	楝属 *Melia*	用材林、药用、四旁绿化
154	香椿	*Toona sinensis*	楝科 Meliaceae	香椿属 *Toona*	用材林、食用、药用、四旁绿化
155	紫椴	*Tilia amurensis*	锦葵科 Malvaceae	椴属 *Tilia*	用材林、药用、蜜源、四旁绿化
156	辽椴	*Tilia mandshurica*	锦葵科 Malvaceae	椴属 *Tilia*	用材林、四旁绿化、蜜源
157	蒙椴	*Tilia mongolica*	锦葵科 Malvaceae	椴属 *Tilia*	用材林、蜜源、四旁绿化、水源涵养林

序号	中文名	学名	科名	属名	功能用途
158	八角枫	*Alangium chinense*	山茱萸科 Cornaceae	八角枫属 *Alangium*	用材林、药用
159	毛梾	*Cornus walteri*	山茱萸科 Cornaceae	山茱萸属 *Cornus*	用材林、四旁绿化、水土保持林、油料
160	柿（柿子）	*Diospyros kaki*	柿科 Ebenaceae	柿属 *Diospyros*	水土保持林、经济林（食用、药用）、用材林、四旁绿化
161	君迁子（黑枣、软枣）	*Diospyros lotus*	柿科 Ebenaceae	柿属 *Diospyros*	水土保持林、经济林（食用、药用）、用材林、四旁绿化
162	杜仲（丝绵树）	*Eucommia ulmoides*	杜仲科 Eucommiaceae	杜仲属 *Eucommia*	经济林（药用、工业原料）、水源涵养林、四旁绿化
163	白蜡树（梣、白蜡）	*Fraxinus chinensis*	木樨科 Oleaceae	梣属 *Fraxinus*	防护林、用材林、四旁绿化
164	花曲柳（大叶白蜡）	*Fraxinus chinensis* subsp. *rhynchophylla*	木樨科 Oleaceae	梣属 *Fraxinus*	用材林、水源涵养林、药用
165	水曲柳	*Fraxinus mandshurica*	木樨科 Oleaceae	梣属 *Fraxinus*	用材林、水源涵养林、药用、四旁绿化
166	美国红梣	*Fraxinus pennsylvanica*	木樨科 Oleaceae	梣属 *Fraxinus*	四旁绿化
167	天山梣（新疆小叶白腊）	*Fraxinus sogdiana*	木樨科 Oleaceae	梣属 *Fraxinus*	防风固沙林、水土保持林
168	绒毛梣（绒毛白蜡）	*Fraxinus velutina*	木樨科 Oleaceae	梣属 *Fraxinus*	防护林、四旁绿化、用材林
169	暴马丁香	*Syringa reticulata* subsp. *amurensis*	木樨科 Oleaceae	丁香属 *Syringa*	水源涵养林、药用、四旁绿化
170	楸（楸树）	*Catalpa bungei*	紫葳科 Bignoniaceae	梓属 *Catalpa*	用材林、四旁绿化
171	灰楸	*Catalpa fargesii*	紫葳科 Bignoniaceae	梓属 *Catalpa*	用材林、四旁绿化
172	梓（梓树）	*Catalpa ovata*	紫葳科 Bignoniaceae	梓属 *Catalpa*	用材林、四旁绿化
173	毛泡桐（紫花桐）	*Paulownia tomentosa*	泡桐科 Paulowniaceae	泡桐属 *Paulownia*	用材林、防护林、四旁绿化

灌 木

序号	中文名	学名	科名	属名	功能用途
1	偃松（爬松、矮松）	*Pinus pumila*	松科 Pinaceae	松属 *Pinus*	水源涵养林、水土保持林
2	铺地柏	*Juniperus procumbens*	柏科 Cupressaceae	刺柏属 *Juniperus*	水土保持林
3	叉子圆柏（沙地柏、臭柏、爬地柏）	*Juniperus sabina*	柏科 Cupressaceae	刺柏属 *Juniperus*	水土保持林、防风固沙林、药用、香料、绿化观赏
4	千头柏	*Platycladus orientalis* 'Sieboldii'	柏科 Cupressaceae	侧柏属 *Platycladus*	四旁绿化、药用
5	木贼麻黄	*Ephedra equisetina*	麻黄科 Ephedraceae	麻黄属 *Ephedra*	固沙保土、药用
6	中麻黄	*Ephedra intermedia*	麻黄科 Ephedraceae	麻黄属 *Ephedra*	固沙保土、药用
7	膜果麻黄	*Ephedra przewalskii*	麻黄科 Ephedraceae	麻黄属 *Ephedra*	固沙保土、药用
8	草麻黄（麻黄、华麻黄）	*Ephedra sinica*	麻黄科 Ephedraceae	麻黄属 *Ephedra*	固沙保土、药用
9	五味子	*Schisandra chinensis*	五味子科 Schisandraceae	五味子属 *Schisandra*	水土保持林、药用
10	鄂尔多斯小檗	*Berberis caroli*	小檗科 Berberidaceae	小檗属 *Berberis*	水土保持林、四旁绿化、药用
11	细叶小檗	*Berberis poiretii*	小檗科 Berberidaceae	小檗属 *Berberis*	水土保持林、绿化观赏、食用、药用
12	紫叶小檗	*Berberis thunbergii* 'Atropurpurea'	小檗科 Berberidaceae	小檗属 *Berberis*	药用、绿化观赏、四旁绿化、染料
13	灰叶铁线莲	*Clematis tomentella*	毛茛科 Ranunculaceae	铁线莲属 *Clematis*	固沙保土、饲用
14	黄杨	*Buxus sinica*	黄杨科 Buxaceae	黄杨属 *Buxus*	水土保持林、药用、四旁绿化
15	油用牡丹	*Paeonia × suffruticosa* *Paeonia suffruticosa*	芍药科 Paeoniaceae	芍药属 *Paeonia*	食用、药用、绿化观赏
16	双刺茶藨子（二刺茶藨、楔叶茶藨）	*Ribes diacanthum*	茶藨子科 Grossulariaceae	茶藨子属 *Ribes*	水土保持林、药用

序号	中文名	学名	科名	属名	功能用途
17	圆叶茶藨子	*Ribes heterotrichum*	茶藨子科 Grossulariaceae	茶藨子属 *Ribes*	水土保持林、药用
18	美丽茶藨子（小叶茶藨）	*Ribes pulchellum*	茶藨子科 Grossulariaceae	茶藨子属 *Ribes*	水土保持林、绿化观赏、药用
19	葡萄	*Vitis vinifera*	葡萄科 Vitaceae	葡萄属 *Vitis*	经济林
20	四合木（四翅、油柴）	*Tetraena mongolica*	蒺藜科 Zygophyllaceae	四合木属 *Tetraena*	固沙保土
21	霸王	*Zygophyllum xanthoxylum*	蒺藜科 Zygophyllaceae	驼蹄瓣属 *Zygophyllum*	固沙保土、饲用、药用
22	骆驼刺	*Alhagi camelorum*	豆科 Fabaceae	骆驼刺属 *Alhagi*	固沙保土、药用、饲用、盐碱地改良
23	银砂槐	*Ammodendron bifolium*	豆科 Fabaceae	银砂槐属 *Ammodendron*	固沙保土、绿化观赏
24	沙冬青（蒙古黄花木、蒙古沙冬青）	*Ammopiptanthus mongolicus*	豆科 Fabaceae	沙冬青属 *Ammopiptanthus*	固沙保土、药用、绿化观赏
25	紫穗槐（棉槐、棉条）	*Amorpha fruticosa*	豆科 Fabaceae	紫穗槐属 *Amorpha*	水土保持林、四旁绿化、饲用
26	矮脚锦鸡儿	*Caragana brachypoda*	豆科 Fabaceae	锦鸡儿属 *Caragana*	固沙保土、饲用
27	铃铛刺（盐豆木）	*Caragana halodendron*	豆科 Fabaceae	锦鸡儿属 *Caragana*	固沙保土、盐碱地改良、饲用、蜜源
28	柠条锦鸡儿（拧条锦鸡儿、毛条）	*Caragana korshinskii*	豆科 Fabaceae	锦鸡儿属 *Caragana*	防风固沙林、水土保持林、饲用、蜜源
29	中间锦鸡儿	*Caragana liouana*	豆科 Fabaceae	锦鸡儿属 *Caragana*	防风固沙林、水土保持林、饲用、蜜源
30	小叶锦鸡儿（黑柠条）	*Caragana microphylla*	豆科 Fabaceae	锦鸡儿属 *Caragana*	防风固沙林、水土保持林、饲用、蜜源
31	甘蒙锦鸡儿	*Caragana opulens*	豆科 Fabaceae	锦鸡儿属 *Caragana*	防风固沙林、水土保持林、饲用、蜜源
32	荒漠锦鸡儿	*Caragana roborovskyi*	豆科 Fabaceae	锦鸡儿属 *Caragana*	防风固沙林、水土保持林、饲用、蜜源
33	狭叶锦鸡儿（红柠条）	*Caragana stenophylla*	豆科 Fabaceae	锦鸡儿属 *Caragana*	防风固沙林、水土保持林、饲用、蜜源
34	羊柴（山竹岩黄耆、山竹子）	*Corethrodendron fruticosum*	豆科 Fabaceae	羊柴属 *Corethrodendron*	固沙保土、饲用

序号	中文名	学名	科名	属名	功能用途
35	木羊柴（木岩黄耆）	*Corethrodendron lignosum*	豆科 Fabaceae	羊柴属 *Corethrodendron*	固沙保土、饲用
36	塔落木羊柴（塔落山竹子、塔落岩黄芪）	*Corethrodendron lignosum* var. *laeve*	豆科 Fabaceae	羊柴属 *Corethrodendron*	固沙保土、饲用、薪材
37	红花羊柴（红花山竹子、红花岩黄耆）	*Corethrodendron multijugum*	豆科 Fabaceae	羊柴属 *Corethrodendron*	固沙保土、饲用
38	细枝羊柴（花棒、细枝山竹子、细枝岩黄耆）	*Corethrodendron scoparium*	豆科 Fabaceae	羊柴属 *Corethrodendron*	固沙保土、饲用、蜜源、薪材
39	准噶尔无叶豆	*Eremosparton songoricum*	豆科 Fabaceae	无叶豆属 *Eremosparton*	固沙保土
40	胡枝子	*Lespedeza bicolor*	豆科 Fabaceae	胡枝子属 *Lespedeza*	固沙保土、药用、蜜源、饲用、绿肥
41	兴安胡枝子（达乌里胡枝子）	*Lespedeza davurica*	豆科 Fabaceae	胡枝子属 *Lespedeza*	固沙保土、药用、饲用、绿肥
42	尖叶铁扫帚（尖叶胡枝子、细叶胡枝子）	*Lespedeza juncea*	豆科 Fabaceae	胡枝子属 *Lespedeza*	固沙保土、绿肥、饲用
43	牛枝子	*Lespedeza potaninii*	豆科 Fabaceae	胡枝子属 *Lespedeza*	固沙保土、饲用
44	砂生槐	*Sophora moorcroftiana*	豆科 Fabaceae	苦参属 *Sophora*	固沙保土、药用、饲用
45	灰栒子	*Cotoneaster acutifolius*	蔷薇科 Rosaceae	栒子属 *Cotoneaster*	水土保持林、四旁绿化
46	蒙古栒子	*Cotoneaster mongolicus*	蔷薇科 Rosaceae	栒子属 *Cotoneaster*	水土保持林、四旁绿化
47	水栒子	*Cotoneaster multiflorus*	蔷薇科 Rosaceae	栒子属 *Cotoneaster*	水土保持林、药用、四旁绿化
48	西北栒子	*Cotoneaster zabelii*	蔷薇科 Rosaceae	栒子属 *Cotoneaster*	水土保持林、四旁绿化、药用
49	辽宁山楂	*Crataegus sanguinea*	蔷薇科 Rosaceae	山楂属 *Crataegus*	水土保持林、药用、四旁绿化
50	金露梅（金老梅）	*Dasiphora fruticosa*	蔷薇科 Rosaceae	金露梅属 *Dasiphora*	水土保持林、四旁绿化、药用
51	银露梅	*Dasiphora glabra*	蔷薇科 Rosaceae	金露梅属 *Dasiphora*	水土保持林、四旁绿化、药用
52	小叶金露梅	*Dasiphora parvifolia*	蔷薇科 Rosaceae	金露梅属 *Dasiphora*	水土保持林、四旁绿化、药用
53	海棠花（海棠）	*Malus spectabilis*	蔷薇科 Rosaceae	苹果属 *Malus*	绿化观赏、食用、药用

「三北」工程建设主要植物名录（500种）

序号	中文名	学名	科名	属名	功能用途
54	绵刺（三瓣蔷薇、棉刺）	*Potaninia mongolica*	蔷薇科 Rosaceae	绵刺属 *Potaninia*	固沙保土、饲用
55	蕤核	*Prinsepia uniflora*	蔷薇科 Rosaceae	扁核木属 *Prinsepia*	水土保持林、食用、药用
56	欧李（酸丁、乌拉奈、钙果）	*Prunus humilis*	蔷薇科 Rosaceae	李属 *Prunus*	水土保持林、药用、食用、四旁绿化
57	蒙古扁桃（山樱桃、野山桃）	*Prunus mongolica*	蔷薇科 Rosaceae	李属 *Prunus*	固沙保土、药用
58	长梗扁桃（长柄扁桃、柄扁桃）	*Prunus pedunculata*	蔷薇科 Rosaceae	李属 *Prunus*	固沙保土、药用、绿化观赏
59	山杏（西伯利亚杏）	*Prunus sibirica*	蔷薇科 Rosaceae	李属 *Prunus*	水土保持林、经济林
60	毛杏	*Prunus sibirica* var. *pubescens*	蔷薇科 Rosaceae	李属 *Prunus*	水土保持林、四旁绿化、药用
61	西康扁桃	*Prunus tangutica*	蔷薇科 Rosaceae	李属 *Prunus*	水土保持林、食用、药用
62	矮扁桃（野扁桃）	*Prunus tenella*	蔷薇科 Rosaceae	李属 *Prunus*	水土保持林、药用
63	毛樱桃	*Prunus tomentosa*	蔷薇科 Rosaceae	李属 *Prunus*	水土保持林、药用、绿化观赏
64	榆叶梅	*Prunus triloba*	蔷薇科 Rosaceae	李属 *Prunus*	水土保持林、药用、绿化观赏
65	木瓜	*Pseudocydonia sinensis*	蔷薇科 Rosaceae	木瓜属 *Pseudocydonia*	食用、药用、绿化观赏
66	美蔷薇（油瓶子、山刺玫、重瓣黄刺玫）	*Rosa bella*	蔷薇科 Rosaceae	蔷薇属 *Rosa*	水土保持林、绿化观赏、药用
67	山刺玫（刺玫蔷薇）	*Rosa davurica*	蔷薇科 Rosaceae	蔷薇属 *Rosa*	水土保持林、食用、药用
68	玫瑰	*Rosa rugosa*	蔷薇科 Rosaceae	蔷薇属 *Rosa*	食用、药用、绿化观赏
69	苦水玫瑰	*Rosa rugosa* × *sertata*	蔷薇科 Rosaceae	蔷薇属 *Rosa*	食用、药用、绿化观赏
70	黄刺玫	*Rosa xanthina*	蔷薇科 Rosaceae	蔷薇属 *Rosa*	水土保持林、四旁绿化
71	单瓣黄刺玫	*Rosa xanthina* f. *normalis*	蔷薇科 Rosaceae	蔷薇属 *Rosa*	水土保持林、四旁绿化
72	覆盆子（树莓）	*Rubus idaeus*	蔷薇科 Rosaceae	悬钩子属 *Rubus*	经济林（药用、食用）、水土保持林
73	华北珍珠梅	*Sorbaria kirilowii*	蔷薇科 Rosaceae	珍珠梅属 *Sorbaria*	水土保持林、药用、绿化观赏

序号	中文名	学名	科名	属名	功能用途
74	珍珠梅（东北珍珠梅）	*Sorbaria sorbifolia*	蔷薇科 Rosaceae	珍珠梅属 *Sorbaria*	水土保持林、药用、绿化观赏
75	陕甘花楸	*Sorbus koehneana*	蔷薇科 Rosaceae	花楸属 *Sorbus*	水土保持林、经济林
76	楼斗菜叶绣线菊（楼斗叶绣线菊）	*Spiraea aquilegiifolia*	蔷薇科 Rosaceae	绣线菊属 *Spiraea*	水土保持林、绿化观赏
77	蒙古绣线菊	*Spiraea lasiocarpa*	蔷薇科 Rosaceae	绣线菊属 *Spiraea*	水土保持林、药用、绿化观赏
78	土庄绣线菊（土庄花）	*Spiraea ouensanensis*	蔷薇科 Rosaceae	绣线菊属 *Spiraea*	水土保持林、药用、绿化观赏
79	绣线菊（柳叶绣线菊）	*Spiraea salicifolia*	蔷薇科 Rosaceae	绣线菊属 *Spiraea*	水土保持林、绿化观赏、蜜源
80	三裂绣线菊（裂叶绣线菊）	*Spiraea trilobata*	蔷薇科 Rosaceae	绣线菊属 *Spiraea*	水土保持林、药用、绿化观赏
81	牛奶子（胡颓子）	*Elaeagnus umbellata*	胡颓子科 Elaeagnaceae	胡颓子属 *Elaeagnus*	食用、药用、绿化观赏
82	沙棘	*Hippophae rhamnoides*	胡颓子科 Elaeagnaceae	沙棘属 *Hippophae*	水土保持林、经济林（药用、食用）
83	蒙古沙棘	*Hippophae rhamnoides* subsp. *mongolica*	胡颓子科 Elaeagnaceae	沙棘属 *Hippophae*	水土保持林、经济林（食用、药用）
84	中国沙棘（酸刺、酸柳）	*Hippophae rhamnoides* subsp. *sinensis*	胡颓子科 Elaeagnaceae	沙棘属 *Hippophae*	水土保持林、经济林（食用、药用）
85	鼠李	*Rhamnus davurica*	鼠李科 Rhamnaceae	鼠李属 *Rhamnus*	水土保持林、药用
86	柳叶鼠李	*Rhamnus erythroxylum*	鼠李科 Rhamnaceae	鼠李属 *Rhamnus*	水土保持林、药用、食用
87	小叶鼠李（琉璃枝、驴子刺）	*Rhamnus parvifolia*	鼠李科 Rhamnaceae	鼠李属 *Rhamnus*	水土保持林、药用
88	新疆鼠李	*Rhamnus songorica*	鼠李科 Rhamnaceae	鼠李属 *Rhamnus*	水土保持林、药用
89	乌苏里鼠李	*Rhamnus ussuriensis*	鼠李科 Rhamnaceae	鼠李属 *Rhamnus*	水土保持林、药用
90	酸枣（山枣树、酸枣仁）	*Ziziphus jujuba* var. *spinosa*	鼠李科 Rhamnaceae	枣属 *Ziziphus*	水土保持林、经济林（药用、食用）

「三北」工程建设主要植物名录（500种）

序号	中文名	学名	科名	属名	功能用途
91	无花果	*Ficus carica*	桑科 Moraceae	榕属 *Ficus*	经济林（药用、食用）、食用、药用、四旁绿化
92	柴桦	*Betula fruticosa*	桦木科 Betulaceae	桦木属 *Betula*	水土保持林
93	盐桦	*Betula halophila*	桦木科 Betulaceae	桦木属 *Betula*	水土保持林
94	榛（平榛）	*Corylus heterophylla*	桦木科 Betulaceae	榛属 *Corylus*	经济林（食用、药用）
95	平欧杂种榛（杂交榛子、大果榛子）	*Corylus heterophylla* × *avellana*	桦木科 Betulaceae	榛属 *Corylus*	经济林（食用、油料）
96	毛榛	*Corylus mandshurica*	桦木科 Betulaceae	榛属 *Corylus*	水土保持林、食用
97	虎榛子	*Ostryopsis davidiana*	桦木科 Betulaceae	虎榛子属 *Ostryopsis*	水土保持林、食用
98	乌柳（沙柳、框柳）	*Salix cheilophila*	杨柳科 Salicaceae	柳属 *Salix*	固沙保土、饲用、药用、薪材
99	黄柳（沙柳、小黄柳）	*Salix gordejevii*	杨柳科 Salicaceae	柳属 *Salix*	固沙保土、饲用、药用、薪材
100	杞柳	*Salix integra*	杨柳科 Salicaceae	柳属 *Salix*	水源涵养林、防风固沙林
101	小穗柳	*Salix microstachya*	杨柳科 Salicaceae	柳属 *Salix*	防风固沙林
102	北沙柳（西北沙柳）	*Salix psammophila*	杨柳科 Salicaceae	柳属 *Salix*	水土保持林、防风固沙林、药用、饲用、薪材
103	线叶柳	*Salix wilhelmsiana*	杨柳科 Salicaceae	柳属 *Salix*	水土保持林、薪材
104	石榴	*Punica granatum*	千屈菜科 Lythraceae	石榴属 *Punica*	经济林（药用、食用）、绿化观赏
105	小果白刺（西伯利亚白刺）	*Nitraria sibirica*	白刺科 Nitrariaceae	白刺属 *Nitraria*	固沙保土、药用、饲用、盐碱地改良
106	泡泡刺（膜果白刺、球果白刺）	*Nitraria sphaerocarpa*	白刺科 Nitrariaceae	白刺属 *Nitraria*	固沙保土、饲用
107	白刺（唐古特白刺、甘青白刺）	*Nitraria tangutorum*	白刺科 Nitrariaceae	白刺属 *Nitraria*	固沙保土、食用、药用、饲用，锁阳寄主

序号	中文名	学名	科名	属名	功能用途
108	黄栌	*Cotinus coggygria* var. *cinereus*	漆树科 Anacardiaceae	黄栌属 *Cotinus*	水土保持林、药用、四旁绿化
109	水柏枝	*Myricaria germanica*	柽柳科 Tamaricaceae	水柏枝属 *Myricaria*	水源涵养林
110	红砂（枇杷柴）	*Reaumuria songarica*	柽柳科 Tamaricaceae	红砂属 *Reaumuria*	固沙保土、饲用、药用
111	甘蒙柽柳	*Tamarix austromongolica*	柽柳科 Tamaricaceae	柽柳属 *Tamarix*	水土保持林、防风固沙林、薪材、盐碱地改良
112	长穗柽柳（西河柳）	*Tamarix elongata*	柽柳科 Tamaricaceae	柽柳属 *Tamarix*	水土保持林、防风固沙林、薪材、盐碱地改良
113	刚毛柽柳（毛红柳）	*Tamarix hispida*	柽柳科 Tamaricaceae	柽柳属 *Tamarix*	水土保持林、防风固沙林、薪材、盐碱地改良
114	多花柽柳（霍氏柽柳）	*Tamarix hohenackeri*	柽柳科 Tamaricaceae	柽柳属 *Tamarix*	水土保持林、防风固沙林、薪材、盐碱地改良
115	短穗柽柳	*Tamarix laxa*	柽柳科 Tamaricaceae	柽柳属 *Tamarix*	水土保持林、防风固沙林、薪材、盐碱地改良
116	细穗柽柳	*Tamarix leptostachya*	柽柳科 Tamaricaceae	柽柳属 *Tamarix*	水土保持林、防风固沙林、薪材、盐碱地改良
117	多枝柽柳	*Tamarix ramosissima*	柽柳科 Tamaricaceae	柽柳属 *Tamarix*	水土保持林、防风固沙林、薪材、盐碱地改良
118	沙木蓼（宽叶沙木蓼）	*Atraphaxis bracteata*	蓼科 Polygonaceae	木蓼属 *Atraphaxis*	固沙保土、饲用
119	木蓼（刺木蓼、灌木蓼）	*Atraphaxis frutescens*	蓼科 Polygonaceae	木蓼属 *Atraphaxis*	固沙保土、药用
120	锐枝木蓼	*Atraphaxis pungens*	蓼科 Polygonaceae	木蓼属 *Atraphaxis*	固沙保土、饲用
121	乔木状沙拐枣（乔木沙拐枣）	*Calligonum arborescens*	蓼科 Polygonaceae	沙拐枣属 *Calligonum*	固沙保土、饲用
122	头状沙拐枣	*Calligonum caput-medusae*	蓼科 Polygonaceae	沙拐枣属 *Calligonum*	固沙保土、饲用、薪材
123	奇台沙拐枣（新疆沙拐枣、东疆沙拐枣）	*Calligonum klementzii*	蓼科 Polygonaceae	沙拐枣属 *Calligonum*	固沙保土、饲用
124	淡枝沙拐枣（白皮沙拐枣）	*Calligonum leucocladum*	蓼科 Polygonaceae	沙拐枣属 *Calligonum*	固沙保土、饲用

『三北』工程建设主要植物名录（500种）

序号	中文名	学名	科名	属名	功能用途
125	沙拐枣（蒙古沙拐枣）	*Calligonum mongolicum*	蓼科 Polygonaceae	沙拐枣属 *Calligonum*	固沙保土、饲用
126	红果沙拐枣（红皮沙拐枣）	*Calligonum rubicundum*	蓼科 Polygonaceae	沙拐枣属 *Calligonum*	固沙保土、饲用
127	裸果木（瘦果石竹）	*Gymnocarpos przewalskii*	石竹科 Caryophyllaceae	裸果木属 *Gymnocarpos*	固沙保土、饲用
128	四翅滨藜	*Atriplex canescens*	苋科 Amaranthaceae	滨藜属 *Atriplex*	固沙保土、饲用、盐碱地改良、肉苁蓉寄主
129	木地肤	*Bassia prostrata*	苋科 Amaranthaceae	沙冰藜属 *Bassia*	固沙保土、饲用
130	盐节木	*Halocnemum strobilaceum*	苋科 Amaranthaceae	盐节木属 *Halocnemum*	固沙保土、盐碱地改良、杀虫剂
131	盐穗木	*Halostachys caspica*	苋科 Amaranthaceae	盐穗木属 *Halostachys*	固沙保土、饲用、杀虫剂、盐碱地改良
132	梭梭（梭梭柴）	*Haloxylon ammodendron*	苋科 Amaranthaceae	梭梭属 *Haloxylon*	防风固沙林、薪材、饲用、肉苁蓉寄主
133	白梭梭（波斯梭梭）	*Haloxylon persicum*	苋科 Amaranthaceae	梭梭属 *Haloxylon*	防风固沙林、薪材、饲用、肉苁蓉寄主
134	尖叶盐爪爪（灰碱柴）	*Kalidium cuspidatum*	苋科 Amaranthaceae	盐爪爪属 *Kalidium*	固沙保土、饲用、盐碱地改良
135	黄毛头（黄毛头盐爪爪）	*Kalidium cuspidatum* var. *sinicum*	苋科 Amaranthaceae	盐爪爪属 *Kalidium*	固沙保土、饲用、盐碱地改良
136	盐爪爪	*Kalidium foliatum*	苋科 Amaranthaceae	盐爪爪属 *Kalidium*	固沙保土、饲用、盐碱地改良
137	细枝盐爪爪	*Kalidium gracile*	苋科 Amaranthaceae	盐爪爪属 *Kalidium*	固沙保土、饲用、提取碳酸钾、盐碱地改良
138	华北驼绒藜	*Krascheninnikovia arborescens*	苋科 Amaranthaceae	驼绒藜属 *Krascheninnikovia*	固沙保土、饲用
139	驼绒藜	*Krascheninnikovia ceratoides*	苋科 Amaranthaceae	驼绒藜属 *Krascheninnikovia*	固沙保土、饲用
140	垫状驼绒藜	*Krascheninnikovia compacta*	苋科 Amaranthaceae	驼绒藜属 *Krascheninnikovia*	固沙保土、饲用
141	心叶驼绒藜	*Krascheninnikovia ewersmannia*	苋科 Amaranthaceae	驼绒藜属 *Krascheninnikovia*	固沙保土、饲用

序号	中文名	学名	科名	属名	功能用途
142	松叶猪毛菜	*Oreosalsola laricifolia*	苋科 Amaranthaceae	山猪毛菜属 *Oreosalsola*	固沙保土、饲用
143	合头藜（合头草）	*Sympegma regelii*	苋科 Amaranthaceae	合头藜属 *Sympegma*	固沙保土、饲用
144	木猪毛菜（木本猪毛菜）	*Xylosalsola arbuscula*	苋科 Amaranthaceae	木猪毛菜属 *Xylosalsola*	固沙保土、饲用
145	红瑞木	*Cornus alba*	山茱萸科 Cornaceae	山茱萸属 *Cornus*	水土保持林、绿化观赏
146	山茱萸	*Cornus officinalis*	山茱萸科 Cornaceae	山茱萸属 *Cornus*	水土保持林、药用、绿化观赏
147	中华猕猴桃	*Actinidia chinensis*	猕猴桃科 Actinidiaceae	猕猴桃属 *Actinidia*	经济林
148	兴安杜鹃	*Rhododendron dauricum*	杜鹃花科 Ericaceae	杜鹃花属 *Rhododendron*	水土保持林、药用、绿化观赏
149	白麻（大花罗布麻、大叶白麻）	*Apocynum pictum*	夹竹桃科 Apocynaceae	罗布麻属 *Apocynum*	固沙保土、药用、蜜源、纤维
150	罗布麻	*Apocynum venetum*	夹竹桃科 Apocynaceae	罗布麻属 *Apocynum*	固沙保土、药用、蜜源、纤维
151	杠柳（羊角树）	*Periploca sepium*	夹竹桃科 Apocynaceae	杠柳属 *Periploca*	固沙保土、药用
152	鹰爪柴	*Convolvulus gortschakovii*	旋花科 Convolvulaceae	旋花属 *Convolvulus*	固沙保土、药用
153	宁夏枸杞（中宁枸杞）	*Lycium barbarum*	茄科 Solanaceae	枸杞属 *Lycium*	经济林、水土保持林
154	枸杞	*Lycium chinense*	茄科 Solanaceae	枸杞属 *Lycium*	经济林、水土保持林
155	新疆枸杞	*Lycium dasystemum*	茄科 Solanaceae	枸杞属 *Lycium*	经济林、水土保持林
156	黑果枸杞（苏枸杞）	*Lycium ruthenicum*	茄科 Solanaceae	枸杞属 *Lycium*	固沙保土、盐碱地改良、食用、药用
157	连翘	*Forsythia suspensa*	木樨科 Oleaceae	连翘属 *Forsythia*	水土保持林、药用、绿化观赏
158	紫丁香	*Syringa oblata*	木樨科 Oleaceae	丁香属 *Syringa*	水土保持林、药用、绿化观赏
159	羽叶丁香	*Syringa pinnatifolia*	木樨科 Oleaceae	丁香属 *Syringa*	水土保持林、药用、绿化观赏

「三北」工程建设主要植物名录（500种）

序号	中文名	学名	科名	属名	功能用途
160	北京丁香	*Syringa reticulata* subsp. *pekinensis*	木樨科 Oleaceae	丁香属 *Syringa*	水土保持林、药用、绿化观赏
161	互叶醉鱼草	*Buddleja alternifolia*	玄参科 Scrophulariaceae	醉鱼草属 *Buddleja*	药用、绿化观赏
162	蒙古莸	*Caryopteris mongholica*	唇形科 Lamiaceae	莸属 *Caryopteris*	固沙保土、药用、芳香油
163	地椒（百里香）	*Thymus quinquecostatus*	唇形科 Lamiaceae	百里香属 *Thymus*	固沙保土、药用、食用
164	灌木亚菊	*Ajania fruticulosa*	菊科 Asteraceae	亚菊属 *Ajania*	固沙保土、饲用
165	沙蒿	*Artemisia desertorum*	菊科 Asteraceae	蒿属 *Artemisia*	固沙保土、药用、饲用
166	盐蒿（差不嘎蒿、褐沙蒿）	*Artemisia halodendron*	菊科 Asteraceae	蒿属 *Artemisia*	固沙保土、药用、饲用
167	黑沙蒿（油蒿）	*Artemisia ordosica*	菊科 Asteraceae	蒿属 *Artemisia*	固沙保土、药用、饲用
168	圆头蒿（籽蒿）	*Artemisia sphaerocephala*	菊科 Asteraceae	蒿属 *Artemisia*	固沙保土、药用、食用、饲用
169	内蒙古旱蒿	*Artemisia xerophytica*	菊科 Asteraceae	蒿属 *Artemisia*	固沙保土、饲用
170	中亚紫菀木	*Asterothamnus centraliasiaticus*	菊科 Asteraceae	紫菀木属 *Asterothamnus*	固沙保土、饲用
171	接骨木	*Sambucus williamsii*	荚蒾科 Viburnaceae	接骨木属 *Sambucus*	水土保持林、药用、绿化观赏
172	蒙古荚蒾	*Viburnum mongolicum*	荚蒾科 Viburnaceae	荚蒾属 *Viburnum*	水土保持林、药用、绿化观赏
173	鸡树条（鸡树条荚蒾）	*Viburnum opulus* subsp. *calvescens*	荚蒾科 Viburnaceae	荚蒾属 *Viburnum*	水土保持林、药用、绿化观赏
174	忍冬（金银花、金银藤）	*Lonicera japonica*	忍冬科 Caprifoliaceae	忍冬属 *Lonicera*	药用、绿化观赏
175	金银忍冬（金银木）	*Lonicera maackii*	忍冬科 Caprifoliaceae	忍冬属 *Lonicera*	水土保持林、药用、绿化观赏
176	辽东楤木	*Aralia elata* var. *glabrescens*	五加科 Araliaceae	楤木属 *Aralia*	水土保持林、食用、药用
177	刺五加（五加皮、香五加）	*Eleutherococcus senticosus*	五加科 Araliaceae	五加属 *Eleutherococcus*	水土保持林、食用、药用
178	无梗五加（乌鸦子、短梗五加）	*Eleutherococcus sessiliflorus*	五加科 Araliaceae	五加属 *Eleutherococcus*	水土保持林、药用

草 本

序号	中文名	学名	科名	属名	功能用途
1	睡莲	*Nymphaea tetragona*	睡莲科 Nymphaeaceae	睡莲属 *Nymphaea*	食用、观赏、水质净化
2	菖蒲	*Acorus calamus*	菖蒲科 Acoraceae	菖蒲属 *Acorus*	药用、观赏、水质净化
3	大苞鸢尾	*Iris bungei*	鸢尾科 Iridaceae	鸢尾属 *Iris*	水土保持、观赏、饲用
4	马蔺（马莲、马兰、马兰花）	*Iris lactea*	鸢尾科 Iridaceae	鸢尾属 *Iris*	水土保持、绿化观赏、饲用、药用
5	细叶鸢尾（细叶马蔺）	*Iris tenuifolia*	鸢尾科 Iridaceae	鸢尾属 *Iris*	水土保持、药用、绿化观赏
6	蒙古韭（蒙古葱、沙葱）	*Allium mongolicum*	石蒜科 Amaryllidaceae	葱属 *Allium*	固沙保土、饲用、食用、观赏
7	碱韭（多根葱、碱葱、紫花韭）	*Allium polyrhizum*	石蒜科 Amaryllidaceae	葱属 *Allium*	固沙保土、饲用、食用、观赏
8	香蒲（水烛）	*Typha orientalis*	香蒲科 Typhaceae	香蒲属 *Typha*	观赏、水质净化、药用、食用
9	嵩草	*Carex myosuroides*	莎草科 Cyperaceae	薹草属 *Carex*	水土保持、饲用
10	油莎草（油莎豆）	*Cyperus esculentus* var. *sativus*	莎草科 Cyperaceae	莎草属 *Cyperus*	固沙保土、饲用、食用（油料）、药用
11	羊胡子草	*Eriophorum scheuchzeri*	莎草科 Cyperaceae	羊胡子草属 *Eriophorum*	水土保持、药用
12	水葱	*Schoenoplectus tabernaemontani*	莎草科 Cyperaceae	水葱属 *Schoenoplectus*	水质净化、药用、观赏
13	醉马草	*Achnatherum inebrians*	禾本科 Poaceae	羽茅属 *Achnatherum*	水土保持、药用
14	京芒草（远东芨芨草）	*Achnatherum pekinense*	禾本科 Poaceae	羽茅属 *Achnatherum*	水土保持、饲用
15	冰草（扁穗冰草）	*Agropyron cristatum*	禾本科 Poaceae	冰草属 *Agropyron*	饲用、药用、固沙保土
16	沙生冰草	*Agropyron desertorum*	禾本科 Poaceae	冰草属 *Agropyron*	饲用、固沙保土
17	根茎冰草（米氏冰草）	*Agropyron michnoi*	禾本科 Poaceae	冰草属 *Agropyron*	饲用、固沙保土
18	沙芦草（蒙古冰草）	*Agropyron mongolicum*	禾本科 Poaceae	冰草属 *Agropyron*	饲用、固沙保土、药用

『三北』工程建设主要植物名录（500种）

序号	中文名	学名	科名	属名	功能用途
19	巨序剪股颖（小糠草）	*Agrostis gigantea*	禾本科 Poaceae	剪股颖属 *Agrostis*	饲用、固沙保土
20	西伯利亚剪股颖（匍匐剪股颖）	*Agrostis stolonifera*	禾本科 Poaceae	剪股颖属 *Agrostis*	固沙保土、观赏
21	野古草（毛秆野古草）	*Arundinella hirta*	禾本科 Poaceae	野古草属 *Arundinella*	饲用、固沙保土
22	燕麦	*Avena sativa*	禾本科 Poaceae	燕麦属 *Avena*	饲用、食用、药用
23	白羊草	*Bothriochloa ischaemum*	禾本科 Poaceae	孔颖草属 *Bothriochloa*	饲用、固沙保土
24	加拿大雀麦（缘毛雀麦）	*Bromus ciliatus*	禾本科 Poaceae	雀麦属 *Bromus*	饲用、水土保持
25	无芒雀麦（普康雀麦）	*Bromus inermis*	禾本科 Poaceae	雀麦属 *Bromus*	饲用、水土保持
26	甘蒙雀麦（沙地雀麦）	*Bromus korotkiji*	禾本科 Poaceae	雀麦属 *Bromus*	饲用、水土保持
27	野牛草	*Buchloe dactyloides*	禾本科 Poaceae	野牛草属 *Buchloe*	水土保持、饲用、绿化观赏
28	拂子茅	*Calamagrostis epigejos*	禾本科 Poaceae	拂子茅属 *Calamagrostis*	水土保持、饲用
29	无芒隐子草	*Cleistogenes songorica*	禾本科 Poaceae	隐子草属 *Cleistogenes*	饲用、固沙保土
30	糙隐子草	*Cleistogenes squarrosa*	禾本科 Poaceae	隐子草属 *Cleistogenes*	饲用、固沙保土
31	狗牙根	*Cynodon dactylon*	禾本科 Poaceae	狗牙根属 *Cynodon*	水土保持、饲用、药用、绿化观赏
32	鸭茅（鸡脚草）	*Dactylis glomerata*	禾本科 Poaceae	鸭茅属 *Dactylis*	饲用、水土保持
33	发草	*Deschampsia cespitosa*	禾本科 Poaceae	发草属 *Deschampsia*	饲用、水土保持
34	短芒披碱草	*Elymus breviaristatus*	禾本科 Poaceae	披碱草属 *Elymus*	饲用、水土保持
35	纤毛鹅观草	*Elymus ciliaris*	禾本科 Poaceae	披碱草属 *Elymus*	饲用、水土保持
36	披碱草	*Elymus dahuricus*	禾本科 Poaceae	披碱草属 *Elymus*	饲用、水土保持
37	大芒鹅观草	*Elymus gmelinii* var. *macratherus*	禾本科 Poaceae	披碱草属 *Elymus*	饲用、药用
38	鹅观草	*Elymus kamoji*	禾本科 Poaceae	披碱草属 *Elymus*	饲用、水土保持、药用
39	垂穗披碱草	*Elymus nutans*	禾本科 Poaceae	披碱草属 *Elymus*	饲用、水土保持
40	老芒麦	*Elymus sibiricus*	禾本科 Poaceae	披碱草属 *Elymus*	饲用、水土保持

（续）

序号	中文名	学名	科名	属名	功能用途
41	偃麦草	*Elytrigia repens*	禾本科 Poaceae	偃麦草属 *Elytrigia*	观赏、饲用、水土保持
42	苇状羊茅（苇状狐茅、高羊茅）	*Festuca arundinacea*	禾本科 Poaceae	羊茅属 *Festuca*	饲用、水土保持
43	羊茅	*Festuca ovina*	禾本科 Poaceae	羊茅属 *Festuca*	饲用、水土保持
44	紫羊茅	*Festuca rubra*	禾本科 Poaceae	羊茅属 *Festuca*	饲用、水土保持
45	中华羊茅	*Festuca sinensis*	禾本科 Poaceae	羊茅属 *Festuca*	饲用、水土保持
46	短芒大麦草（野大麦）	*Hordeum brevisubulatum*	禾本科 Poaceae	大麦属 *Hordeum*	饲用、水土保持
47	白茅	*Imperata cylindrica*	禾本科 Poaceae	白茅属 *Imperata*	食用、药用、水土保持
48	洽草	*Koeleria macrantha*	禾本科 Poaceae	洽草属 *Koeleria*	饲用、水土保持
49	羊草（碱草）	*Leymus chinensis*	禾本科 Poaceae	赖草属 *Leymus*	饲用、水土保持
50	大赖草	*Leymus racemosus*	禾本科 Poaceae	赖草属 *Leymus*	饲用、水土保持
51	赖草	*Leymus secalinus*	禾本科 Poaceae	赖草属 *Leymus*	饲用、药用、水土保持
52	多花黑麦草	*Lolium multiflorum*	禾本科 Poaceae	黑麦草属 *Lolium*	饲用、水土保持
53	黑麦草（多年生黑麦草）	*Lolium perenne*	禾本科 Poaceae	黑麦草属 *Lolium*	饲用、观赏
54	芨芨草	*Neotrinia splendens*	禾本科 Poaceae	芨芨草属 *Neotrinia*	饲用、水土保持、药用
55	固沙草	*Orinus thoroldii*	禾本科 Poaceae	固沙草属 *Orinus*	饲用、固沙保土
56	白草	*Pennisetum flaccidum*	禾本科 Poaceae	狼尾草属 *Pennisetum*	饲用、水土保持
57	梯牧草（猫尾草）	*Phleum pratense*	禾本科 Poaceae	梯牧草属 *Phleum*	饲用、水土保持
58	芦苇	*Phragmites australis*	禾本科 Poaceae	芦苇属 *Phragmites*	固沙保土、水质净化、编织
59	阿洼早熟禾（冷地早熟禾）	*Poa araratica*	禾本科 Poaceae	早熟禾属 *Poa*	饲用、水土保持、绿化观赏
60	林地早熟禾	*Poa nemoralis*	禾本科 Poaceae	早熟禾属 *Poa*	饲用、水土保持、绿化观赏
61	草地早熟禾	*Poa pratensis*	禾本科 Poaceae	早熟禾属 *Poa*	饲用、绿化观赏、水土保持
62	沙鞭（沙竹）	*Psammochloa villosa*	禾本科 Poaceae	沙鞭属 *Psammochloa*	固沙保土、饲用
63	新麦草	*Psathyrostachys juncea*	禾本科 Poaceae	新麦草属 *Psathyrostachys*	饲用、水土保持

389

「三北」工程建设主要植物名录（500种）

"三北"工程建设主要植物名录（500种）

序号	中文名	学名	科名	属名	功能用途
64	朝鲜碱茅	*Puccinellia chinampoensis*	禾本科 Poaceae	碱茅属 *Puccinellia*	饲用、盐碱地改良
65	碱茅	*Puccinellia distans*	禾本科 Poaceae	碱茅属 *Puccinellia*	饲用、水土保持、盐碱地改良
66	短花针茅	*Stipa breviflora*	禾本科 Poaceae	针茅属 *Stipa*	饲用、水土保持
67	长芒草	*Stipa bungeana*	禾本科 Poaceae	针茅属 *Stipa*	饲用、水土保持
68	大针茅	*Stipa grandis*	禾本科 Poaceae	针茅属 *Stipa*	饲用、水土保持
69	西北针茅（克氏针茅）	*Stipa sareptana* var. *krylovii*	禾本科 Poaceae	针茅属 *Stipa*	饲用、水土保持
70	长穗薄冰草（长穗偃麦草、高冰草）	*Thinopyrum elongatum*	禾本科 Poaceae	薄冰草属 *Thinopyrum*	饲用、水土保持、盐碱地改良
71	结缕草	*Zoysia japonica*	禾本科 Poaceae	结缕草属 *Zoysia*	饲用、水土保持、绿化观赏
72	莲（荷花、芙蓉）	*Nelumbo nucifera*	莲科 Nelumbonaceae	莲属 *Nelumbo*	食用、药用、观赏、水质净化
73	芍药（野芍药、白芍）	*Paeonia lactiflora*	芍药科 Paeoniaceae	芍药属 *Paeonia*	药用、观赏
74	费菜	*Phedimus aizoon*	景天科 Crassulaceae	费菜属 *Phedimus*	药用
75	锁阳	*Cynomorium songaricum*	锁阳科 Cynomoriaceae	锁阳属 *Cynomorium*	药用、食用
76	荒漠黄芪	*Astragalus grubovii*	豆科 Fabaceae	黄芪属 *Astragalus*	固沙保土
77	斜茎黄芪（沙打旺）	*Astragalus laxmannii*	豆科 Fabaceae	黄芪属 *Astragalus*	水土保持、饲用、药用
78	草木樨状黄芪（草木樨状黄耆）	*Astragalus melilotoides*	豆科 Fabaceae	黄芪属 *Astragalus*	饲用、药用、固沙保土
79	蒙古黄芪（蒙古黄耆、黄芪、黄耆、膜荚黄芪）	*Astragalus membranaceus* var. *mongholicus*	豆科 Fabaceae	黄芪属 *Astragalus*	药用、固沙保土
80	胀果甘草	*Glycyrrhiza inflata*	豆科 Fabaceae	甘草属 *Glycyrrhiza*	药用、水土保持
81	刺果甘草	*Glycyrrhiza pallidiflora*	豆科 Fabaceae	甘草属 *Glycyrrhiza*	药用、水土保持
82	甘草（乌拉尔甘草）	*Glycyrrhiza uralensis*	豆科 Fabaceae	甘草属 *Glycyrrhiza*	药用、水土保持
83	华北岩黄芪（华北岩黄耆）	*Hedysarum gmelinii*	豆科 Fabaceae	岩黄芪属 *Hedysarum*	水土保持
84	百脉根	*Lotus corniculatus*	豆科 Fabaceae	百脉根属 *Lotus*	饲用、药用、绿化观赏
85	杂交苜蓿	*Medicago* × *varia*	豆科 Fabaceae	苜蓿属 *Medicago*	饲用

序号	中文名	学名	科名	属名	功能用途
86	野苜蓿（黄花苜蓿）	*Medicago falcata*	豆科 Fabaceae	苜蓿属 *Medicago*	饲用、水土保持
87	花苜蓿（扁蓿豆）	*Medicago ruthenica*	豆科 Fabaceae	苜蓿属 *Medicago*	饲用、水土保持
88	苜蓿（紫苜蓿、紫花苜蓿）	*Medicago sativa*	豆科 Fabaceae	苜蓿属 *Medicago*	饲用、食用、药用、水土保持
89	白花草木樨	*Melilotus albus*	豆科 Fabaceae	草木樨属 *Melilotus*	饲用、水土保持、药用
90	黄香草木樨（黄花草木樨、草木犀）	*Melilotus officinalis*	豆科 Fabaceae	草木樨属 *Melilotus*	饲用、药用、水土保持
91	红豆草	*Onobrychis cyri*	豆科 Fabaceae	驴食豆属 *Onobrychis*	饲用、水土保持
92	蓝花棘豆	*Oxytropis coerulea*	豆科 Fabaceae	棘豆属 *Oxytropis*	饲用
93	小冠花（绣球小冠花）	*Securigera varia*	豆科 Fabaceae	斧荚豆属 *Securigera*	饲用、绿化观赏、药用
94	田菁（向天蜈蚣）	*Sesbania cannabina*	豆科 Fabaceae	田菁属 *Sesbania*	饲用、药用、盐碱地改良、绿肥
95	苦豆子	*Sophora alopecuroides*	豆科 Fabaceae	苦参属 *Sophora*	固沙保土、药用、盐碱地改良、绿肥
96	苦参（地槐）	*Sophora flavescens*	豆科 Fabaceae	苦参属 *Sophora*	药用、固沙保土
97	苦马豆（红花苦豆子、鱼漂槐）	*Sphaerophysa salsula*	豆科 Fabaceae	苦马豆属 *Sphaerophysa*	固沙保土、药用
98	披针叶野决明（披针叶黄华、黄花苦豆子）	*Thermopsis lanceolata*	豆科 Fabaceae	野决明属 *Thermopsis*	固沙保土、药用、盐碱地改良
99	野决明	*Thermopsis lupinoides*	豆科 Fabaceae	野决明属 *Thermopsis*	固沙保土、药用
100	野火球	*Trifolium lupinaster*	豆科 Fabaceae	车轴草属 *Trifolium*	饲用、水土保持
101	红车轴草（红三叶）	*Trifolium pratense*	豆科 Fabaceae	车轴草属 *Trifolium*	饲用、绿化观赏、水土保持、药用
102	白车轴草（白三叶）	*Trifolium repens*	豆科 Fabaceae	车轴草属 *Trifolium*	饲用、绿化观赏、水土保持、药用
103	山野豌豆	*Vicia amoena*	豆科 Fabaceae	野豌豆属 *Vicia*	饲用、绿化观赏、水土保持、药用
104	新疆野豌豆（肋脉野豌豆）	*Vicia costata*	豆科 Fabaceae	野豌豆属 *Vicia*	饲用、水土保持
105	救荒野豌豆（箭筈豌豆）	*Vicia sativa*	豆科 Fabaceae	野豌豆属 *Vicia*	饲用、药用

序号	中文名	学名	科名	属名	功能用途
106	歪头菜（野豌豆）	*Vicia unijuga*	豆科 Fabaceae	野豌豆属 *Vicia*	药用、食用、绿化观赏、水土保持
107	长柔毛野豌豆（毛苕子、毛叶苕子）	*Vicia villosa*	豆科 Fabaceae	野豌豆属 *Vicia*	饲用、水土保持
108	远志（辰砂草、瓜子草）	*Polygala tenuifolia*	远志科 Polygalaceae	远志属 *Polygala*	药用
109	蕨麻（鹅绒委陵菜、人参果）	*Argentina anserina*	蔷薇科 Rosaceae	蕨麻属 *Argentina*	药用、食用、饲用
110	地榆	*Sanguisorba officinalis*	蔷薇科 Rosaceae	地榆属 *Sanguisorba*	药用、食用、观赏
111	蓖麻	*Ricinus communis*	大戟科 Euphorbiaceae	蓖麻属 *Ricinus*	药用、工业原料、饲用、观赏
112	宿根亚麻	*Linum perenne*	亚麻科 Linaceae	亚麻属 *Linum*	水土保持、药用、观赏
113	千屈菜	*Lythrum salicaria*	千屈菜科 Lythraceae	千屈菜属 *Lythrum*	观赏、药用、食用
114	骆驼蒿	*Peganum nigellastrum*	白刺科 Nitrariaceae	骆驼蓬属 *Peganum*	药用、水土保持、饲用
115	黄花补血草（黄花矶松）	*Limonium aureum*	白花丹科 Plumbaginaceae	补血草属 *Limonium*	药用、观赏、固沙保土
116	二色补血草（补血草）	*Limonium bicolor*	白花丹科 Plumbaginaceae	补血草属 *Limonium*	药用、观赏、固沙保土
117	耳叶补血草	*Limonium otolepis*	白花丹科 Plumbaginaceae	补血草属 *Limonium*	药用、观赏、固沙保土
118	单脉大黄	*Rheum uninerve*	蓼科 Polygonaceae	大黄属 *Rheum*	药用
119	石竹	*Dianthus chinensis*	石竹科 Caryophyllaceae	石竹属 *Dianthus*	药用、观赏
120	沙蓬（沙米）	*Agriophyllum pungens*	苋科 Amaranthaceae	沙蓬属 *Agriophyllum*	固沙保土、食用、饲用
121	地肤（扫帚草）	*Bassia scoparia*	苋科 Amaranthaceae	沙冰藜属 *Bassia*	水土保持、食用、药用、观赏
122	蒙古虫实	*Corispermum mongolicum*	苋科 Amaranthaceae	虫实属 *Corispermum*	固沙保土、饲用、药用

（续）

序号	中文名	学名	科名	属名	功能用途
123	碟果虫实	*Corispermum patelliforme*	苋科 Amaranthaceae	虫实属 *Corispermum*	固沙保土、饲用
124	雾冰藜（五星蒿）	*Grubovia dasyphylla*	苋科 Amaranthaceae	雾冰藜属 *Grubovia*	固沙保土、饲用、药用
125	蛛丝蓬（白茎盐生草）	*Halogeton arachnoideus*	苋科 Amaranthaceae	盐生草属 *Halogeton*	固沙保土、药用、食用
126	盐生草	*Halogeton glomeratus*	苋科 Amaranthaceae	盐生草属 *Halogeton*	固沙保土
127	碱蓬	*Suaeda glauca*	苋科 Amaranthaceae	碱蓬属 *Suaeda*	水土保持、食用、盐碱地改良
128	盐地碱蓬	*Suaeda salsa*	苋科 Amaranthaceae	碱蓬属 *Suaeda*	水土保持、湿地修复、食用、盐碱地改良
129	鹅绒藤	*Cynanchum chinense*	夹竹桃科 Apocynaceae	鹅绒藤属 *Cynanchum*	食用、药用、观赏
130	喀什牛皮消	*Cynanchum kaschgaricum*	夹竹桃科 Apocynaceae	鹅绒藤属 *Cynanchum*	药用
131	地梢瓜（地稍瓜）	*Cynanchum thesioides*	夹竹桃科 Apocynaceae	鹅绒藤属 *Cynanchum*	固沙保土、食用、药用
132	益母草	*Leonurus japonicus*	唇形科 Lamiaceae	益母草属 *Leonurus*	固沙保土、药用
133	薄荷	*Mentha canadensis*	唇形科 Lamiaceae	薄荷属 *Mentha*	食用、药用
134	黄芩（空心草、黄金茶）	*Scutellaria baicalensis*	唇形科 Lamiaceae	黄芩属 *Scutellaria*	药用、食用、观赏、水土保持
135	肉苁蓉	*Cistanche deserticola*	列当科 Orobanchaceae	肉苁蓉属 *Cistanche*	药用、食用
136	管花肉苁蓉（蒙古肉苁蓉）	*Cistanche mongolica*	列当科 Orobanchaceae	肉苁蓉属 *Cistanche*	药用、食用
137	桔梗	*Platycodon grandiflorus*	桔梗科 Campanulaceae	桔梗属 *Platycodon*	食用、药用
138	荇菜（莕菜）	*Nymphoides peltata*	睡菜科 Menyanthaceae	荇菜属 *Nymphoides*	药用、食用、观赏、水质净化
139	白莎蒿	*Artemisia blepharolepis*	菊科 Asteraceae	蒿属 *Artemisia*	固沙保土、饲用、药用
140	冷蒿（糜蒿）	*Artemisia frigida*	菊科 Asteraceae	蒿属 *Artemisia*	固沙保土、饲用、药用

序号	中文名	学名	科名	属名	功能用途
141	大籽蒿	*Artemisia sieversiana*	菊科 Asteraceae	蒿属 *Artemisia*	固沙保土、饲用、药用
142	菊苣（蓝菊）	*Cichorium intybus*	菊科 Asteraceae	菊苣属 *Cichorium*	固沙保土、食用、药用
143	菊芋（鬼子姜、洋姜）	*Helianthus tuberosus*	菊科 Asteraceae	向日葵属 *Helianthus*	固沙保土、食用、药用、饲用
144	花花柴（胖姑娘）	*Karelinia caspia*	菊科 Asteraceae	花花柴属 *Karelinia*	饲用、固沙保土、盐碱地改良
145	乳苣（蒙山莴苣）	*Lactuca tatarica*	菊科 Asteraceae	莴苣属 *Lactuca*	药用、食用
146	新疆绢蒿	*Seriphidium kaschgaricum*	菊科 Asteraceae	绢蒿属 *Seriphidium*	饲用、固沙保土
147	伊犁绢蒿	*Seriphidium transiliense*	菊科 Asteraceae	绢蒿属 *Seriphidium*	饲用、固沙保土、药用
148	北柴胡（柴胡、韭叶柴胡）	*Bupleurum chinense*	伞形科 Apiaceae	柴胡属 *Bupleurum*	药用、水土保持
149	防风	*Saposhnikovia divaricata*	伞形科 Apiaceae	防风属 *Saposhnikovia*	药用、固沙保土

中文名索引

中文名索引

学名索引